建设工程施工质量验收规范要点解析

砌体工程和木结构工程

闫　晨　主编

中国铁道出版社

2012年·北　京

内容提要

本书是《建设工程施工质量验收规范要点解析》系列丛书之《砌体工程和木结构工程》，共有两章，内容包括：砌体工程、木结构工程等相关内容。本书内容丰富，层次清晰，可供相关专业人员参考学习。

图书在版编目(CIP)数据

砌体工程和木结构工程/闫晨主编．—北京：中国铁道出版社，2012.9
(建设工程施工质量验收规范要点解析)
ISBN 978-7-113-14480-7

Ⅰ.①砌…　Ⅱ.①闫…　Ⅲ.①砌块结构－工程验收－建筑规范－中国②木结构－工程验收－建筑规范－中国　Ⅳ.①TU75-65

中国版本图书馆CIP数据核字(2012)第062029号

书　　名：建设工程施工质量验收规范要点解析
　　　　　砌体工程和木结构工程
作　　者：闫　晨

策划编辑：江新锡　徐　艳
责任编辑：徐　艳　陈小刚　　**电话**：010－51873193
助理编辑：曹　旭
封面设计：郑春鹏
责任校对：焦桂荣
责任印制：郭向伟

出版发行：中国铁道出版社(100054，北京市西城区右安门西街8号)
网　　址：http://www.tdpress.com
印　　刷：北京华正印刷有限公司印刷
版　　次：2012年9月第1版　2012年9月第1次印刷
开　　本：787mm×1092mm　1/16　印张：14.5　字数：365千
书　　号：ISBN 978-7-113-14480-7
定　　价：33.00元

前　　言

近年来，住房和城乡建设部相继对专业工程施工质量验收规范进行了修订，工程建设质量有了新的统一标准，规范对工程施工质量提出验收标准，以“验收”为手段来监督工程施工质量。为提高工程质量水平，增强对施工验收规范的理解和应用，进一步学习和掌握国家有关的质量管理、监督文件精神，掌握质量规范和验收的知识、标准，以及各类工程的操作规程，我们特组织编写了《建设工程施工质量验收规范要点解析》系列丛书。

工程质量在施工中占有重要的位置，随着经济的发展，我国建筑施工队伍也在不断的发展壮大，但不少施工企业，特别是中小型施工企业，技术力量相对较弱，对建设工程施工验收规范缺乏了解，导致单位工程竣工质量评定度低。本丛书的编写目的就是为提高企业施工质量，提高企业质量管理人员以及施工管理人员的技术水平，从而保证工程质量。

本丛书主要以“施工质量验收规范”为主线，对规范中每个分项工程进行解析。对验收标准中的验收条文、施工材料要求、施工机械要求和施工工艺的要求进行详细的阐述，模块化编写，方便阅读，容易理解。

本丛书分为：

1.《建筑地基与基础工程》；

2.《砌体工程和木结构工程》；

3.《混凝土结构工程》；

4.《安装工程》；

5.《钢结构工程》；

6.《建筑地面工程》；

7.《防水工程》；

8.《建筑给水排水及采暖工程》；

9.《建筑装饰装修工程》。

本丛书可作为监理和施工单位参考用书，也可作为大中专院校建设工程专业师生的教学参考用书。

由于编者水平有限，错误疏漏之处在所难免，请批评指正。

编　者

2012 年 5 月

目　录

第一章　砌体工程

第一节　砖砌体工程

一、验收条文

砖砌体工程验收条文见表1－1。

表1－1　砖砌体工程验收条文

项目	内　容
一般规定	(1)适用于烧结普通砖、烧结多孔砖、混凝土多孔砖、混凝土实心砖、蒸压灰砂砖、蒸压粉煤灰砖等砌体工程。 (2)用于清水墙、柱表面的砖,应边角整齐,色泽均匀。 (3)砌体砌筑时,混凝土多孔砖、混凝土实心砖、蒸压灰砂砖、蒸压粉煤灰砖等块体的产品龄期不应小于28 d。 (4)有冻胀环境和条件的地区,地面以下或防潮层以下的砌体,不应采用多孔砖。 (5)不同品种的砖不得在同一楼层混砌。 (6)砌筑烧结普通砖、烧结多孔砖、蒸压灰砂砖、蒸压粉煤灰砖砌体时,砖应提前1～2 d适度湿润,严禁采用干砖或处于吸水饱和状态的砖砌筑,块体湿润程度宜符合下列规定： 1)烧结类块体的相对含水率60%～70%； 2)混凝土多孔砖及混凝土实心砖不需浇水湿润,但在气候干燥炎热的情况下,宜在砌筑对其喷水湿润。其他非烧结类块体的相对含水率40%～50%。 (7)采用铺浆法砌筑砌体,铺浆长度不得超过750 mm;当施工期间气温超过30℃时,铺浆长度不得超过500 mm。 (8)240 mm厚承重墙的每层墙的最上一皮砖,砖砌体的阶台水平面上及挑出层的外皮砖,应整砖丁砌。 (9)弧拱式及平拱式过梁的灰缝应砌成楔形缝,拱底灰缝宽度不宜小于5 mm,拱顶灰缝宽度不应大于15 mm,拱体的纵向及横向灰缝应填实砂浆;平拱式过梁拱脚下面应伸入墙内不小于20 mm;砖砌平拱过梁底应有1%的起拱。 (10)砖过梁底部的模板及其支架拆除时,灰缝砂浆强度不应低于设计强度的75%。 (11)多孔砖的孔洞应垂直于受压面砌筑。半盲孔多孔砖的封底面应朝上砌筑。 (12)竖向灰缝不应出现瞎缝、透明缝和假缝。 (13)砖砌体施工临时间断处补砌时,必须将接槎处表面清理干净,洒水湿润,并填实砂浆,保持灰缝平直。 (14)夹心复合墙的砌筑应符合下列规定： 1)墙体砌筑时,应采取措施防止空腔内掉落砂浆和杂物；

续上表

项目	内　　容
一般规定	2)拉结件设置应符合设计要求，拉结件在叶墙上的搁置长度不应小于叶墙厚度的2/3，并不应小于60 mm； 3)保温材料品种及性能应符合设计要求。保温材料的浇注压力不应对砌体强度、变形及外观质量产生不良影响
主控项目	(1)砖和砂浆的强度等级必须符合设计要求。 抽检数量：每一生产厂家，烧结普通砖、混凝土实心砖每15万块，烧结多孔砖、混凝土多孔砖、蒸压灰砂砖及蒸压粉煤灰砖每10万块各为一验收批，不足上述数量时按1批计，抽检数量为1组。砂浆试块的抽检数量为：每一检验批且不超过250 m^3 砌体的各类、各强度等级的普通砌筑砂浆，每台搅拌机应至少抽检一次。验收批的预拌砂浆、蒸压加气混凝土砌块专用砂浆，抽检可为3组。 检验方法：查砖和砂浆试块试验报告。 (2)砌体灰缝砂浆应密实饱满，砖墙水平灰缝的砂浆饱满度不得低于80%；砖柱水平灰缝和竖向灰缝饱满度不得低于90%。 抽检数量：每检验批抽查不应少于5处。 检验方法：用百格网检查砖底面与砂浆的黏结痕迹面积，每处检测3块砖，取其平均值。 (3)砖砌体的转角处和交接处应同时砌筑，严禁无可靠措施的内外墙分砌施工。在抗震设防烈度为8度及8度以上地区，对不能同时砌筑而又必须留置的临时间断处应砌成斜槎，普通砖砌体斜槎水平投影长度不应小于高度的2/3，多孔砖砌体的斜槎长高比不应小于1/2。斜槎高度不得超过一步脚手架的高度。 抽检数量：每检验批抽查不应少于5处。 检验方法：观察检查。 (4)非抗震设防及抗震设防烈度为6度、7度地区的临时间断处，当不能留斜槎时，除转角处外，可留直槎，但直槎必须做成凸槎，且应加设拉结钢筋，拉结钢筋应符合下列规定： 1)每120 mm墙厚放置1ϕ6拉结钢筋(120 mm厚墙应放置2ϕ6拉结钢筋)； 2)间距沿墙高不应超过500 mm，且竖向间距偏差不应超过100 mm； 3)埋入长度从留槎处算起每边均不应小于500 mm，对抗震设防烈度6度、7度的地区，不应小于1 000 mm； 4)末端应有90°弯钩，如图1—1所示。 抽检数量：每检验批抽查不应少于5处。 检验方法：观察和尺量检查
一般项目	(1)砖砌体组砌方法应正确，内外搭砌，上下错缝，清水墙、窗间墙无通缝；混水墙中不得有长度大于300 mm的通缝，长度200～300 mm的通缝每间不超过3处，且不得位于同一面墙体上。砖柱不得采用包心砌法。 抽检数量：每检验批抽查不应少于5处。 检验方法：观察检查。砌体组砌方法抽检每处应为3～5 m。 (2)砖砌体的灰缝应横平竖直，厚薄均匀，水平灰缝厚度及竖向灰缝宽度宜为10 mm，但不应小于8 mm，也不应大于12 mm。

续上表

项目	内容
一般项目	抽检数量：每检验批抽查不应少于 5 处。 检验方法：水平灰缝厚度用尺量 10 皮砖砌体高度折算；竖向灰缝宽度用尺量 2 m 砌体长度折算。 (3)砖砌体尺寸、位置的允许偏差及检验见表 1—2

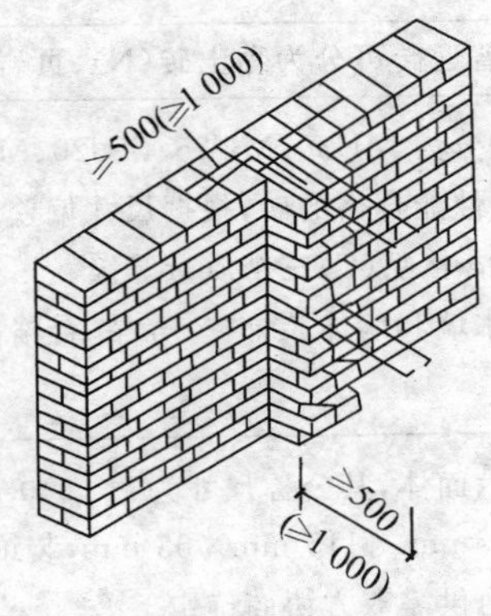

图 1—1 直槎处拉结钢筋示意图(单位：mm)

表 1—2 砖砌体尺寸、位置的允许偏差及检验

项次	项目			允许偏差(mm)	检验方法	抽检数量
1	轴线位置			10	用经纬仪和尺或用其他测量仪器检查	承重墙、柱全数检查
2	基础、墙、柱顶面标高			±15	用水准仪和尺检查	不应少于 5 处
3	墙面垂直度	每层		5	用 2 m 托线板检查	不应少于 5 处
		全高	≤10 m	10	用经纬仪、吊线和尺检查，或用其他测量仪器检查	外墙全部阳角
			>10 m	20		
4	表面平整度	清水墙、柱		5	用 2 m 靠尺和楔形塞尺检查	不应少于 2 处
		混水墙、柱		8		
5	水平灰缝平直度	清水墙		7	拉 5 m 线和尺检查	不应少于 2 处
		混水墙		10		
6	门窗洞口高、宽(后塞口)			±10	用尺检查	不应少于 5 处
7	外墙上下窗口偏移			20	以底层窗口为准，用经纬仪或吊线检查	不应少于 5 处
8	清水墙游丁走缝			20	吊线和尺检查，以每层第一皮砖为准	不应少于 2 处

二、施工材料要求

1. 烧结普通砖

(1)种类和规格。

种类和规格见表1－3。

表1－3　种类和规格

项　目	内　容
分类	按主要原料烧结普通砖可分为黏土砖(N)、页岩砖(Y)、煤矸石砖(M)和粉煤灰砖(F)
质量等级	(1)根据抗压强度分为MU30、MU25、MU20、MU15、MU10五个强度等级。 (2)强度和抗风化性能合格的砖，根据尺寸偏差、外观质量、泛霜和石灰爆裂分为优等品(A)、一等品(B)、合格品(C)三个质量等级。 优等品适用于清水墙和墙体装饰，一等品、合格品可用于混水墙。中等泛霜的砖不能用于潮湿部位
规格	砖的外形为直角六面体，其公称尺寸为：长240 mm、宽115 mm、高53 mm。 常用配砖规格：175 mm×115 mm×53 mm，装饰砖的主要规格同烧结普通砖，配砖、装饰砖的其他规格由供需双方协商确定
产品标记	砖的产品标记按产品名称、规格、品种、强度等级、质量等级和标准编号顺序编写

(2)技术要求。

①尺寸允许偏差见表1－4。

表1－4　尺寸允许偏差　　(单位：mm)

公称尺寸	优等品		一等品		合格品	
	样本平均偏差	样本极差，≤	样本平均偏差	样本极差，≤	样本平均偏差	样本极差，≤
240	±2.0	8	±2.5	8	±3.0	8
115	±1.5	6	±2.0	6	±2.5	7
53	±1.5	4	±1.6	5	±2.0	6

②外观质量见表1－5。

表1－5　外观质量　　(单位：mm)

项　目	优等品	一等品	合格品
两条面高度差，≤	2	3	4
弯曲，≤	2	3	4
杂质凸出高度，≤	2	3	4
缺棱掉角的三个破坏尺寸不得同时大于裂纹长度，≤	5	20	30

续上表

项　　目	优等品	一等品	合格品
大面上宽度方向及其延伸至条面的长度	30	60	80
大面上长度方向及其延伸至顶面的长度或条顶面上水平裂纹的长度	50	80	100
完整面不得少于	两条面和两顶面	一条面和一顶面	—
颜色	基本一致	—	—

注：凡有下列缺陷之一者，不得称为完整面：

1. 缺损在条面或顶面上造成的破坏面尺寸同时大于 10 mm×10 mm；
2. 条面或顶面上裂纹宽度大于 1 mm，其长度超过 30 mm；
3. 压陷、粘底、焦花在条面或顶面上的凹陷或凸出超过 2 mm，区域尺寸同时大于 10 mm×10 mm。

③强度等级见表 1－6。

表 1－6　强度等级　（单位：MPa）

强度等级	抗压强度平均值 f，≥	变异系数 $\delta \leqslant 0.21$	变异系数 $\delta > 0.21$
		强度标准值 f_k，≥	单块最小抗压强度值 f_{min}，≥
MU30	30.0	22.0	25.0
MU25	25.0	18.0	22.0
MU20	20.0	14.0	16.0
MU15	15.0	10.0	12.0
MU10	10.0	6.5	7.5

④抗风化能力。

a. 风化区的划分见表 1－7。

表 1－7　风化区的划分

严重风化区		非严重风化区	
(1)黑龙江省；	(11)河北省；	(1)山东省；	(11)福建省；
(2)吉林省；	(12)北京市；	(2)河南省；	(12)广东省；
(3)辽宁省；	(13)天津市	(3)安徽省；	(13)广西壮族自治区；
(4)内蒙古自治区；		(4)江苏省；	(14)海南省；
(5)新疆维吾尔自治区；		(5)湖北省；	(15)云南省；
(6)宁夏回族自治区；		(6)江西省；	(16)西藏自治区；
(7)甘肃省；		(7)浙江省；	(17)上海市；
(8)青海省；		(8)四川省；	(18)重庆市
(9)陕西省；		(9)贵州省；	
(10)山西省；		(10)湖南省；	

b.严重风化区中的(1)、(2)、(3)、(4)、(5)地区的砖必须进行冻融试验,其他地区的砖的抗风化性能符合表1—8规定时可不做冻融试验,否则,必须进行冻融试验。

表1—8 抗风化性能

<table>
<tr><td rowspan="3">项目
砖种类</td><td colspan="4">严重风化区</td><td colspan="4">非严重风化区</td></tr>
<tr><td colspan="2">5 h沸煮吸水率(%),≤</td><td colspan="2">饱和系数,≤</td><td colspan="2">5 h沸煮吸水率(%),≤</td><td colspan="2">饱和系数,≤</td></tr>
<tr><td>平均值</td><td>单块最大值</td><td>平均值</td><td>单块最大值</td><td>平均值</td><td>单块最大值</td><td>平均值</td><td>单块最大值</td></tr>
<tr><td>黏土砖</td><td>18</td><td>20</td><td rowspan="2">0.85</td><td rowspan="2">0.87</td><td>19</td><td>20</td><td rowspan="2">0.88</td><td rowspan="2">0.90</td></tr>
<tr><td>粉煤灰砖</td><td>23</td><td>25</td><td>23</td><td>25</td></tr>
<tr><td>页岩砖</td><td>16</td><td>18</td><td rowspan="2">0.74</td><td rowspan="2">0.77</td><td>18</td><td>20</td><td rowspan="2">0.78</td><td rowspan="2">0.80</td></tr>
<tr><td>煤矸石砖</td><td>16</td><td>18</td><td>18</td><td>20</td></tr>
</table>

注:粉煤灰掺入量(体积比)小于30%时,抗风化性能指标按黏土砖规定。

2.蒸压灰砂空心砖

(1)种类和规格。

种类和规格见表1—9。

表1—9 种类和规格

项　目	内　　容
规格	(1)蒸压灰砂空心砖规格及公称尺寸见表1—10。 (2)孔洞采用圆形或其他孔形。孔洞应垂直于大面
等级	(1)根据抗压强度将强度级别分为MU30、MU25、MU20、MU15四个等级。 (2)根据强度级别、尺寸偏差和外观质量将产品分为: ①优等品(A); ②合格品(C)
标记	蒸压灰砂空心砖产品标记按产品(LBCB)品种、规格代号、强度级别、产品等级、标准编号的顺序编号。 品种规格为2NF,强度级别为15级,优等品的蒸压灰砂空心砖标记示例:240×115×90 15A JC/T 63—2009

表1—10 规格及公称尺寸 (单位:mm)

公称尺寸		
长	宽	高
240	115	90
240	115	115

注:1.经供需双方协商可生产其他规格的产品。

2.对于不符合表1—10尺寸的砖,用长×宽×高的尺寸来表示。

(2)技术要求。

①尺寸允许偏差见表1—11。

表1—11　尺寸允许偏差　(单位:mm)

尺寸	优等品		合格品	
	样本平均偏差	样本极差,≤	样本平均偏差	样本极差,≤
长度	±2.0	4	±2.5	6
宽度	±1.5	3	±2.0	5
高度	±1.5	2	±1.5	4

②外观质量见表1—12。

表1—12　外观质量

项　目		指标	
		优等品	合格品
缺棱掉角	最大尺寸(mm),≤	10	15
	大于以上尺寸的缺棱掉角个数(个),≤	0	1
裂纹长度	大面宽度方向及其延伸到条面的长度(mm),≤	20	50
	大面长度方向、其延伸到顶面或条面长度方向及其延伸到顶面的水平裂纹长度(mm),≤	30	70
	大于以上尺寸的裂纹条数(条),≤	0	1

③强度等级见表1—13。

表1—13　强度等级　(单位:MPa)

强度等级	抗压强度	
	平均值,≥	单块最小值,≥
MU30	30.0	24.0
MU25	25.0	20.0
MU20	20.0	16.0
MU15	15.0	12.0

3.烧结多孔砖

(1)烧结多孔砖的规格和等级。

1)规格。

砖的长度、宽度、高度尺寸应符合下列要求。

290、240、190、180、140、115、90(mm)。

2)等级。

①强度等级。根据抗压强度分为 MU30、MU25、MU20、MU15、MU10 五个强度等级。

②密度等级。砖的密度等级分为 1 000、1 100、1 200、1 300 四个等级。

3)产品标记。

砖的产品标记按产品名称、品种、规格、强度等级、密度等级和标准编号顺序编写。

(2)烧结多孔砖的技术要求。

1)尺寸允许偏差见表 1－14。

表 1－14 尺寸允许偏差 (单位:mm)

尺寸	样本平均偏差	样本级差,≤
>400	±3.0	10.0
300～400	±2.5	9.0
200～300	±2.5	8.0
100～200	±2.0	7.0
<100	±1.5	6.0

2)砖的外观质量规定见表 1－15。

表 1－15 外观质量 (单位:mm)

项目		指标
完整面	不得少于	一条面和一顶面
缺棱掉角的三个破坏尺寸	不得同时大于	30
裂纹长度	大面(有孔面)上深入孔壁 15 mm 以上宽度方向及其延伸到条面的长度 不大于	80
裂纹长度	大面(有孔面)上深入孔壁 15 mm 以上长度方向及其延伸到顶面的长度 不大于	100
裂纹长度	条顶面上的水平裂纹 不大于	100
在砖面上造成的凸出高度	不大于	5

注:凡有下列缺陷之一者,不能称为完整面。

1. 缺损在条面或顶面上造成的破坏面尺寸同时大于 20 mm×30 mm;
2. 条面或顶面上裂纹宽度大于 1 mm,其长度超过 70 mm;
3. 压陷、焦花、粘底在条面或顶面上的凹陷或凸出超过 2 mm,区域最大投影尺寸同时大于 20 mm×30 mm。

3)密度等级规定见表 1－16。

表 1－16 密度等级 (单位:kg/m³)

密度等级		3 块砖或砌块干燥表观密度平均值
砖	砌块	
—	900	≤900
1 000	1 000	900～1 000

续上表

密度等级		3 块砖或砌块干燥表观密度平均值
砖	砌块	
1 100	1 100	1 000～1 100
1 200	1 200	1 100～1 200
1 300	—	1 200～1 300

4)强度等级规定见表 1－17。

表 1－17　强度等级　（单位:MPa）

强度等级	抗压强度平均值 f,≥	强度标准值 f_k,≥
MU30	30.0	22.0
MU25	25.0	18.0
MU20	20.0	14.0
MU15	15.0	10.0
MU10	10.0	6.5

5)孔型、孔结构及孔洞率的规定见表 1－18。

表 1－18　孔型孔结构及孔洞率

孔型	孔洞尺寸(mm)		最小外壁厚(mm)	最小肋厚(mm)	孔洞率(%)		孔洞排列
	孔宽度尺寸 b	孔长度尺寸 L			砖	砌块	
矩型条孔或矩型孔	≤13	≤40	≥12	≥5	≥28	≥33	(1)所有孔宽应相等。孔采用单向或双向交错排列。 (2)孔洞排列上下、左右应对称，分布均匀，手抓孔的长度方向尺寸必须平行于砖的条面

注:1. 矩型孔的孔长 L、孔宽 b 满足式 $L \geqslant 3b$ 时，为矩型条孔。

2. 孔四个角应做成过渡圆角，不得做成直尖角。

3. 如设有砌筑砂浆槽，则砌筑砂浆槽不计算在孔洞率内。

4. 规格大的砖和砌块应设置手抓孔，手抓孔尺寸为(30～40)mm×(75～85)mm。

6)泛霜。

每块砖或砌块不允许出现严重泛霜。

7)石灰爆裂。

①破坏尺寸大于 2 mm 且小于或等于 15 mm 的爆裂区域，每组砖和砌块不得多于 15 处。大于 10 mm 的不得多于 7 处。

②不允许出现破坏尺寸大于 15 mm 的爆裂区域。

4. 粉煤灰砖

(1)种类和规格。

种类和规格见表1—19。

表1—19　种类和规格

项目	内　容
规格	砖的外形为直角六面体,其公称尺寸为:长240 mm、宽115 mm、高57 mm
等级	(1)根据抗压强度和抗折强度将强度级分别为MU30、MU25、MU20、MU15、MU10五个级别。 (2)根据尺寸偏差、外观质量、强度等级和干燥收缩分为:优等品(A)、一等品(B)、合格品(C)
产品标记	粉煤灰砖按产品名称(FB)、颜色、强度等级、质量等级、标准编号顺序编号。 强度等级为20级的优等品彩色粉煤灰砖标记为:FB CO 20 A JC 239—2001

(2)技术要求。

①尺寸允许偏差和外观质量见表1—20。

表1—20　尺寸允许偏差和外观质量　(单位:mm)

项目		指标		
		优等品(A)	一等品(B)	合格品(C)
尺寸允许偏差:				
长		±2	±3	±4
宽		±2	±3	±4
高		±1	±2	±3
对应高度差,≤		1	2	3
缺棱掉角的最小破坏尺寸,≤		10	15	20
完整面,不少于		两条面和一顶面或两顶面和一条面	一条面和一顶面	一条面和一顶面
裂纹长度	(1)大面上宽度方向的裂纹(包括延伸到条面上的长度),≤	30	50	70
	(2)其他裂纹,≤	50	70	100
层裂		不允许		

注:在条面或顶面上破坏面的两个尺寸同时大于10 mm和20 mm者为非完整面。

②强度等级见表1—21,优等品的强度级别应不低于15级,一等品的强度级别应不低于10级。

表 1－21　粉煤灰砖强度指标　（单位：MPa）

强度等级	抗压强度		抗折强度	
	10 块平均值，≥	单块值，≥	10 块平均值，≥	单块值，≥
MU30	30.0	24.0	6.2	5.0
MU25	25.0	20.0	5.0	4.0
MU20	20.0	16.0	4.0	3.2
MU15	15.0	12.0	3.3	2.6
MU10	10.0	8.0	2.5	2.0

③抗冻性见表 1－22。

表 1－22　粉煤灰砖抗冻性

强度等级	抗压强度(MPa)　单块值，≥	砖的干重量损失(%)　单块值，≤
MU30	24.0	2.0
MU25	20.0	
MU20	16.0	
MU15	12.0	
MU10	8.0	

④干燥收缩和碳化性能见表 1－23。

表 1－23　粉煤灰砖干燥收缩和碳化性能

项目	内　容
干燥收缩值	优等品和一等品应不大于 0.65 mm/m；合格品应不大于 0.75 mm/m
碳化性能	碳化系数 K_c≥0.8

5. 烧结空心砖

(1)烧结空心砖的尺寸允许偏差见表 1－24。

表 1－24　尺寸允许偏差　（单位：mm）

尺寸	优等品		一等品		合格品	
	样本平均偏差	样本极差，≤	样本平均偏差	样本极差，≤	样本平均偏差	样本极差，≤
＞300	±2.5	6.0	±3.0	7.0	±3.5	8.0
200～300	±2.0	5.0	±2.5	6.0	±3.0	7.0
100～200	±1.5	4.0	±2.0	5.0	±2.5	6.0
＜100	±1.5	3.0	±1.7	4.0	±2.0	5.0

(2)烧结空心砖的外观质量见表 1－25。

表1-25 外观质量 (单位:mm)

项目		优等品	一等品	合格品
弯曲,≤		3	4	5
缺棱掉角的三个破坏尺寸,不得同时大于		15	30	40
垂直度差,≤		3	4	5
未贯穿裂纹长度	大面上宽度方向及其延伸到条面的长度,≤	不允许	100	120
	大面上长度方向或条面上水平面方向的长度,≤	不允许	120	140
贯穿裂纹长度	大面上宽度方向及其延伸到条面的长度,≤	不允许	40	60
	壁、肋沿长度方向、宽度方向及其水平方向的长度,≤	不允许	40	60
肋、壁内残缺长度,≤		不允许	40	60
完整面,≥		一条面和一大面	一条面或一大面	—

注:凡有下列缺陷之一者,不能称为完整面:

1. 缺损在大面、条面上造成的破坏面尺寸同时大于20 mm×30 mm;
2. 大面、条面上裂纹宽度大于1 mm,其长度超过70 mm;
3. 压陷、粘底、焦花在大面、条面上的凹陷或凸出超过2 mm,区域尺寸同时大于20 mm×30 mm。

(3)烧结空心砖的强度等级见表1-26。

表1-26 强度等级

强度等级	抗压强度(MPa)			密度等级范围(kg/m³)
	抗压强度平均值 f,≥	变异系数 $\delta \leqslant 0.21$	变异系数 $\delta \leqslant 0.21$	
		强度标准值 f_k,≥	单块最小抗压强度值 f_{min}	
MU10.0	10.0	7.0	8.0	≤1 100
MU7.5	7.5	5.0	5.8	
MU5.0	5.0	3.5	4.0	
MU3.5	3.5	2.5	2.8	
MU2.5	2.5	1.6	1.8	≤800

(4)烧结空心砖的密度等级见表1-27。

表1-27 密度等级 (单位:kg/m³)

密度等级	5块密度平均值	密度等级	5块密度平均值
800	≤800	1 000	901~1 000
900	801~900	1 100	1 001~1 100

(5)烧结空心砖的孔洞率和孔洞排数见表1-28。

表 1－28 孔洞排列及其结构

<table>
<tr><th rowspan="2">等级</th><th rowspan="2">孔洞排列</th><th colspan="2">孔洞排数(排)</th><th rowspan="2">孔洞率(%)</th></tr>
<tr><th>宽度方向</th><th>高度方向</th></tr>
<tr><td>优等品</td><td>有序交错排列</td><td>$b \geqslant 200$ mm　≥7
$b \geqslant 200$ mm　≥5</td><td>≥2</td><td rowspan="3">≥40</td></tr>
<tr><td>一等品</td><td>有序排列</td><td>$b \geqslant 200$ mm　≥5
$b \geqslant 200$ mm　≥4</td><td>≥2</td></tr>
<tr><td>合格品</td><td>有序排列</td><td>≥3</td><td>—</td></tr>
</table>

注：b 为宽度的尺寸。

(6)每组烧结空心砖的石灰爆裂区域情况见表 1－29。

表 1－29 石灰爆裂

项目	内　容
优等品	不允许出现最大破坏尺寸大于 2 mm 的爆裂区域
一等品	(1)最大破坏尺寸大于 2 mm 且小于等于 10 mm 的爆裂区域，每组砖和砌块不得多于 15 处； (2)不允许出现最大破坏尺寸大于 10 mm 的爆裂区域
合格品	(1)最大破坏尺寸大于 2 mm 且小于等于 15 mm 的爆裂区域，每组砖和砌块不得多于 15 处，其中大于 10 mm 的不得多于 7 处； (2)不允许出现最大破坏尺寸大于 15 mm 的爆裂区域

(7)每组烧结空心砖的吸水率平均值见表 1－30。

表 1－30 吸水率 (%)

等级	吸水率，≤	
	普通砖、页岩砖、煤矸石砖	粉煤灰砖
优等品	16.0	20.0
一等品	18.0	22.0
合格品	20.0	24.0

注：粉煤灰掺入量(体积比)小于 30%时，按普通砖规定判定。

6. 砌筑水泥

砌筑水泥的材料见表 1－31。

表 1－31 砌筑水泥的材料

项目	内　容
概念	由一种或一种以上的水泥混合材料，加入适量硅酸盐水泥熟料和石膏，经磨细制成的工作性较好的水硬性胶凝材料，称为砌筑水泥，代号 M。砌筑水泥主要用于砌筑和抹面砂浆、垫层混凝土等，不应用于结构混凝土

续上表

项目	内　容
组成	水泥中混合材料掺加量按质量百分比计应大于50%，允许掺入适量的石灰石或窑灰，石灰石中三氧化二铝不得超过2.5%。水泥中三氧化硫含量应不大于4.0%。80 μm方孔筛筛余不大于10.0%
技术要求	砌筑水泥分12.5级和22.5级两个强度等级。初凝不早于60 min，终凝不迟于12 h。用沸煮法检验安定性应合格。保水率应不低于80%。各等级水泥各龄期强度应不低于表1－32中数值

表1－32　水泥各强度等级强度值　　(单位：MPa)

水泥等级	抗压强度		抗折强度	
	7 d	28 d	7 d	28 d
12.5	7.0	12.5	1.5	3.0
22.5	10.0	22.5	2.0	4.0

7.砂

砂的材料见表1－33。

表1－33　砂的材料

项目	内　容
分类与规格	(1)分类。 砂按产源分为天然砂、机制砂两类。 (2)规格。 砂按细度模数分为粗、中、细三种规格，其细度模数如下。 粗砂：3.7～3.1。 中砂：3.0～2.3。 细砂：2.2～1.6。 (3)类别。 砂按技术要求分为Ⅰ类、Ⅱ类、Ⅲ类。 (4)用途。 Ⅰ类宜用于强度等级大于C60的混凝土；Ⅱ类宜用于强度等级在C30～C60之间及抗冻、抗渗或其他要求的混凝土；Ⅲ类宜用于强度等级小于C30的混凝土和建筑砂浆
技术要求	(1)颗粒级配。 砂的颗粒级配见表1－34。 砂的实际颗粒级配与表中所列数字相比，除4.75 mm和600 μm筛挡外，可以略有超出，但超出总量应小于5%。 (2)含泥量、石粉含量和泥块含量。 ①天然砂的含泥量和泥块含量见表1－35。

续上表

项目	内　容
技术要求	②机制砂的石粉质量和泥块含量见表1－36。 (3)有害物质。 砂不应混有草根、树叶、树枝、塑料、煤块、炉渣等杂物。砂中如含有云母、轻物质、有机物、硫化物及硫酸盐、氯盐等，其含量见表1－37。 (4)坚固性。 ①天然砂采用硫酸钠溶液法进行试验，砂的质量损失见表1－38。 ②机制砂除了满足表1－38的规定，还应满足表1－39的规定。 (5)表观密度、堆积密度、空隙率。 砂表观密度、堆积密度、空隙率应符合如下规定：表观密度不小于2 500 kg/m³；松散堆积密度不小于1 400 kg/m³；空隙率不大于44%。 (6)碱骨料反应。 经碱骨料反应试验后，由砂制备的试件无裂缝、酥裂、胶体外溢等现象，在规定的试验龄期膨胀率应小于0.10%

表1－34　颗粒级配

砂的分类	天然砂			机制砂		
级配区	1区	2区	3区	1区	2区	3区
方筛孔	累计筛余(%)					
4.75 mm	10～0	10～0	10～0	10～0	10～0	10～0
2.36 mm	35～5	25～0	15～0	35～5	25～0	15～0
1.18 mm	65～35	50～10	25～0	65～35	50～10	25～0
600 μm	85～71	70～41	40～16	85～71	70～41	40～16
300 μm	95～80	92～70	85～55	95～80	92～70	85～55
150 μm	100～90	100～90	100～90	97～85	94～80	94～75

表1－35　含泥量和泥块含量

项　目	指　标		
	Ⅰ类	Ⅱ类	Ⅲ类
含泥量(按质量计)(%)	≤1.0	≤3.0	≤5.0
泥块含量(按质量计)(%)	0	≤1.0	≤2.0

表1－36　石粉含量

项　目	指　标		
	Ⅰ类	Ⅱ类	Ⅲ类
MB值	≤0.5	≤1.0	≤1.4或合格

续上表

项目		指标		
		Ⅰ类	Ⅱ类	Ⅲ类
MB≤1.4或合格	石粉含量(按质量计)(%)	≤10.0		
	泥块含量(按质量计)(%)	0	≤1.0	≤2.0
MB>1.4或不合格	石粉含量(按质量计)(%)	≤1.0	≤3.0	≤5.0
	泥块含量(按质量计)(%)	0	≤1.0	≤2.0

注:根据使用地区和用途,在试验验证的基础上,可由供需双方协商确定。

表1-37 有害物质含量

项目	指标		
	Ⅰ类	Ⅱ类	Ⅲ类
云母(按质量计)(%)	≤1.0	≤2.0	≤2.0
轻物质(按质量计)(%)	≤1.0	≤1.0	≤1.0
有机物(比色法)	合格	合格	合格
硫化物及硫酸盐(按 SO_3 质量计)(%)	≤0.5	≤0.5	≤0.5
氯化物(以氯离子质量计)(%)	≤0.01	≤0.02	≤0.06
贝壳(按质量计)(%)①	≤3.0	≤5.0	≤8.0

①该指标仅适用于海砂、其他砂不作要求。

表1-38 坚固性指标

项目	指标		
	Ⅰ类	Ⅱ类	Ⅲ类
质量损失(%)	≤8	≤8	≤10

表1-39 压碎指标

项目	指标		
	Ⅰ类	Ⅱ类	Ⅲ类
单级最大压碎指标(%)	≤20	≤25	≤30

8.粉煤灰

粉煤灰的材料见表1-40。

表1-40 粉煤灰的材料

项目	内容
分类和等级	(1)分类。

续上表

项目	内　容
分类和等级	按煤种分为F类和C类。 ①F类粉煤灰——由无烟煤或烟煤煅烧收集的粉煤灰。 ②C类粉煤灰——由褐煤或次烟煤煅烧收集的粉煤灰，其氧化钙含量一般大于10%。 (2)等级。 拌制混凝土和砂浆所用粉煤灰分为三个等级：Ⅰ级、Ⅱ级、Ⅲ级
技术要求	(1)拌制混凝土和砂浆用粉煤灰应符合表1—41中的技术要求。 (2)碱含量。 粉煤灰中的碱含量按 $Na_2O+0.658K_2O$ 计算值表示，当粉煤灰用于活性骨料混凝土，要限制掺和料的碱含量时，由买卖双方协商确定。 (3)均匀性。 以细度(45 μm方孔筛筛余)为考核依据，单一样品的细度不应超过前10个样品细度平均值的最大偏差，最大偏差范围由买卖双方协商确定

表1—41　拌制混凝土和砂浆粉煤灰技术要求

项目		技术要求		
		Ⅰ类	Ⅱ类	Ⅲ类
细度(45 μm方孔筛筛余)，不大于(%)	F类粉煤灰	12.0	25.0	45.0
	C类粉煤灰			
需水量比，不大于(%)	F类粉煤灰	95	105	115
	C类粉煤灰			
烧失量，不大于(%)	F类粉煤灰	5.0	8.0	15.0
	C类粉煤灰			
含水量，不大于(%)	F类粉煤灰	1.0		
	C类粉煤灰			
三氧化硫，不大于(%)	F类粉煤灰	3.0		
	C类粉煤灰			
游离氧化钙，不大于(%)	F类粉煤灰	1.0		
	C类粉煤灰	4.0		
安定性，雷氏夹沸煮后增加距离，不大于(mm)	C类粉煤灰	5.0		

9.生石灰

磨细生石灰的品质指标见表1—42。

表 1－42　建筑生石灰粉品质指标

指　标		钙质生石灰粉			镁质生石灰粉		
		优等品	一等品	合格品	优等品	一等品	合格品
Ca＋MgO 含量不小于(%)		85	80	75	80	75	70
CO_2 含量不小于(%)		7	9	11	8	10	12
细度	0.9 mm 筛的筛余不大于(%)	0.2	0.5	1.5	0.2	0.5	1.5
	0.125 mm 筛的筛余不大于(%)	7.0	12.0	18.0	7.0	12.0	18.0

10. 砌筑砂浆

(1)砌筑砂浆的稠度见表 1－43。

表 1－43　砌筑砂浆的稠度

砌体种类	施工稠度(mm)	砌体种类	砂浆稠度(mm)
烧结普通砖砌体、粉煤灰砖砌体	70～90	石砌体	30～50
烧结多孔砖砌体、烧结空心砖砌体、轻集料混凝土小型空心砌块砌体、蒸压加气混凝土砌块砌体	60～80	混凝土砖砌体、普通混凝土小型空心砌块砌体、灰砂砖砌体	50～70

(2)现场施工时当石灰膏稠度与试配不一致时，可按表 1－44 换算。

表 1－44　石灰膏不同稠度时的换算系数

石灰膏稠度(mm)	120	110	100	90	80	70	60	50	40	30
换算系数	1.00	0.99	0.97	0.95	0.93	0.92	0.90	0.88	0.87	0.86

11. 预拌砂浆

预拌砂浆的材料见表 1－45。

表 1－45　预拌砂浆的材料

项目	内　容
概念	系指由水泥、砂、水、粉煤灰及其他矿物掺和料和根据需要添加的保水增稠材料、外加剂等组分按一定比例，在集中搅拌站(厂)经计量、拌制后，用搅拌运输车运至使用地点，放入专用容器储存，并在规定时间内使用搅拌完毕的砂浆拌和物
分类	预拌砂浆分为湿拌砂浆和干混砂浆两种。 (1)湿拌砂浆分类和符号。 ①按用途分为湿拌砌筑砂浆、湿拌抹灰砂浆、湿拌地面砂浆和湿拌防水砂浆，并采用表 1－46的符号。

续上表

<table>
<tr><th>项目</th><th>内　容</th></tr>
<tr><td>分类</td><td>②按强度等级、稠度、凝结时间和抗渗等级的分类见表1－47。
(2)干混砂浆分类和符号。
按用途分为普通干混砂浆和特种干混砂浆。
①普通干混砂浆分类和符号。
a.按用途分为干混砌筑砂浆、干混抹灰砂浆、干混地面砂浆和干混普通防水砂浆，并采用表1－48的符号。
b.按强度等级和抗渗等级的分类见表1－49。
②特种干混砂浆分类和符号。
按用途分为干混瓷砖黏结砂浆、干混耐磨地坪砂浆、干混界面处理砂浆、干混特种防水砂浆、干混自流平砂浆、干混灌浆砂浆、干混外保温黏结砂浆、干混外保温抹面砂浆、干混聚苯颗粒保温砂浆和干混无机骨料保温砂浆，并采用表1－50的符号</td></tr>
<tr><td>原材料</td><td>(1)预拌砂浆所用原材料不应对人体、生物与环境造成有害的影响，并应符合《建筑材料放射性核素限量》(GB 6566－2010)的规定。
(2)水泥。
①宜采用硅酸盐水泥、普通硅酸盐水泥，且应符合相应标准的规定。采用其他水泥时应符合相应标准的规定。
②水泥进厂时应具有质量证明文件。对进厂水泥应按国家现行标准的规定按批进行复验，复验合格后方可使用。
(3)骨料。
①细骨料应符合《普通混凝土用砂、石质量及检验方法标准》(JGJ 52－2006)及其他国家现行标准的规定，且不应含有公称粒径大于5 mm的颗粒。
②细骨料进厂时应具有质量证明文件。对进厂细骨料应按《普通混凝土用砂、石质量及检验方法标准》(JGJ 52－2006)等国家现行标准的规定按批进行复验，复验合格后方可使用。
③轻骨料应符合相关标准的要求或有充足的技术依据，并应在使用前进行试验验证。
(4)矿物掺和料。
①粉煤灰、粒化高炉矿渣粉、天然沸石粉、硅灰应分别符合《用于水泥和混凝土中的粉煤灰》(GB/T 1596－2005)、《用于水泥和混凝土中的粒化高炉渣粉》(GB/T 18046－2008)、《高强高性能混凝土用矿物外加剂》(GB/T 18736－2002)的规定。当采用其他品种矿物掺和料时，应有充足的技术依据，并应在使用前进行试验验证。
②矿物掺和料进厂时应具有质量证明文件，并按有关规定进行复验，其掺量应符合有关规定并通过试验确定。
(5)外加剂。
①外加剂应符合《混凝土外加剂》(GB 8076－2008)、《砂浆、混凝土防水剂》(JC 474－2008)、《混凝土膨胀剂》(GB 23439－2009)等国家现行标准的规定。
②外加剂进厂时应具有质量证明文件。对进厂外加剂应按批进行复验，复验项目应符合相应标准的规定，复验合格后方可使用。
(6)保水增稠材料。
采用保水增稠材料时，必须有充足的技术依据，并应在使用前进行试验验证。用于砌筑砂浆的应符合《砌筑砂浆增塑剂》(JG/T 164－2004)的规定。
(7)添加剂。</td></tr>
</table>

续上表

项目	内　容
原材料	可再分散胶粉、颜料、纤维等应符合相关标准的要求或有充足的技术依据，并应在使用前进行试验验证。 (8)填料。 重质碳酸钙、轻质碳酸钙、石英粉、滑石粉等应符合相关标准的要求或有充足的技术依据，并应在使用前进行试验验证。 (9)拌和用水。 拌制砂浆用水应符合《混凝土用水标准》(JGJ 63－2006)的规定
技术要求	1.湿拌砂浆 (1)湿拌砌筑砂浆的砌体力学性能应符合《砌体结构设计规范》(GB 50003－2011)的规定，湿拌砌筑砂浆拌和物的密度不应小于1 800 kg/m^3。 (2)湿拌砂浆性能见表1－51。 (3)湿拌砂浆稠度实测值与合同规定的稠度值之差见表1－52。 2.干混砂浆 (1)普通干混砂浆。 ①干混砌筑砂浆的砌体力学性能应符合《砌体结构设计规范》(GB 50003－2011)的规定，干混砌筑砂浆拌和物的密度不应小于1 800 kg/m^3。 ②普通干混砂浆性能见表1－53。 (2)特种干混砂浆。 ①外观。 粉状产品应均匀、无结块。 双组分产品液料组分经搅拌后应呈均匀状态、无沉淀；粉料组分应均匀、无结块。 ②干混瓷砖黏地砂浆的性能见表1－54。 ③干混耐磨地坪砂浆的性能见表1－55。 ④干混界面处理砂浆的性能见表1－56。 ⑤干混特种防水砂浆的性能见表1－57。 ⑥干混自流平砂浆的性能见表1－58。 ⑦干混灌浆砂浆的性能见表1－59。 ⑧干混外保温黏结砂浆的性能见表1－60。 ⑨干混外保温抹面砂浆的性能见表1－61。 ⑩干混聚苯颗粒保温砂浆的性能见表1－62。 ⑪干混无机骨料保温砂浆的性能见表1－63
制备	1.湿拌砂浆 (1)材料贮存。 ①各种材料必须分仓贮存，并应有明显的标识。 ②水泥应按生产厂家、水泥品种及强度等级分别贮存，同时应具有防潮、防污染措施。 ③细骨料的贮存应保证其均匀性，不同品种、规格的细骨料应分别贮存。细骨料的贮存地面应为能排水的硬质地面。 ④保水增稠材料、外加剂应按生产厂家、品种分别贮存，并应具有防止质量发生变化的措施。 ⑤矿物掺和料应按品种、级别分别贮存，严禁与水泥等其他粉状料混杂。

续上表

<table>
<tr><th>项目</th><th>内　　容</th></tr>
<tr><td>制备</td><td>(2)搅拌机。
①搅拌机应采用符合《混凝土搅拌机》(GB/T 9142－2000)规定的固定式搅拌机。
②计量设备应按有关规定由法定计量部门进行检定,使用期间应定期进行校准。
③计量设备应能连续计量不同配合比砂浆的各种材料,并应具有实际计量结果逐盘记录和贮存的功能。
(3)运输车。
①应采用搅拌运输车运送。
②运输车在运送时应能保证砂浆拌和物的均匀性,不应产生分层离析现象。
(4)计量。
①各种固体原材料的计量均应按质量计,水和液体外加剂的计量可按体积计。
②原材料的计量允许偏差不应大于表1－64规定的范围。
(5)生产。
①湿拌砂浆应采用"湿拌砂浆"第(2)条中规定的搅拌机进行搅拌。
②湿拌砂浆最短搅拌时间(从全部材料投完算起)不应小于90 s。
③生产中应测定细骨料的含水率,每一工作班不宜少于1次。
④湿拌砂浆在生产过程中应避免对周围环境的污染,搅拌站机房应为封闭式建筑,所有粉料的输送及计量工序均应在密封状态下进行,并应有收尘装置。砂料场应有防扬尘措施。
⑤搅拌站应严格控制生产用水的排放。
(6)运送。
①湿拌砂浆应采用"湿拌砂浆"第(3)条中规定的运输车运送。
②运输车在装料前,装料口应保持清洁,筒体内不应有积水、积浆及杂物。
③在装料及运送过程中,应保持运输车筒体按一定速度旋转。
④严禁向运输车内的砂浆加水。
⑤运输车在运送过程中应避免遗洒。
(7)湿拌砂浆供货量以 m^3 为计算单位。
2.干混砂浆
(1)材料贮存。
①各种原材料贮存应符合"湿拌砂浆"第(1)条中的规定。
②骨料应进行干燥处理,砂含水率应小于0.5%,轻骨料含水率应小于1.0%,其他材料含水率应小于1.0%。
③添加剂、填料应按生产厂家、品种分别贮存,并应具有防止质量发生变化的措施。
(2)混合系统。
①混合机宜采用自动控制的干粉混合机。
②计量设备应按有关规定由法定计量部门进行检定,使用期间应定期进行校准。
③计量设备应满足计量精度要求。
(3)计量。
①各种原材料的计量均应按质量计。
②原材料的计量允许偏差不应大于表1－65规定的范围。
(4)生产。</td></tr>
</table>

续上表

项目	内容
制备	①干混砂浆宜采用“湿拌砂浆”第(2)条中规定的混合机进行混合。 ②生产中应测定干砂及轻骨料的含水率，每一工作班不宜少于1次。 ③砂浆品种更换时，混合及输送设备应清理干净。 ④干混砂浆在生产过程中应避免对周围环境的污染，所有材料的输送及计量工序均应在密封状态下进行，并应有收尘装置。砂料场应有防扬尘措施

表1—46　湿拌砂浆符号

品种	湿拌砌筑砂浆	湿拌抹灰砂浆	湿拌地面砂浆	湿拌防水砂浆
符号	WM	WP	WS	WW

表1—47　湿拌砂浆分类

项目	湿拌砌筑砂浆	湿拌抹灰砂浆	湿拌地面砂浆	湿拌防水砂浆
强度等级	M5、M7、M10、M15、M20、M25、M30	M5、M10、M15、M20	M15、M20、M25	M10、M15、M20
稠度(mm)	50、70、90	70、90、110	50	50、70、90
凝结时间(h)	8、12、24	8、12、24	4、8	8、12、24
抗渗等级	—	—	—	P6、P8、P10

表1—48　普通干混砂浆符号

品种	干混砌筑砂浆	干混抹灰砂浆	干混地面砂浆	干混普通防水砂浆
符号	DM	DP	DS	DW

表1—49　普通干混砂浆分类

项目	干混砌筑砂浆	干混抹灰砂浆	干混地面砂浆	干混普通防水砂浆
强度等级	M5、M7.5、M10、M15、M20、M25、M30	M5、M10、M15、M20	M15、M20、M25	M10、M15、M20
抗渗等级	—	—	—	P6、P8、P10

表1—50　特种干混砂浆符号

品种	干混瓷砖黏结砂浆	干混耐磨地坪砂浆	干混界面处理砂浆	干混特种防水砂浆	干混自流平砂浆
符号	DTA	DFH	DIT	DWS	DSL

续上表

品种	干混灌浆砂浆	干混外保温黏结砂浆	干混外保温抹面砂浆	干混聚苯颗粒保温砂浆	干混无机骨料保温砂浆
符号	DGR	DEA	DBI	DPG	DTI

表 1－51 湿拌砂浆性能指标

项目	湿拌砌筑砂浆	湿拌抹灰砂浆		湿拌地面砂浆	湿拌防水砂浆
强度等级	M5、M7.5、M10、M15、M20、M25、M30	M5	M10、M15、M20	M15、M20、M25	M10、M15、M20
稠度(mm)	50、70、90	70、90、110		50	50、70、90
凝结时间(h)	≥8、≥12、≥24	≥8、≥12、≥24		≥4、≥8	≥8、≥12、≥24
保水性(%)	≥88	≥88		≥88	≥88
14 d拉伸黏结强度(MPa)	—	≥0.15	≥0.20	—	≥0.20
抗渗等级	—	—		—	P6、P8、P10

表 1－52 湿拌砂浆稠度允许偏差

规定稠度(mm)	允许偏差(mm)
50、70、90	±10
110	－10～＋5

表 1－53 普通干混砂浆性能指标

项目	干混砌筑砂浆	干混抹灰砂浆		干混地面砂浆	干混普通防水砂浆
强度等级	M5、M7.5、M10、M15、M20、M25、M30	M5	M10、M15、M20	M15、M20、M25	M10、M15、M20
凝结时间(h)	3～8	3～8		3～8	3～8
保水性(%)	≥88	≥88		≥88	≥88
14 d拉伸黏结强度(MPa)	—	≥0.15	≥0.20	—	≥0.20
抗渗等级	—	—		—	P6、P8、P10

表 1－54　干混瓷砖黏结砂浆性能指标

<table>
<tr><th colspan="4">项　　目</th><th>性能指标</th></tr>
<tr><td rowspan="8">基本性能</td><td rowspan="5">普通型</td><td rowspan="5">拉伸黏结强度(MPa)</td><td>未处理</td><td rowspan="5">≥0.5</td></tr>
<tr><td>浸水处理</td></tr>
<tr><td>热处理</td></tr>
<tr><td>冻融循环处理</td></tr>
<tr><td>晾置 20 min</td></tr>
<tr><td rowspan="3">快硬型</td><td rowspan="3">拉伸黏结强度(MPa)</td><td>24 h</td><td rowspan="2">≥0.5</td></tr>
<tr><td>晾置 10 min</td></tr>
<tr><td colspan="2">其他要求同普通型</td></tr>
<tr><td rowspan="6">可选性能</td><td colspan="3">滑移(mm)</td><td>≤0.5</td></tr>
<tr><td colspan="2" rowspan="5">拉伸黏结强度(MPa)</td><td>未处理</td><td rowspan="4">≥1.0</td></tr>
<tr><td>浸水处理</td></tr>
<tr><td>热处理</td></tr>
<tr><td>冻融循环处理</td></tr>
<tr><td>晾置 30 min</td><td>≥0.5</td></tr>
</table>

表 1－55　干混耐磨地坪砂浆性能指标

项目	性能指标	
	Ⅰ型	Ⅱ型
骨料含量偏差	生产商控制指标的±5%	
28 d 抗压强度(MPa)	≥80.0	≥90.0
28 d 抗折强度(MPa)	≥10.5	≥13.5
耐磨度比(%)	≥300	≥350
表面强度(压痕直径)(mm)	≤3.30	≤3.10
颜色(与标准样比)	近似～微	

注:1.“近似”表示用肉眼基本看不出色差,“微”表示用肉眼看似乎有点色差。

2.Ⅰ型为非金属氧化物骨料干混耐磨地坪砂浆;Ⅱ型为金属氧化物骨料或金属骨料干混耐磨地坪砂浆。

表 1－56　干混界面处理砂浆性能指标

项目		性能指标	
		Ⅰ型	Ⅱ型
剪切黏结强度(MPa)	7 d	≥1.0	≥0.7
	14 d	≥1.5	≥1.0

续上表

项目			性能指标	
			Ⅰ型	Ⅱ型
拉伸黏结强度(MPa)	未处理	7 d	≥0.4	≥0.3
		14 d	≥0.6	≥0.5
	浸水处理		≥0.5	≥0.3
	热处理			
	冻融循环处理			
	碱处理			
晾置时间(min)			—	≥10

注:Ⅰ型适用于水泥混凝土的界面处理;Ⅱ型适用于加气混凝土的界面处理。

表1－57　干混特种防水砂浆性能指标

项　目		性能指标	
		Ⅰ型(干粉类)	Ⅱ型(乳液类)
凝结时间	初凝时间(min)	≥45	≥45
	终凝时间(h)	≤12	≤24
抗渗压力(MPa)	7 d	≥1.0	
	28 d	≥1.5	
28 d抗压强度(MPa)		≥24.0	—
28 d抗折强度(MPa)		≥8.0	—
压　折　比		≤3.0	—
拉伸黏结强度(MPa)	7 d	≥1.0	
	28 d	≥1.2	
耐碱性:饱和 $Ca(OH)_2$ 溶液,168 h		无开裂、剥落	
耐热性:100℃水,5 h		无开裂、剥落	
抗冻性:－15℃～＋20℃,25次		无开裂、剥落	
28 d收缩率(%)		≤0.15	

表1－58　干混自流平砂浆性能指标

项　目		性能指标
流动度(mm)	初始流动度	≥130
	20 min流动度	≥130
拉伸黏结强度(MPa)		≥1.0

续上表

项　　目						性能指标
耐磨性(g)						≤0.50
尺寸变化率(%)						－0.15～＋0.15
24 h 抗压强度(MPa)						≥6.0
24 h 抗折强度(MPa)						≥2.0
抗压强度等级						
强度等级	C16	C20	C25	C30	C35	C40
28 d 抗压强度(MPa)	≥16	≥20	≥25	≥30	≥35	≥40
抗折强度等级						
强度等级	F4	F6	F7	F10		
28 d 抗折强度(MPa)	≥4	≥6	≥7	≥10		

表 1－59　干混灌浆砂浆性能指标

项　　目		性能指标
粒径	4.75 mm 方孔筛筛余(%)	≤2.0
凝结时间	初凝(min)	≥120
泌水率(%)		≤1.0
流动度(mm)	初始流动度	≥260
	30 min 流动度保留值	≥230
抗压强度(MPa)	1 d	≥22.0
	3 d	≥40.0
	28 d	≥70.0
竖向膨胀率(%)	1 d	≥0.020
钢筋握裹强度(圆钢)(MPa)	28 d	≥4.0
对钢筋锈蚀作用		应说明对钢筋有无锈蚀作用

表 1－60　干混外保温黏结砂浆性能指标

项　　目		性能指标
拉伸黏结强度(MPa)(与水泥砂浆)	未处理	≥0.60
	浸水处理	≥0.40
拉伸黏结强度(MPa)(与膨胀聚苯板)	未处理	≥0.10,破坏界面在膨胀聚苯板上
	浸水处理	≥0.10,破坏界面在膨胀聚苯板上
可操作时间(h)		1.5～4.0

表 1－61 干混外保温抹面砂浆性能指标

项 目		性能指标
拉伸黏结强度(MPa)(与膨胀聚苯板)	未处理	≥0.10,破坏界面在膨胀聚苯板上
	浸水处理	≥0.10,破坏界面在膨胀聚苯板上
	冻融循环处理	≥0.10,破坏界面在膨胀聚苯板上
抗压强度/抗折强度		≤3.0
可操作时间(h)		1.5～4.0

表 1－62 干混聚苯颗粒保温砂浆性能指标

项 目	性能指标
湿表观密度(kg/m^3)	≤420
干表观密度(kg/m^3)	180～250
导热系数[W/(m·K)]	≤0.060
蓄热系数[W/(m^2·K)]	≥0.95
抗压强度(kPa)	≥200
压剪黏结强度(kPa)	≥50
线性收缩率(%)	≤0.3
软化系数	≥0.5
难燃性	B_1 级

表 1－63 干混无机骨料保温砂浆性能指标

项 目	性能指标	
	Ⅰ型	Ⅱ型
分层度(mm)	≤20	≤20
堆积密度(kg/m^3)	≤250	≤350
干密度(kg/m^3)	240～300	301～400
抗压强度(MPa)	≥0.20	≥0.40
导热系数(平均温度 25℃)[W/(m·K)]	≤0.070	≤0.085
线收缩率(%)	≤0.30	
压剪黏结强度(MPa)	≥50	
燃烧性能级别	应符合《建筑材料及制品燃烧性能分析》(GB 8624－2006)规定的 A 级要求	

注:Ⅰ型和Ⅱ型根据干密度划分。

表 1－64　湿拌砂浆原材料计量允许偏差

序号	原材料品种	水泥	细骨料	水	保水增稠材料	外加剂	掺和料
1	每盘计量允许偏差(%)	±2	±3	±2	±4	±3	±4
2	累计计量允许偏差(%)	±1	±2	±1	±2	±2	±2

表 1－65　干混砂浆原材料计量允许偏差

原材料品种	水泥	骨料	保水增稠材料	外加剂	掺和科	其他材料
计量允许偏差(%)	±2	±2	±2	±2	±2	±2

12. 砌筑砂浆增塑剂

砌筑砂浆增塑剂的材料见表 1－66。

表 1－66　砌筑砂浆增塑剂的材料

项　目	内　容
概念	是指砌筑砂浆在拌制过程中掺入的用以改善砂浆和易性的非石灰类外加剂
匀质性指标	增塑剂的均质性指标见表 1－67
氯离子含量	增塑剂中氯离子含量不应超过 0.1%。无钢筋配置的砌体使用的增塑剂，不需检验氯离子含量
受检砂浆性能指标	受检砂浆性能指标见表 1－68
受检砂浆砌体强度指标	受检砂浆砌体强度指标见表 1－69

表 1－67　增塑剂的匀质性指标

试验项目	性能指标
固体含量	对液体增塑剂，不应小于生产厂最低控制值
含水量	对固体增塑剂，不应大于生产厂最大控制值
密度	对液体增塑剂，应在生产厂所控制值的±0.02 g/cm³ 以内
细度	0.315 mm 筛的筛余量应不大于 15%

表 1－68　受检砂浆性能指标

试验项目		单位	性能指标
分层度		mm	10～30
含气量	标准搅拌	%	≤20
	1 h 静置		≥(标准搅拌时的含气量－4)
凝结时间差		min	－60～＋60
抗压强度比	7 d	%	≥75
	28 d		

续上表

试验项目		单位	性能指标
抗冻性（25次冻融循环）	抗压强度损失率	%	≤25
	质量损失率		≤5

表1—69 受检砂浆砌体强度指标

试验项目	性能指标
砌体抗压强度比	≥95%
砌体抗剪强度比	≥95%

三、施工机械要求

1. 施工常用机具设备

施工常用机具设备见表1—70。

表1—70 施工常用机具设备

项目	内　容
测量、放线、检验机具	应备有龙门板、皮数杆、水准仪、经纬仪、2 m靠尺、楔形塞尺、插线板、线坠、百格网、钢卷尺、水平尺、小线、砂浆试模、磅秤等
施工机具	常用的施工机具有砂浆搅拌机、筛砂机和淋灰机、大铲、刨锛、瓦刀、灰槽、泥桶、砖夹子、筛子、勾缝条、运砖车、灰浆车、翻斗车、砖笼、扫帚、钢筋卡子

2. 砂浆搅拌机设备选用

砂浆搅拌机的各项技术数据见表1—71。

表1—71 砂浆搅拌机主要技术数据

技术指标		型号				
		HJ-200	HJ_1-200A	HJ_1-200B	HJ-325	连续式
容量(L)		200	200	200	325	
搅拌叶片转速(r/min)		30～32	28～30	34	30	383
搅拌时间(min)		2	—	2	—	—
生产率(m^3/h)		—	—	3	6	16 m^3/班
电机	型号	JO_2-42-4	JO_2-41-6	JO_2-32-4	JO_2-32-4	JO_2-32-4
	功率(kW)	2.8	3	3	3	3
	转速(r/min)	1 450	950	1 430	1 430	1 430

续上表

技术指标		型号				
		HJ-200	HJ_1-200A	HJ_1-200B	HJ-325	连续式
外形尺寸(mm)	长	2 200	2 000	1 620	2 700	610
	宽	1 120	1 100	850	1 700	415
	高	1 430	1 100	1 050	1 350	760
质量(kg)		590	680	560	760	180

四、施工工艺解析

1. 砖基础砌筑施工

砖基础砌筑施工工艺解析见表1—72。

表1—72　砖基础砌筑施工工艺解析

项目	内　容
确定组砌方法	组砌方法应正确，一般采用一顺一丁(满丁、满条)排砖法。砖砌体的转角处和内外墙体交接处应同时砌筑，当不能同时砌筑时，应按规定留槎，并做好接槎处理。基底标高不同时，应从低处砌起，并应由高处向低处搭接
砖浇水	砖应在砌筑前1～2 d浇水湿润，烧结普通砖一般以水浸入砖四边15 mm为宜，含水率10%～15%；煤矸石页岩实心砖含水率8%～12%，常温施工不得用干砖上墙，不得使用含水率达饱和状态的砖砌墙，冬期施工清除冰霜，砖可以不浇水，但应加大砂浆稠度
拌制砂浆	(1)干混砂浆的拌制。 ①干混砂浆的强度等级必须符合设计要求。施工人员应按使用说明书的要求操作。 ②干混砂浆宜采用机械搅拌。如采用连续式搅拌器，应以产品使用说明书要求的加水量为基准，并根据现场施工稠度微调拌和加水量；如采用手持式电动搅拌器，应严格按照产品使用说明书规定的加水量进行搅拌，先在容器内放入规定量的拌和水，再在不断搅拌的情况下陆续加入干混砂浆，搅拌时间宜为3～5 min，静停10 min后再搅拌不少于0.5 min。 ③使用人不得自行添加某种成分来变更干混砂浆的用途及等级。 ④拌和好的砂浆拌和物应在使用说明书规定的时间内用完，在炎热或大风天气时应采取措施防止水分过快蒸发，超过初凝时间严禁二次加水搅拌使用。 ⑤散装干混砂浆应储存在专用储料罐内，储罐上应有标志。不同品种、强度等级的产品必须分别存放，不得混用。袋装干混砂浆宜采用糊底袋，在施工现场储存应采取防雨、防潮措施，并按品种、强度等级分别堆放，严禁混堆混用。 ⑥如在有效存放期内发现干混砂浆有结块，应在过筛后取样检验，检验合格后全部过筛方可继续使用。 (2)普通砂浆的拌制。

续上表

项目	内　　容
拌制砂浆	①砂浆的配合比应由试验室经试配确定。在砂浆中掺入有机塑化剂、早强剂、缓凝剂、防冻剂等，经检验和试配符合要求后，方可使用。有机塑化剂应有砌体强度的形式检验报告。 ②砂浆配合比应采取重量比。计量精度：水泥±2%，砂、灰膏控制在±5%以内。 ③水泥砂浆应采取机械搅拌，先倒砂子、水泥、掺和料，最后倒水。搅拌时间不少于2 min。水泥粉煤灰砂浆和掺用外加剂的砂浆搅拌时间不得少于3 min，掺用有机塑化剂的砂浆，应为3～5 min。 ④砂浆应随拌随用，水泥砂浆和水泥混合砂浆必须在拌成后3 h和4 h内使用完毕。当施工期间最高温度超过30℃时，应分别在拌成后2 h和3 h内使用完毕。超过上述时间的砂浆，不得使用，并不应再次拌和后使用。对掺用缓凝剂的砂浆，其使用时间可根据具体情况延长
排砖撂底（干摆砖样）	(1)基础大放脚的撂底尺寸及收退方法，必须符合设计图纸规定，如果是一层一退，里外均应砌丁砖；如果是两层一退，第一层为条砖，第二层砌丁砖。 (2)大放脚的转角处，应按规定放七分头，其数量为一砖墙放两块、一砖半厚墙放三块、二砖墙放四块，依此类推
砖基础砌筑	(1)砖基础砌筑前，基底垫层表面应清扫干净，洒水湿润。先盘墙角，每次盘角高度不应超过五层砖，随盘随靠平、吊直。 (2)砖基础墙应挂线，240 mm墙反手挂线，370 mm以上墙应双面挂线。 (3)基础大放脚砌到基础墙时，要拉线检查轴线及边线，保证基础墙身位置正确。同时要对照皮数杆的砖层及标高；如有高低差时，应在水平灰缝中逐渐调整，使墙的层数与皮数杆相一致。 (4)基础垫层标高不一致或有局部加深部位，应从深处砌起，并应由浅处向深处搭砌。 (5)暖气沟挑檐砖及上一层压砖，均应整砖丁砌，灰缝要严实，挑檐砖标高必须符合设计要求。 (6)各种预留洞、埋件、拉结筋按设计要求留置，避免后剔凿，影响砌体质量。 (7)变形缝的墙角应按直角要求砌筑，先砌的墙要把舌头灰刮尽；后砌的墙可采用缩口灰，掉入缝内的杂物随时清理。 (8)安装管沟和洞口过梁其型号、标高必须正确，底灰饱满；如坐灰超过20 mm厚，应采用细石混凝土铺垫，两端搭墙长度应一致
抹防潮层	抹防潮层砂浆前，将墙顶活动砖重新砌好，清扫干净，浇水湿润，基础墙体应抄出标高线（一般以外墙室外控制水平线为基准），墙上顶两侧用木八字尺杆卡牢，复核标高尺寸无误后，倒入防水砂浆，随即用木抹子搓平，设计无规定时，一般厚度为20 mm，防水粉掺量为水泥重量的3%～5%
留槎	流水段分段位置应在变形缝或门窗口角处，隔墙与墙或柱不同时砌筑时，可留阳槎加预埋拉结筋。沿墙高每500 mm预埋ϕ6钢筋2根，其埋入长度从墙的留槎计算起，一般每边均不小于1 000 mm，末端应加180°弯钩

续上表

项目	内　容
冬期施工	(1)当室外日平均气温连续 5 d 低于＋5℃或当日最低温度低于 0℃时即进入冬期施工,应采取冬期施工对尚未砌筑的槽段要保持基土防冻保温措施不被破坏。当室外日平均气温连续 5 d 稳定高于＋5℃时解除冬期施工。 (2)冬期使用的砖,要求在砌筑前清除冰霜。正温施工时,砖可适当浇水,随浇随用,负温施工不应浇水,可适当加大砂浆稠度。 (3)现场拌制砂浆:水泥宜用普通硅酸盐水泥,灰膏应防冻,如已受冻要融化后方可使用。砂中不得含有大于 10 mm 的冻结块。拌和砌筑砂浆宜采用两步投料法。材料加热时,水加热不超过 80℃,砂加热不超过 40℃。冬期施工砂浆稠度较常温适当加大 1～3 cm,但加大的砂浆稠度不宜超过 13 cm。 (4)使用干拌砂浆:当气温或施工基面的温度低于 5℃时,无有效的保温、防冻措施不得施工。 (5)现场运输与储存砂浆应有有效的冬期施工措施。 (6)冬期施工时,对低于 M10 强度等级的砌筑砂浆,应比常温施工提高一级,且砂浆使用时的温度不应低于 5℃。 (7)施工中忽遇雨雪,应采取有效措施防止雨雪损坏未凝结的砂浆。 (8)砌筑后,应及时用保温材料对新砌筑的砌体进行覆盖,砌筑面不得留有砂浆,继续砌筑前,应清扫砌筑面。 (9)基土无冻胀性时,基础可在冻结的地基上砌筑;基土有冻胀性时,必须在未冻的地基上砌筑。在基槽、基坑回填土前应采取防止地基受冻结的措施
雨期施工	雨期施工时,应防止基槽灌水和雨水冲刷砂浆,砂浆的稠度应适当减小。每日砌筑高度不宜大于 1.2 m,收工时应覆盖砌体表面
成品保护	(1)基础墙砌完后,未经有关人员复查之前,对轴线桩、水平桩应注意保护,不得碰撞。 (2)对外露或预埋在基础内的暖卫、电气套管及其他预埋件,应注意保护,不得损坏。 (3)抗震构造柱钢筋和拉结筋应保护,不得踩倒、弯折。 (4)基础墙回填土,两侧应同时进行,暖气沟墙不填土的一侧应加支撑,防止回填时挤歪挤裂。回填土应分层夯实,不允许向槽内灌水取代夯实。 (5)回填土运输时,先将墙顶保护好,不得在墙上推车,损坏墙顶和碰撞墙体
应注意的质量问题	(1)砂浆配合比不准:散装水泥和砂都要车车过磅,计量要准确。搅拌时间要达到规定的要求。 (2)基础墙身位移:大放脚两侧边收退要均匀,砌到基础墙身时,要拉线找正墙的轴线和边线。砌筑时保持墙身垂直。 (3)皮数杆不平:抄平放线时,要细致认真;钉皮数杆的木桩要牢固,防止碰撞松动。皮数杆立完后,要复验,确保皮数杆标高一致。 (4)水平灰缝不平:盘角时灰缝要掌握均匀,每层砖都要与皮数杆对平,通线要绷紧穿平。砌筑时要左右照顾,避免接槎处接的高低不平。

续上表

项目	内　容
应注意的质量问题	(5)灰缝大小不匀：立皮数杆要保证标高一致，盘角时灰缝要掌握均匀，砌砖时小线要拉紧，防止一层线松，一层线紧。 (6)埋入砌体中的拉结筋位置不准：应随时注意正在砌的皮数，保证按皮数杆标明的位置放拉结筋，其外露部分在施工中不得任意弯折，并保证其长度符合设计要求。 (7)留槎不符合要求：砌体的转角和交接处应同时砌筑，否则应砌成斜槎。 (8)有高低台的基础应先砌低处，并由高处向低处搭接，如设计无要求，其搭接长度不应小于基础扩大部分的高度。 (9)砌体临时间断处的高度差过大：一般不得超过一步架的高度

2. 一般砖砌体砌筑施工

一般砖砌体砌筑施工工艺解析见表1—73。

表1—73　一般砖砌体砌筑施工工艺解析

项目	内　容
确定组砌方法	砖墙砌体一般采用一顺一丁(满丁、满条)、梅花丁或三顺一丁砌法。砖柱不得采用先砌四周后填心的包心砌法
砖浇水	砖应在砌筑前1～2 d浇水湿润，烧结普通砖一般以水浸入砖四边15 mm为宜，含水率10%～15%；煤矸石页岩实心砖和蒸压(养)粉煤灰砖含水率8%～12%，常温施工不得用干砖上墙，不得使用含水率达饱和状态的砖砌墙
拌制砂浆	参见第一章第一节第四点“砖基础砌筑施工”的内容
排砖撂底(干摆砖样)	砖墙排砖撂底：一般外墙第一层砖撂底时，两山墙排丁砖，前后檐纵墙排条砖。根据弹好的门窗洞口位置线，认真核对窗间墙、垛尺寸，按其长度排砖。窗口尺寸不符合排砖尺寸的时候，可以将门窗洞口的位置在60 mm范围内左右移动。破活应排在窗口中间、附墙垛或其他不明显的部位。移动门窗洞口位置时，应注意暖卫立管安装及门窗开启时不受影响。排砖时必须做全盘考虑，前后檐墙排第一皮砖时，要考虑甩窗口后砌条砖，窗角上应砌七分头砖才是好活
砖墙砌筑	(1)选砖：砌清水墙应选棱角整齐，无弯曲、裂纹，颜色均匀，规格基本一致的砖。敲击时声音响亮，焙烧过火变色，变形的砖可用在不影响外观的内墙上。灰砂砖不宜与其他品种砖混合砌筑。 (2)盘角：砌砖前应先盘角，每次盘角不应超过五皮，新盘的大角，及时进行吊、靠。如有偏差要及时修整。盘角时应仔细对照皮数杆的砖层和标高，控制好灰缝大小，使水平灰缝均匀一致。大角盘好后再复查一次，平整和垂直完全符合要求后，再挂线砌墙。 (3)挂线：砌筑砖墙厚度超过一砖半厚(370 mm)时，应双面挂线。超过10 m的长墙，中间应设支线点，小线要拉紧，每皮砖都要穿线看平，使水平缝均匀一致，平直通顺；砌一砖厚(240 mm)混水墙时宜外手挂线，可照顾砖墙两面平整，为下道工序控制抹灰厚度奠定基础。

续上表

<table>
<tr><th>项目</th><th>内　　容</th></tr>
<tr><td>砖墙砌筑</td><td>(4)砌砖：砌砖时砖要放平，里手高，墙面就要张；里手低，墙面就要背。砌砖应跟线，"上跟线，下跟棱，左右相邻要对平"。
①烧结普通砖水平灰缝厚度和竖向灰缝宽度一般为 10 mm，但不应小于 8 mm，也不应大于12 mm；蒸压(养)砖水平灰缝厚度和竖向灰缝宽度一般为 10 mm，但不应小于 9 mm，也不应大于 12 mm。
②为保证清水墙面立缝垂直，不游丁走缝，当砌完一步架高时，宜每隔 2 m 水平间距，在丁砖立棱位置弹两道垂直立线，以分段控制游丁走缝。
③清水墙不允许有三分头，保证破活上下留在同一位置，不得在上部随意变活、乱缝。
④砌筑砂浆应随搅拌随使用，一般水泥砂浆应在 3 h 内用完，水泥混合砂浆应在 4 h 内用完，不得使用过夜砂浆。
⑤砌清水墙应随砌随划缝，划缝深度为 8～10 mm，深浅一致，墙面应清扫干净。混水墙应随砌随将舌头灰刮尽。
⑥在操作过程中，要认真进行自检，如出现有偏差，应随时纠正，严禁事后砸墙。
⑦清水墙留施工洞部位应留置足够数量的同期进场的砖备用，以达到施工洞后堵的墙体色泽与先砌墙体基本一致。
(5)240 mm 厚承重墙的每层墙的最上一皮砖，砖砌体的台阶水平面上及挑出层，应整砖丁砌。
(6) 留槎。
①除构造柱外，砖砌体的转角处和交接处应同时砌筑，严禁无可靠措施的内外墙分砌施工。对不能同时砌筑而又必须留置的临时间断处应砌成斜槎，斜槎水平投影长度不应小于高度的2/3，如图 1－2 所示。槎子必须平直、通顺。
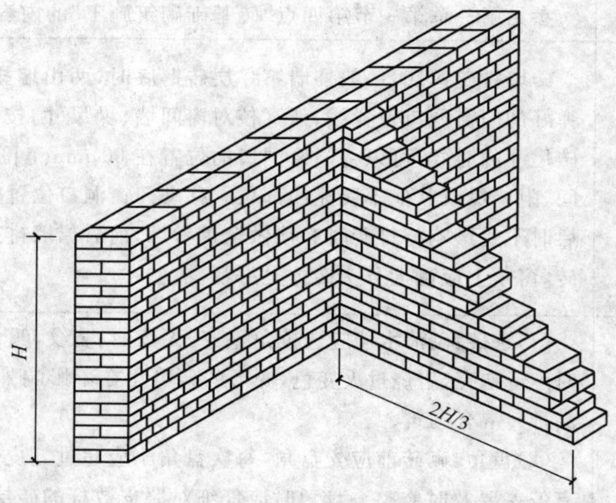

图 1－2　砖砌体转角或交接处留斜槎
②流水段分段位置应在变形缝或门窗口角处，隔墙与墙或柱不同时砌筑时，可留阳槎加预埋拉结筋。沿墙高按设计要求每 500 mm 预埋 $\phi 6$ 钢筋 2 根，其埋入长度从墙的留槎计算起，一般每边均不小于 500 mm，末端应加 180°弯钩。施工洞口也应按以上要求留水平拉结筋。隔墙顶应用立砖斜砌挤紧。</td></tr>
</table>

续上表

项目	内　容
砖墙砌筑	(7)施工洞口留设:洞口侧边离交接处外墙面不应小于 500 mm,洞口净宽度不应超过 1 000 mm。施工洞口可留直槎,如图 1－3 所示。 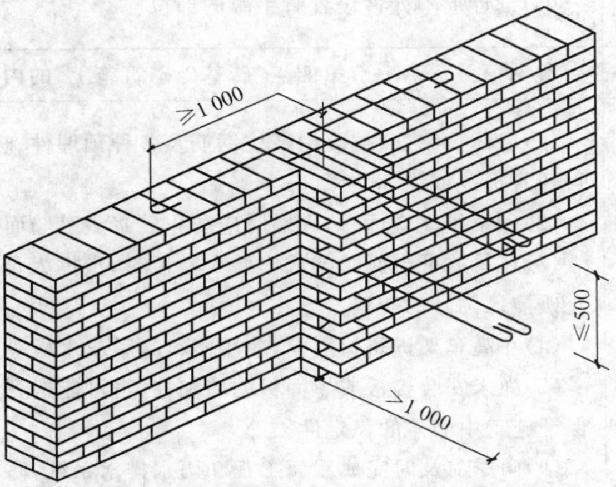 图 1－3　砌体门窗洞口留直槎(单位:mm) (8)预埋混凝土砖、木砖:户门框、外窗框处采用预埋混凝土砖,室内门框采用木砖或混凝土砖。混凝土砖采用 C15 混凝土现场制作而成,和砖尺寸大小相同;木砖预埋时应小头在外,大头在内,数量按洞口高度确定。洞口高在 1.2 m 以内,每边放 2 块;高 1.2～2 m,每边放 3 块;高 2.3 m,每边放 4 块。预埋砖的部位一般在洞口上边或下边四皮砖,中间均匀分布。木砖要提前做好防腐处理。 (9)预留孔:钢门窗安装、硬架支撑、暖卫管道的预留孔,均应按设计要求留置,不得事后剔凿。 (10)墙体拉结筋:墙体拉结筋的位置、规格、数量、间距均应按设计要求留置,不应错放、漏放。 (11)过梁、梁垫的安装:安装过梁、梁垫时,其标高、位置及型号必须准确,坐灰饱满。如坐灰厚度超过 20 mm 时,要用细石混凝土铺垫。过梁安装时,两端支承点的长度应一致。 (12)构造柱做法:凡设有构造柱的工程,在砌砖前,先根据设计图纸将构造柱位置进行弹线,并把构造柱插筋处理顺直。砌砖墙时,与构造柱连接处砌成马牙槎。每一个马牙槎沿高度方向的尺寸不应超过 300 mm。马牙槎应先退后进。拉结筋按设计要求放置,设计无要求时,一般沿墙高 500 mm 设置 2 根 ϕ6 水平拉结筋,每边深入墙内不应小于 1 m。 (13)有防水要求的房间楼板四周,除门洞口外,必须浇筑不低于 120 mm 高的混凝土坎台,混凝土强度等级不小于 C20
不得在下列墙体或部位设置脚手眼	(1)120 mm 厚墙和独立柱。 (2)过梁上与过梁成 60°角的三角形范围及过梁净跨度 1/2 的高度范围内。 (3)宽度小于 1 m 的窗间墙。

续上表

项目	内　容
不得在下列墙体或部位设置脚手眼	(4)砌体门窗洞口两侧 200 mm 和转角处 450 mm 范围内。 (5)梁或梁垫下及其左右 500 mm 范围内。 (6)设计上不允许设置脚手眼的部位
冬期施工	参见第一章第一节第四点“砖基础砌筑施工”的内容
成品保护	(1)墙体拉结筋、抗震构造柱钢筋及各种预埋件、暖卫、电气管线等,均应注意保护,不得任意拆改或损坏。 (2)砂浆稠度应适宜,砌墙时应防止砂浆溅脏墙面。 (3)在吊放平台脚手架或安装大模板时,指挥人员和吊车司机应认真指挥和操作,防止碰撞已砌好的砖墙。 (4)在高车架进料口周围,应用塑料薄膜或木板等遮盖,保持墙面洁净。 (5)尚未安装楼板或屋面板的墙和柱,当可能遇到大风时,应采取临时支撑等措施,以保证施工中墙体的稳定性。 (6)雨季前及时完成屋面工程和雨水排水系统,防止污染清水墙面
应注意的质量问题	(1)墙面不平:一砖半墙必须双面挂线,一砖墙反手挂线;舌头灰要随砌随刮平。 (2)砌体临时间断处的高度差过大;一般不得超过一步架的高度。 (3)清水墙游丁走缝:排砖时必须把立缝排匀,砌完一步架高,每隔 2 m 间距在丁砖立楞处用托线板吊直弹线,二步架往上继续吊直弹线,由低往上所有七分头的长度应保持一致,对于质量要求较高的工程,七分头宜采用无齿锯切割,上层分窗口位置势必同下窗口保持垂直。 (4)窗口上部立缝变活:清水墙排砖时,为了使窗间墙、垛排成好活,把破活排在窗口中间或不明显位置,在砌过梁上第一皮砖时,不得变活。 (5)砖墙鼓胀:内浇外砌墙体砌筑时,在窗间墙上、抗震柱两边分上、中、下留出 60 mm×120 mm 通孔,在抗震柱外墙面上垫木模板,用花篮螺栓与大模板连接牢固。混凝土要分层浇筑,振捣棒不可直接触及外墙。楼层圈梁外三皮 120 mm 砖墙也应认真加固。如在振捣时发现砖墙已鼓胀,则应及时拆掉重砌。 (6)混水墙粗糙:舌头灰未刮尽,半头砖集中使用,造成通缝,半头砖应分散使用在墙体较大的面上。一砖厚墙背面偏差较大,砖墙错层造成螺钉墙。首层或楼层的一皮砖要查对皮数杆的标高及层高,防止到顶砌成螺钉墙。一砖厚墙应外手挂线。 (7)构造柱处砌筑不符合要求:构造柱砖墙应砌成马牙槎,设置好拉结筋,从柱脚开始两侧都应先退后进,当退 120 mm 时,宜上口一皮进 60 mm,再上一皮进 60 mm,以保证混凝土浇筑时上角密实;构造柱内的落地灰、砖渣杂物未清理干净,将导致混凝土内夹渣

3. 多孔砖砌体砌筑施工

多孔砖砌体砌筑施工工艺解析见表 1－74。

表 1－74 多孔砖砌体砌筑施工工艺解析

项目	内　容
确定组砌方法	应综合兼顾墙体尺寸、洞口位置、组合柱位置确定组砌方法。多孔砖一般采用一顺一丁(满丁、满条)、梅花丁砌法。砖柱不得采用包心砌法
砖浇水	常温状态下，多孔砖应在砌筑前 1～2 d 浇水湿润，一般以水浸入砖四边 15 mm 为宜，含水率 10%～15%，砖表面不得有浮水。常温施工不得用干砖上墙，不得使用含水率达饱和状态的砖砌墙
拌制砂浆	参见第一章第一节第四点“砖基础砌筑施工”的内容
砖墙砌筑	(1)砖墙排砖撂底(干摆砖样)：一般外墙一层砖撂底时，两山墙排丁砖，前后檐纵墙排条砖。根据弹好的门窗洞口位置线，认真核对窗间墙、垛尺寸，按其长度排砖。窗口尺寸不符合排砖好活的时候，可以适当移动。破活应排在窗口中间、附墙垛或其他不明显的部位。排砖时必须做全盘考虑，前后檐墙排一皮砖时，要考虑甩窗口后砌条砖，窗角上应砌七分头砖。 (2)选砖：清水墙应选棱角整齐，无弯曲、裂纹，颜色均匀，规格一致的砖。焙烧过火变色、变形的砖可用在不影响外观的内墙上。 (3)盘角：砌砖前应先盘角，每次盘角不应超过五皮，新盘的大角，及时进行吊、靠。如有偏差要及时修整。盘角时应仔细对照皮数杆的砖层和标高，控制好灰缝大小，使水平灰缝均匀一致。大角盘好后再复查一次，平整和垂直完全符合要求后，再挂线砌砖。 (4)挂线：砌筑砖墙应根据墙体厚度确定挂线方法。砌筑墙体超过一砖厚时，应双面挂线。超过 10 m 的长墙，中间应设支线点，小线要拉紧，每皮砖都要穿线看平，使水平缝均匀一致，平直通顺；砌一砖厚混水墙时宜采用外手挂线，可照顾砖墙两面平整，为下道工序控制抹灰厚度奠定基础。 (5)砌砖：对抗震设防地区砌砖应采用一铲灰、一块砖、一挤压的砌砖法砌筑。对非抗震地区可采用铺浆法砌筑，铺浆长度不得超过 750 mm；当施工期间最高气温高于 30℃时，铺浆长度不得超过 500 mm。砌砖时砖要放平，多孔砖的孔洞应垂直于砌筑面砌筑。里手高，墙面就要张；里手低，墙面就要背。砌砖应跟线，“上跟线，下跟棱，左右相邻要对平”。 水平灰缝厚度和竖向灰缝宽度一般为 10 mm，但不应小于 8 mm，也不应大于 12 mm。水平灰缝的砂浆饱满度不得小于 80%；竖向灰缝宜采用挤浆或加浆方法，不得出现透明缝，严禁用水冲浆灌缝。 为保证清水墙面主缝垂直，不游丁走缝，当砌完一步架高时，宜每隔 2 m 水平间距，在丁砖立棱位置弹两道垂直立线，以分段控制游丁走缝。 在操作过程中，要认真进行自检，如出现有偏差，应随时纠正，严禁事后砸墙。 墙面勾缝应横平竖直、深浅一致、搭接平顺。勾缝时，应采用加浆勾缝，并宜采用细砂拌制的 1∶1.5 水泥砂浆。当勾缝为凹缝时，凹缝深度宜为 4～5 mm。内墙也可用原浆勾缝，但必须随砌随勾，并使灰缝光滑密实。 (6) 240 mm 厚承重墙的每层墙的最上一皮砖，砖砌体的阶台水平面上及挑出层，应整砖丁砌。 (7)留槎：除构造柱外，砖砌体的转角处和交接处应同时砌筑，严禁无可靠措施的内外墙分砌施工。对不能同时砌筑而又必须留置的临时间断处应砌成斜槎，斜槎水平投影长度不应小于高度的 2/3。槎子必须平直、通顺。

续上表

项目	内　容
砖墙砌筑	(8)施工洞口留设：洞口侧边离交接处外墙面不应小于 500 mm，洞口净宽度不应超过 1 m。施工洞口可留直槎，但直槎必须设成凸槎，并须加设拉结钢筋，在后砌施工洞口内的钢筋搭接长度不应小于 330 mm。 (9)预埋混凝土砖、木砖：户门框、外窗框处采用预埋混凝土砖，室内门框采用木砖。混凝土砖采用 C15 混凝土现场制作而成，和多孔砖尺寸大小相同；木砖预埋时应小头在外，大头在内，数量按洞口高度确定。洞口高在 1.2 m 以内，每边放 2 块；高 1.2～2 m，每边放 3 块；高 2～3 m，每边放 4 块。预埋砖的部位一般在洞口上边或下边四皮砖，中间均匀分布。木砖要提前做好防腐处理。 (10)预留槽洞及埋设管道：施工中应准确预留槽洞位置，不得在已砌墙体上凿孔打洞；不应在墙面上留(凿)水平槽、斜槽或埋设水平暗管和斜暗管。 墙体中的竖向暗管宜预埋；无法预埋需留槽时，预留槽深度及宽度不宜大于 95 mm×95 mm。管道安装完毕后，应采用强度等级不低于 C10 的细石混凝土或 M10 的水泥砂浆填塞。 在宽度小于 500 mm 的承重小墙段及壁柱内不应埋设竖向管线。 (11)墙体拉结筋：墙体拉结筋的位置、规格、数量、间距均应按设计要求留置，不应错放、漏放。 (12)墙体顶面(圈梁底)砖孔应采用砂浆封堵，防止混凝土浆下漏。 (13)过梁、梁垫的安装：安装过梁、梁垫时，其标高、位置及型号必须准确，坐灰饱满。如坐灰厚度超过 20 mm 时，要用细石混凝土铺垫，过梁安装时，两端支承点的长度应一致。 (14)构造柱做法：凡设有构造柱的工程，在砌砖前，先根据设计图纸将构造柱位置进行弹线，并把构造柱插筋处理顺直。砌砖墙时，与构造柱连接处砌成马牙槎。每一个马牙槎沿高度方向的尺寸不应超过 300 mm。马牙槎应先退后进。拉结筋按设计要求放置，设计无要求时，一般沿墙高 500 mm 设置 2 根 $\phi 6$ 水平拉结筋，每边深入墙内不应小于 1 m。 (15)有防水要求的房间楼板四周，除门洞口外，必须浇筑不低于 120 mm 高的混凝土坎台，混凝土强度等级不小于 C20
冬期施工	参见第一章第一节第四点“砖基础砌筑施工”的内容
成品保护	参见第一章第一节第四点“砖基础砌筑施工”的内容
应注意的质量问题	参见第一章第一节第四点“砖基础砌筑施工”的内容

第二节　混凝土小型空心砌块砌体工程

一、验收条文

混凝土小型空心砌块砌体工程验收条文见表 1－75。

表 1－75　混凝土小型空心砌块砌体工程验收条文

项目	内　容
一般规定	(1)适用于普通混凝土小型空心砌块和轻骨料混凝土小型空心砌块(以下简称小砌块)等砌体工程。 (2)施工前,应按房屋设计图编绘小砌块平、立面排块图,施工中应按排块图施工。 (3)施工采用的小砌块的产品龄期不应小于 28 d。 (4)砌筑小砌块时,应清除表面污物,剔除外观质量不合格的小砌块。 (5)砌筑小砌块砌体,宜选用专用小砌块砌筑砂浆。 (6)底层室内地面以下或防潮层以下的砌体,应采用强度等级不低于 C20(或 Cb20)的混凝土灌实小砌块的孔洞。 (7)砌筑普通混凝土小型空心砌块砌体,不需对小砌块浇水湿润,如遇天气干燥炎热,宜在砌筑前对其喷水湿润;对轻骨料混凝土小砌块,应提前浇水湿润,块体的相对含水率宜为 40% ～50%。雨天及小砌块表面有浮水时,不得施工。 (8)承重墙体使用的小砌块应完整、无破损、无裂缝。 (9)小砌块墙体应孔对孔、肋对肋错缝搭砌。单排孔小砌块的搭接长度应为块体长度的 1/2;多排孔小砌块的搭接长度可适当调整,但不宜小于小砌块长度的 1/3,且不应小于 90 mm。墙体的个别部位不能满足上述要求时,应在灰缝中设置拉结钢筋或钢筋网片,但竖向通缝仍不得超过两皮小砌块。 (10)小砌块应将生产时的底面朝上反砌于墙上。 (11)小砌块墙体宜逐块坐(铺)浆砌筑。 (12)在散热器、厨房和卫生间等设备的卡具安装处砌筑的小砌块,宜在施工前用强度等级不低于 C20(或 Cb20)的混凝土将其孔洞灌实。 (13)每步架墙(柱)砌筑完后,应随即刮平墙体灰缝。 (14)芯柱处小砌块墙体砌筑应符合下列规定: 1)每一楼层芯柱处第一皮砌块应采用开口小砌块; 2)砌筑时应随砌随清除小砌块孔内的毛边,并将灰缝中挤出的砂浆刮净。 (15)芯柱混凝土宜选用专用小砌块灌孔混凝土。浇筑芯柱混凝土应符合下列规定: 1)每次连续浇筑的高度宜为半个楼层,但不应大于 1.8 m; 2)浇筑芯柱混凝土时,砌筑砂浆强度应大于 1 MPa; 3)清除孔内掉落的砂浆等杂物,并用水冲淋孔壁; 4)浇筑芯柱混凝土前,应先注入适量与芯柱混凝土成分相同的去石砂浆; 5)每浇筑 400～500 mm 高度捣实一次,或边浇筑边捣实。 (16)小砌块复合夹心墙的砌筑内容参见第一章第一节第一点中一般规定第(14)条的内容
主控项目	(1)小砌块和芯柱混凝土、砌筑砂浆的强度等级必须符合设计要求。 抽检数量:每一生产厂家,每 1 万块小砌块为一验收批,不足 1 万块按一批计,抽检数量为 1 组;用于多层建筑的基础和底层的小砌块抽检数量不应少于 2 组。砂浆试块的抽检数量应执行《砌体结构工程施工质量验收规范》(GB 50203－2011)第 4.0.12 条的有关规定。 检验方法:检查小砌块和芯柱混凝土、砌筑砂浆试块试验报告。

续上表

项目	内容
主控项目	(2)砌体水平灰缝和竖向灰缝的砂浆饱满度，按净面积计算不得低于90%。 抽检数量：每检验批抽查不应少于5处。 检验方法：用专用百格网检测小砌块与砂浆黏结痕迹，每处检测3块小砌块，取其平均值。 (3)墙体转角处和纵横交接处应同时砌筑。临时间断处应砌成斜槎，斜槎水平投影长度不应小于斜槎高度。施工洞口可预留直槎，但在洞口砌筑和补砌时，应在直槎上下搭砌的小砌块孔洞内用强度等级不低于C20(或Cb20)的混凝土灌实。 抽检数量：每检验批抽查不应少于5处。 检验方法：观察检查。 (4)小砌块砌体的芯柱在楼盖处应贯通，不得削弱芯柱截面尺寸；芯柱混凝土不得漏灌。 抽检数量：每检验批抽查不应少于5处。 检验方法：观察检查
一般项目	(1)砌体的水平灰缝厚度和竖向灰缝宽度宜为10 mm，但不应小于8 mm，也不应大于12 mm。 抽检数量：每检验批抽查不应少于5处。 检验方法：水平灰缝厚度用尺量5皮小砌块的高度折算；竖向灰缝宽度用尺量2 m砌体长度折算。 (2)小砌块砌体尺寸、位置的允许偏差应按《砌体结构工程施工质量验收规范》(GB 50203—2011)第5.3.3条的规定执行

二、施工材料要求

1.普通混凝土小型空心砌块

(1)种类和规格。

施工材料种类和规格见表1—76。

表1—76 种类和规格

项目	内容
等级	(1)按其尺寸偏差、外观质量分为：优等品(A)、一等品(B)及合格品(C)。 (2)按其强度等级可分为：MU3.5、MU5.0、MU7.5、MU10.0、MU15.0、MU20.0
标记	按产品名称(代号NHB)、强度等级、外观质量等级和标准编号顺序进行标记

(2)技术要求。

①尺寸允许偏差见表1—77。

表1—77 尺寸允许偏差 (单位：mm)

项目名称	优等品(A)	一等品(B)	合格品(C)
长度	±2	±3	±3

续上表

项目名称	优等品(A)	一等品(B)	合格品(C)
宽度	±2	±3	±3
高度	±2	±3	±3 −4

②外观质量见表1—78。

表1—78 外观质量

项目名称		优等品(A)	一等品(B)	合格品(C)
弯曲(mm)		≤2	≤2	≤3
缺棱掉角	个数(个)	≤0	≤2	≤2
	三个方向投影尺寸的最小值(mm)	≤0	≤20	≤30
裂纹延伸的投影尺寸累计(mm)		≤0	≤20	≤30

③相对含水率见表1—79。

表1—79 相对含水率 (%)

使用地区	潮湿	中等	干燥
相对含水率	≤45	≤40	≤35

注:1. 潮湿——指年平均相对湿度大于75%的地区。
2. 中等——指年平均相对湿度50%～75%的地区。
3. 干燥——指年平均相对湿度小于50%的地区。

④强度等级见表1—80。

表1—80 强度等级 (单位:MPa)

强度等级	砌块抗压强度	
	平均值不小于	单块最小值不小于
MU3.5	3.5	2.8
MU5.0	5.0	4.0
MU7.5	7.5	6.0
MU10.0	10.0	8.0
MU15.0	15.0	12.0
MU20.0	20.0	16.0

⑤用于清水墙的砌块,其抗渗性见表1—81。

表 1－81　抗渗性　（单位:mm）

项目名称	指标
水面下降高度	三块中任一块不大于 10

⑥砌块的抗冻性见表 1－82。

表 1－82　抗冻性

使用环境条件		抗冻等级	指标
非采暖地区		不规定	—
采暖地区	一般环境	F15	强度损失≤25％ 重量损失≤5％
	干湿交替环境	F25	

注:1. 非采暖地区指最冷月份平均气温高于－5℃的地区。

2. 采暖地区指最冷月份平均气温低于或等于－5℃的地区。

2. 轻骨料混凝土小型空心砌块

(1)种类和规格。

轻骨料混凝土小型空心砌块种类和规格见表 1－83。

表 1－83　种类和规格

项目	内　容
分类	按其孔的排数分为:实心(0)、单排孔(1)、双排孔(2)、三排孔(3)和四排孔(4)五类
等级	(1)按其密度等级分为:500、600、700、800、900、1 000、1 200、1 400 八个等级。 (2)按其强度等级分为:1.5、2.5、3.5、5.0、7.5、10.0 六个等级。 (3)按尺寸允许偏差、外观质量分为:一等品(B)和合格品(C)两个等级
标记	(1)产品标记。轻骨料混凝土小型空心砌块(LHB)按产品名称、分类、密度等级、强度等级、质量等级和标准编号的顺序进行标记。 (2)标记示例。密度等级为 600 级、强度等级为 1.5 级、质量等级为一等品的轻骨料混凝土三排孔小砌块,其标记为:LHB(3)600 1.5B GB 15229

(2)技术要求。

①尺寸允许偏差见表 1－84。

表 1－84　尺寸允许偏差　（单位:mm）

项目名称	一等品	合格品
长度	±2	±3
宽度	±2	±3
高度	±2	±3

注:1. 承重砌块最小外壁厚不应小于 30 mm,肋厚不应小于 25 mm。

2. 保温砌块最小外壁厚和肋厚不宜小于 20 mm。

②外观质量见表1－85。

表1－85　外观质量　（单位：mm）

项目名称	一等品	合格品
缺棱掉角个数（个），≤	0	2
三个方向投影的最小尺寸（mm），≤	0	30
裂缝延伸投影的累计尺寸（mm），≤	0	30

③密度等级见表1－86，其规定值允许最大偏差为100 kg/m^3。

表1－86　密度等级

密度等级	砌块干燥表观密度的范围（kg/m^3）	密度等级	砌块干燥表观密度的范围（kg/m^3）
500	≤500	900	810～900
600	510～600	1 000	910～1 000
700	610～700	1 200	1 010～1 200
800	710～800	1 400	1 210～1 400

④强度等级符合表1－87要求者为优等品或一等品；密度等级范围不满足者为合格品。

表1－87　强度等级

强度等级（MPa）	砌块抗压强度（MPa）		密度等级范围
	平均值	最小值	
1.5	≥1.5	1.2	≤600
2.5	≥2.5	2.0	≤800
3.5	≥3.5	2.8	≤1 200
5.0	≥5.0	4.0	
7.5	≥7.5	6.0	≤1 400
10.0	≥10.0	8.0	

⑤干缩率和相对含水率见表1－88。

表1－88　干缩率和相对含水率

干缩率	相对含水率（%）		
	潮湿	中等	干燥
＜0.03	45	40	35
0.03～0.045	40	35	30
0.045～0.065	35	30	25

注：1. 潮湿——指年平均相对湿度大于75%的地区。

2. 中等——指年平均相对湿度50%～75%的地区。

3. 干燥——指年平均相对湿度小于50%的地区。

4. 相对含水率即砌块出厂含水率与吸水率之比：$W=\frac{w_1}{w_2}\times 100$。

⑥抗冻性能见表1－89。

表 1－89 抗冻性能

使用环境条件	抗冻等级	重量损失(%)	强度损失(%)
非采暖地区	F15	≤5	≤25
采暖地区:相对湿度≤60% 相对湿度>60%	F25 F35		
水位变化、干湿循环粉煤灰掺量≥取代水泥量 50%	≥F50		

注:1. 非采暖地区指最冷月份平均气温高于－5℃的地区,采暖地区系指最冷月份平均气温低于或等于－5℃的地区。

2. 抗冻性合格的砌块,外观质量也应符合要求。

⑦碳化系数、软化系数及放射性见表 1－90。

表 1－90 碳化系数、软化系数及放射性

项目	内 容
碳化系数和软化系数	加入粉煤灰等火山灰质掺合料的小砌块,其碳化系数不应小于 0.8,软化系数不应小于 0.75
放射性	掺工业废渣的砌块其放射性应符合《建筑材料放射性核素限量》(GB 6566—2010)的要求

3. 蒸压加气混凝土砌块

(1)种类和规格。

种类和规格见表 1－91。

表 1－91 种类和规格

项目	内 容
规格	砌块的规格尺寸见表 1－92
等级	(1)砌块按强度和干密度分级。 强度级别有:A1.0、A2.0、A2.5、A3.5、A5.0、A7.5、A10 七个级别。 干密度级别有:B03、B04、B05、B06、B07、B08 六个级别。 (2)砌块按尺寸偏差与外观质量、干密度、抗压强度和抗冻性分为:优等品(A)、合格品(B)两个等级

表 1－92 砌块的规格尺寸 (单位:mm)

长度 L	宽度 B	高度 H
600	100 120 125 150 180 200 240 250 300	200 240 250 300

注:如需要其他规格,可由供需双方协商解决。

(2)技术要求。

①砌块的尺寸允许偏差和外观质量见表1－93。

表1－93 尺寸允许偏差和外观质量

项目			优等品(A)	合格品(B)
尺寸允许偏差(mm)	长度	L	±3	4
	宽度	B	±1	±2
	高度	H	±1	±2
缺棱掉角	最小尺寸不得大于(mm)		0	30
	最大尺寸不得大于(mm)		0	70
	大于以上尺寸的缺棱掉角个数，不多于(个)		0	2
裂纹长度	贯穿一棱二面的裂纹长度不得大于裂纹所在面的裂纹方向尺寸总和的		0	1/3
	任一面上的裂纹长度不得大于裂纹方向尺寸的		0	1/2
	大于以上尺寸的裂纹条数，不多于(条)		0	2
爆裂、粘模和损坏深度不得大于(mm)			10	30
平面弯曲			不允许	
表面疏松、层裂			不允许	
表面油污			不允许	

②砌块的抗压强度见表1－94。

表1－94 砌块的立方体抗压强度 (单位：MPa)

强度级别	立方体抗压强度值	
	平均值不小于	单组最小值不小于
A1.0	1.0	0.8
A2.0	2.0	1.6
A2.5	2.5	2.0
A3.5	3.5	2.8
A5.0	5.0	4.0
A7.5	7.5	6.0
A10.0	10.0	8.0

③砌块的干密度见表1－95。

表1－95 砌块的干密度 (单位：kg/m³)

干密度级别		B03	B04	B05	B06	B07	B08
干密度	优等品(A)，≤	300	400	500	600	700	800
	合格品(B)，≤	325	425	525	625	725	825

④砌块的强度级别见表1－96。

表1－96　砌块的强度级别

<table>
<tr><td colspan="2">干密度级别</td><td>B03</td><td>B04</td><td>B05</td><td>B06</td><td>B07</td><td>B8</td></tr>
<tr><td rowspan="2">干密度</td><td>优等品(A)</td><td rowspan="2">A1.0</td><td rowspan="2">A2.0</td><td>A3.5</td><td>A5.0</td><td>A7.5</td><td>A10.0</td></tr>
<tr><td>合格品(B)</td><td>A2.5</td><td>A3.5</td><td>A5.0</td><td>A7.5</td></tr>
</table>

⑤砌块的干燥收缩、抗冻性和导热系数(干态)见表1－97。

表1－97　砌块的干燥收缩、抗冻性和导热系数

<table>
<tr><td colspan="3">干密度级别</td><td>B03</td><td>B04</td><td>B05</td><td>B06</td><td>B07</td><td>B08</td></tr>
<tr><td rowspan="2">干燥收缩值①</td><td colspan="2">标准法(mm/m),≤</td><td colspan="6">0.50</td></tr>
<tr><td colspan="2">快速法(mm/m),≤</td><td colspan="6">0.80</td></tr>
<tr><td rowspan="3">抗冻性</td><td colspan="2">质量损失(%),≤</td><td colspan="6">—</td></tr>
<tr><td rowspan="2">冻后强度(MPa),≥</td><td>优等品(A)</td><td rowspan="2">0.8</td><td rowspan="2">1.6</td><td>2.8</td><td>4.0</td><td>6.0</td><td>8.0</td></tr>
<tr><td>合格品(B)</td><td>2.0</td><td>2.8</td><td>4.0</td><td>6.0</td></tr>
<tr><td colspan="3">导热系数(干态)[W/(m·K)],≤</td><td>0.10</td><td>0.12</td><td>0.14</td><td>0.16</td><td>0.18</td><td>0.20</td></tr>
</table>

①规定采用标准法、快速法测定砌块干燥收缩值,若测定结果发生矛盾不能判定时,则以标准法测定的结果为准。

4.石膏砌块

(1)种类和规格。

石膏砌块种类和规格见表1－98。

表1－98　种类和规格

项目	内　容
分类	石膏砌块的分类见表1－99
产品标记	(1)标记方法。标记的顺序为:产品名称、类别代号、规格尺寸和标准号。 (2)标记示例。用天然石膏做原料制成的长度为666 mm、高度为500 mm、厚度为100 mm的普通石膏空心砌块,标记为:石膏砌块 KF 666×500×100 JC/T 698—2010

表1－99　石膏砌块的分类

项　目	内　容
按结构分	石膏空心砌块、石膏实心砌块
按防潮性能分	普通石膏砌块、防潮石膏砌块

(2)技术要求。

①石膏砌块对外观质量要求见表1－100。

表 1－100　外观质量要求

项目	指　　标
缺角	同一砌块不得多于 1 处，缺角尺寸应小于 30 mm×30 mm
板面裂纹	非贯穿裂纹不得多于 1 条，裂纹长度小于 30 mm，宽度小于 1 mm；不应有贯穿裂缝
油污	不允许
气孔	直径 5～10 mm 的，不多于 2 处；大于 10 mm 的，不允许

②石膏砌块的尺寸允许偏差见表 1－101。

表 1－101　尺寸偏差　（单位：mm）

项目	规格	尺寸偏差
长度	666、600	±3
高度	500	±2
厚度	80、100、120、150	±1

③石膏砌块的表观密度、断裂荷载、软化系数见表 1－102。

表 1－102　石膏砌块的表观密度、断裂荷载、软化系数

项目	内　　容
表观密度	实心砌块的表观密度应不小于 1 100 kg/m³，空心砌块的表观密度应不大于 800 kg/m³。单块砌块质量应不大于 30 kg
断裂荷载	石膏砌块应有足够的机械强度，断裂荷载值应小于 2.0 kN
软化系数	石膏砌块的软化系数应不低于 0.6（该指标仅适用于防潮石膏砌块）

5. 混凝土小型空心砌块砌筑砂浆

混凝土小型空心砌块砌筑砂浆的材料见表 1－103。

表 1－103　混凝土小型空心砌块砌筑砂浆的材料

项目	内　　容
砂浆种类	（1）按抗渗性分为：普通型和防水型； （2）按抗压强度分为：Mb5、Mb7.5、Mb10、Mb15、Mb20 和 Mb25
原材料	（1）水泥：应符合《白色硅酸盐水泥》（GB/T 2015－2005）、《通用硅酸盐水泥》（GB 175－2007/XG 1—2009）。 （2）砂：应符合《普通混凝土用砂、石质量及检验方法标准》（JGJ 52－2006），宜采用中砂，且不得含有粒径大于 5 mm 的颗粒。 （3）掺和料：粉煤灰应符合《用于水泥和混凝土中的粉煤灰》（GB/T 1596－2005），粒化高炉矿渣粉应符合《用于水泥和混凝土中的粒化高炉矿渣粉》（GB/T 18046－2008）的规定。当采用其他标准掺和料时，在使用前需要进行试验验证，能满足砂浆和砌体性能时方可使用。

续上表

项目	内容
原材料	(4)外加剂:应符合《混凝土外加剂》(GB 8076－2008)、《砂浆、混凝土防水剂》(JC 474－2008)和《混凝土外加剂应用技术规范》(GB 50119－2003)的规定。 (5)保水增稠材料:采用保水增稠材料时,在使用前需要进行试验验证,砂浆增塑剂应符合《砌筑砂浆增塑剂》(JG/T 164－2004)。 (6)颜料:应符合《混凝土和砂浆用颜料及其试验方法》(JC/T 539－1994)。 (7)水:应符合《混凝土用水标准》(JGJ 63－2006)
颜色	彩色砂浆的颜色应与样品一致
物理力学性能	物理力学性能见表1－104
抗冻性	抗冻性见表1－105
抗渗压力	防水型砌筑砂浆的抗渗压力应不小于0.60 MPa
放射性	应符合《建筑材料放射性核素限量》(GB 6566－2010)的规定

表1－104　物理力学性能

项　目	指　标					
强度等级	Mb5	Mb7.5	Mb10	Mb15	Mb20	Mb25
抗压强度(MPa)	≥5	≥7.5	≥10	≥15	≥20	≥25
稠度(mm)	50～80					
保水性(%)	≥88					
密度(kg/m^3)	≥1 800					
凝结时间(h)	4～8					
砌块砌体抗剪强度(MPa)	≥0.16	≥0.19	≥0.22	≥0.22	≥0.22	≥0.22

表1－105　抗冻性

使用条件	抗冻指标	质量损失率	强度损失率
夏热冬暖地区	F 15	≤5	≤25
夏热冬冷地区	F 25		
寒冷地区	F 35		
严寒地区	F 50		

6.蒸压加气混凝土用砌筑砂浆

砌筑砂浆与抹面砂浆性能见表1－106。

表 1－106　砌筑砂浆与抹面砂浆性能表

项　　目	砌筑砂浆	抹面砂浆
干密度(kg/m³)	≤1 800	水泥砂浆≤1 800,石膏砂浆≤1 500
分层度(mm)	≤20	水泥砂浆≤20
凝结时间(h)	贯入阻力达到 0.5 MPa 时,3～5 h	水泥砂浆:贯入阻力达到 0.5 MPa 时,3～5 h 石膏砂浆:初凝≥1 h,终凝≤8 h
导热系数[W/(m·K)]	≤1.1	石膏砂浆≤1.0
抗折强度(MPa)	—	石膏砂浆≥2.0
抗压强度(MPa)	2.5、5.0	水泥砂浆:2.5、5.0 石膏砂浆≥4.0
黏结强度(MPa)	≥0.20	水泥砂浆≥0.15 石膏砂浆≥0.30
抗冻性 25 次(%)	质量损失≤5 强度损失≤20	水泥砂浆:质量损失≤5 强度损失≤20
收缩性能	收缩值≤1.1 mm/m	水泥砂浆:收缩值≤1.1 mm/m 石膏砂浆:收缩率≤0.06%

注:有抗冻性能和保温性能要求的地区,砂浆性能还应符合抗冻性和导热性能的规定。

三、施工机械要求

施工常用机具设备见表 1－107。

表 1－107　施工常用机具设备

项目	内　　容
机械设备	应备有砂浆搅拌机、筛砂机、淋灰机、塔式起重机或其他吊装机械、卷扬机或其他提升机械等
测量、放线、检验工具	应备有龙门板、皮数杆、水准仪、经纬仪、2 m 靠尺、楔形塞尺、托线板、线坠、百格网、钢卷尺、水平尺、小线、砂浆试模、磅秤等
施工操作工具	瓦刀、小撬棍、木锤、砌块夹具、小推车等

四、施工工艺解析

混凝土小型空心砌块砌体工程的施工工艺解析见表 1－108。

表 1－108　混凝土小型空心砌块砌体工程的施工工艺解析

项目	内　　容
墙体放线	砌体施工前,应将基础面或楼层结构面按标高找平,依据砌筑图放出一皮砌块的轴线、砌体边线和洞口线

续上表

项目	内　容
砌块排列	(1)按砌块排列图在墙体线范围内分块定尺、画线,排列砌块的方法和要求如下。 ①小型空心砌块在砌筑前,应根据工程设计施工图,结合砌块的品种、规格、绘制砌体砌块的排列图。围护结构或二次结构,应预先设计好地导墙、混凝土带、接顶方法等,经审核无误,按图排列砌块。 ②小型空心砌块排列应从基础面开始,排列时尽可能采用主规格的砌块(390 mm×190 mm×190 mm),砌体中主规格砌块应占总量的75%～80%。 ③外墙转角及纵横墙交接处,应将砌块分皮咬槎,交错搭砌,如果不能咬槎时,按设计要求采取其他的构造措施。 (2)小砌块墙内不得混砌其他墙体材料。镶砌时,应采用与小砌块材料强度同等级的预制混凝土块。 (3)施工洞口留设。洞口侧边离交接处墙面不应小于500 mm,洞口净宽度不应超过1 m。洞口两侧应沿墙高每3皮砌块设2ϕ4拉结钢筋网片,伸入墙内的长度不小于1 000 mm。 (4)样板墙砌筑。在正式施工前,应先砌筑样板墙,经各方验收合格后,方可正式砌筑
拌制砂浆	参见第一章第一节第四点"砖基础砌筑施工"的内容
砌筑	(1)每层应从转角处或定位砌块处开始砌筑。应砌一皮、校正一皮,拉线控制砌体标高和墙面平整度。皮数杆应竖立在墙的转角处和交接处,间距宜不小于15 m。 (2)在基础梁顶和楼面圈梁顶砌筑第一皮砌块时,应满铺砂浆。 (3)砌筑时,小砌块包括多排孔封底小砌块、带保温夹芯层的小砌块均应底面朝上反砌于墙上。 (4)小砌块墙体砌筑形式应每皮顺砌,上下皮应对孔错缝搭砌,竖缝应相互错开1/2主规格小砌块长度,搭接长度不应小于90 mm,墙体的个别部位不能满足上述要求时,应在灰缝中设置拉结钢筋或4ϕ4钢筋点焊网片。网片两端与竖缝的距离不得小于400 mm。但竖向通缝仍不能超过两皮小砌块。 (5)墙体转角处和纵横墙交接处应同时砌筑。临时间断处应砌成斜槎,斜槎水平投影长度不应小于斜槎高度。严禁留直槎。 (6)设置在水平灰缝内的钢筋网片和拉结筋应放置在小砌块的边肋上(水平墙梁、过梁钢筋应放在边肋内侧),且必须设置在水平灰缝的砂浆层中,不得有露筋现象。拉结筋的搭接长度不应小于55d,单面焊接长度不小于10d。钢筋网片的纵横筋不得重叠点焊,应控制在同一平面内。 (7)砌筑小砌块的砂浆应随铺随砌,墙体灰缝应横平竖直。水平灰缝宜采用坐浆法满铺小砌块全部壁肋或多排孔小砌块的封底面;竖向灰缝应采取满铺端面法,即将小砌块端面朝上铺满砂浆再上墙挤紧,然后加浆插捣密实。墙体的水平灰缝厚度和竖向灰缝宽度宜为10 mm,但不应大于12 mm,也不应小于8 mm。 (8)砌体水平灰缝的砂浆饱满度,应按净面积计算不得低于90%;小砌块应采用双面碰头灰砌筑,竖向灰缝饱满度不得小于80%,不得出现瞎缝、透明缝。 (9)小砌块墙体孔洞中需填充隔热或隔声材料时,应砌一皮灌填一皮。应填满,不得捣实。充填材料必须干燥、洁净,品种、规格应符合设计要求。卫生间等有防水要求的房间,当设计选用灌孔方案时,应及时灌注混凝土。

续上表

项目	内　　容
砌筑	(10)砌筑带保温夹芯层的小砌块墙体时，应将保温夹芯层一侧靠置室外，并应对孔错缝。左右相邻小砌块中的保温夹芯层应相互衔接，上下皮保温夹芯层之间的水平灰缝处应砌入同质保温材料。 (11)小砌块夹芯墙施工宜符合下列要求： ①内外墙均应按皮数杆依次往上砌筑； ②内外墙应按设计要求及时砌入拉结件； ③砌筑时灰缝中挤出的砂浆与空腔槽内掉落的砂浆应在砌筑后及时清理。 (12)固定圈梁、挑梁等构件侧模的水平拉杆、扁铁或螺栓应从小砌块灰缝中预留4ϕ10孔穿入，不得在小砌块块体上凿安装洞。内墙可利用侧砌的小砌块孔洞进行支模，模板拆除后应采用C20混凝土将孔洞填实。 (13)墙体顶面(圈梁底)砌块孔洞应采取封堵措施(如铺细钢丝网、窗纱等)，防止混凝土下漏。 (14)安装预制梁、板时，必须先找平后灌浆，不得干铺。预制楼板安装也可采用硬架支模法施工。 (15)窗台梁两端伸入墙内的支承部位应预留孔洞。孔洞口的大小、部位与上下皮小砌块孔洞一致，应保证门窗两侧的芯柱竖向贯通。 (16)木门窗框与小砌块墙体两侧连接处的上、中、下部位应砌入埋有沥青木砖的小砌块(190 mm×190 mm×190 mm)或实心小砌块，并用铁钉、射钉或膨胀螺栓固定。 (17)门窗洞口两侧的小砌块孔洞灌填C20混凝土后，其门窗与墙体的连接方法可按实心混凝土墙体施工。 (18)对设计规定或施工所需的孔洞、管道、沟槽和预埋件等，应在砌筑时进行预留或预埋，不得在已砌筑的墙体上打洞和凿槽。 (19)水、电管线的敷设安装应按小砌块排块图的要求与土建施工进度密切配合，不得事后凿槽打洞。 (20)照明、电信、闭路电视等线路可采用内穿12号钢丝的白色增强阻燃塑料管。水平管线宜预埋于专供水平管用的实心带凹槽小砌块内，也可敷设在圈梁模板内侧或现浇混凝土楼板(屋面板)中。竖向管线应随墙体砌筑埋设在小砌块孔洞内。管线出口处应采用U型小砌块(190 mm×190 mm×190 mm)竖砌，内埋开关、插座或接线盒等配件，四周用水泥砂浆填实。 冷、热水水平管可采用实心带凹槽的小砌块进行敷设。立管宜安装在E型小砌块的一个开口孔洞中。待管道试水验收合格后，采用C20混凝土浇灌封闭。 (21)安装电盒、配电箱的砌块应用混凝土灌实，将电盒、配电箱固定牢固，如图1－4所示。 (22)卫生设备安装宜采用筒钻成孔。孔径不得大于120 mm，上下左右孔距应相隔一块以上的小砌块。 (23)严禁在外墙和纵、横承重墙沿水平方向凿长度大于390 mm的沟槽。 (24)安装后的管道表面应低于墙面4～5 mm，并与墙体卡牢固定，不得有松动、反弹现象。浇水湿润后用1∶2水泥砂浆填实封闭。外设10 mm×10 mm的ϕ0.5～0.8钢丝网，网宽应跨过槽口，每边不得小于80 mm。 (25)有防水要求的房间楼板四周，除门洞口外，必须浇筑不低于120 mm高的混凝土坎台，混凝土强度等级不小于C20。

续上表

<table>
<tr><th>项目</th><th>内 容</th></tr>
<tr><td>砌筑</td><td>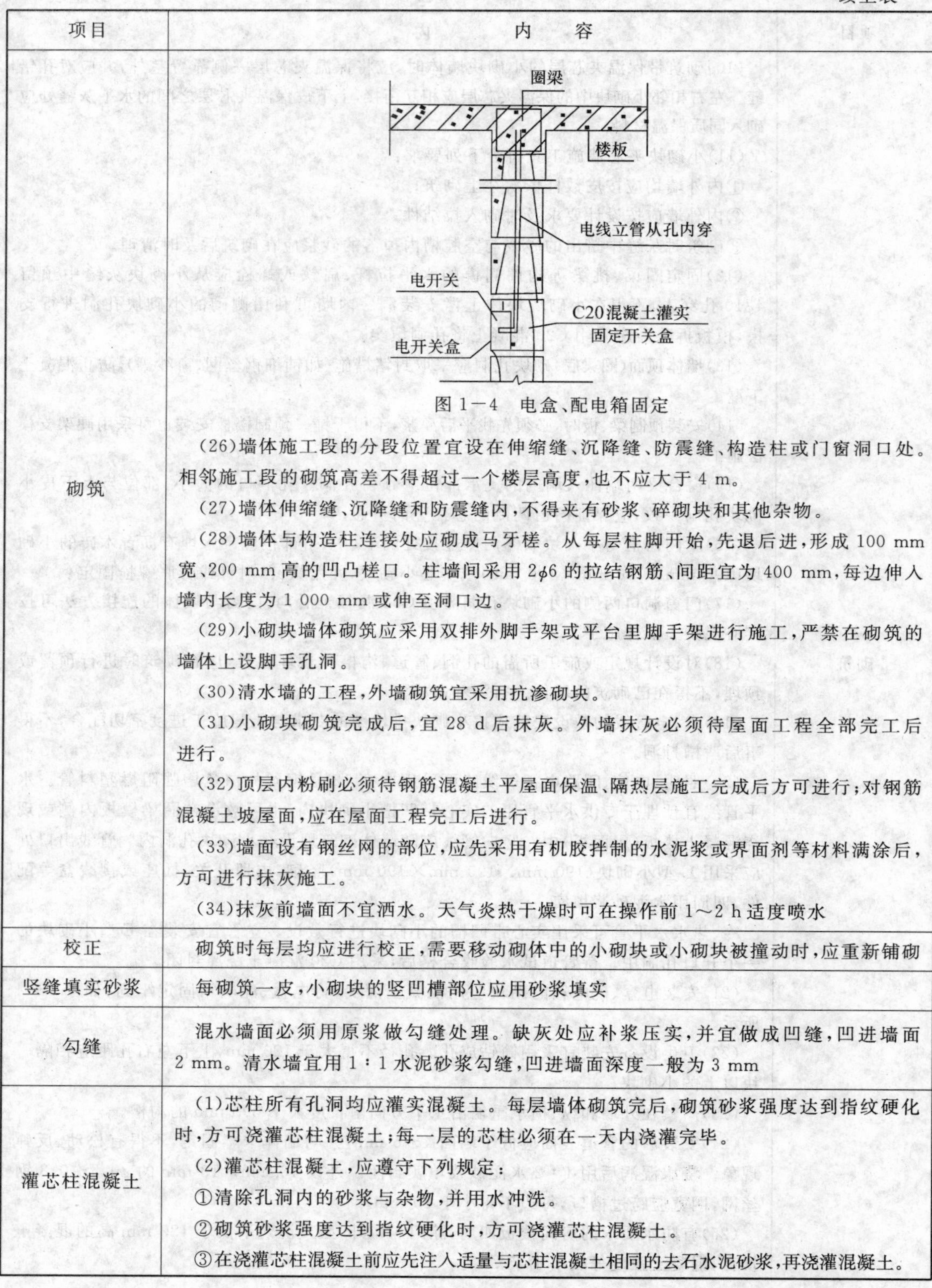图 1－4 电盒、配电箱固定
(26)墙体施工段的分段位置宜设在伸缩缝、沉降缝、防震缝、构造柱或门窗洞口处。相邻施工段的砌筑高差不得超过一个楼层高度，也不应大于 4 m。
(27)墙体伸缩缝、沉降缝和防震缝内，不得夹有砂浆、碎砌块和其他杂物。
(28)墙体与构造柱连接处应砌成马牙槎。从每层柱脚开始，先退后进，形成 100 mm 宽、200 mm 高的凹凸槎口。柱墙间采用 2ϕ6 的拉结钢筋、间距宜为 400 mm，每边伸入墙内长度为 1 000 mm 或伸至洞口边。
(29)小砌块墙体砌筑应采用双排外脚手架或平台里脚手架进行施工，严禁在砌筑的墙体上设脚手孔洞。
(30)清水墙的工程，外墙砌筑宜采用抗渗砌块。
(31)小砌块砌筑完成后，宜 28 d 后抹灰。外墙抹灰必须待屋面工程全部完工后进行。
(32)顶层内粉刷必须待钢筋混凝土平屋面保温、隔热层施工完成后方可进行；对钢筋混凝土坡屋面，应在屋面工程完工后进行。
(33)墙面设有钢丝网的部位，应先采用有机胶拌制的水泥浆或界面剂等材料满涂后，方可进行抹灰施工。
(34)抹灰前墙面不宜洒水。天气炎热干燥时可在操作前 1～2 h 适度喷水</td></tr>
<tr><td>校正</td><td>砌筑时每层均应进行校正，需要移动砌体中的小砌块或小砌块被撞动时，应重新铺砌</td></tr>
<tr><td>竖缝填实砂浆</td><td>每砌筑一皮，小砌块的竖凹槽部位应用砂浆填实</td></tr>
<tr><td>勾缝</td><td>混水墙面必须用原浆做勾缝处理。缺灰处应补浆压实，并宜做成凹缝，凹进墙面 2 mm。清水墙宜用 1∶1 水泥砂浆勾缝，凹进墙面深度一般为 3 mm</td></tr>
<tr><td>灌芯柱混凝土</td><td>(1)芯柱所有孔洞均应灌实混凝土。每层墙体砌筑完后，砌筑砂浆强度达到指纹硬化时，方可浇灌芯柱混凝土；每一层的芯柱必须在一天内浇灌完毕。
(2)灌芯柱混凝土，应遵守下列规定：
①清除孔洞内的砂浆与杂物，并用水冲洗。
②砌筑砂浆强度达到指纹硬化时，方可浇灌芯柱混凝土。
③在浇灌芯柱混凝土前应先注入适量与芯柱混凝土相同的去石水泥砂浆，再浇灌混凝土。</td></tr>
</table>

续上表

项目	内容
灌芯柱混凝土	④浇灌芯柱的混凝土，宜选用专用的小砌块灌孔混凝土，当采用普通混凝土时，其坍落度不宜小于 180 mm。 ⑤校正钢筋位置，并绑扎或焊接牢固。 ⑥浇灌混凝土时，先计算好小砌块芯柱的体积，并用灰桶等作为计量工具实地测量单个芯柱所需混凝土量，以此作为其他芯柱混凝土用量的依据。 ⑦浇灌混凝土至顶部芯柱与圈梁交接处时，可在圈梁下留置施工缝 200 mm 不浇满，届时和混凝土圈梁一起浇筑，以加强芯柱和圈梁的连接。 ⑧每个层高混凝土应分两次浇灌，浇灌到 1.4 m 左右，采用钢筋插捣或 ϕ30 振捣棒振捣密实、然后再继续浇灌，并插(振)捣密实；当过多的水被墙体吸收后应进行复振，但必须在混凝土初凝前进行。 ⑨浇灌芯柱混凝土时，应设专人检查记录芯柱混凝土强度等级、坍落度、混凝土的灌入量和振捣情况，确保混凝土密实。 (3)在门窗洞口两侧的小砌块，应按设计要求浇灌芯柱混凝土；临时施工洞口两侧砌块的第一个孔洞应浇灌芯柱混凝土。 (4)芯柱混凝土在预制楼盖处应贯通，采用设置现浇混凝土板带的方法或预制板预留缺口的方法，实施芯柱贯通，确保不削弱芯柱断面尺寸。 (5)芯柱位置处的每层楼板应留缺口或浇一条现浇板带。芯柱与圈梁或现浇板带应浇筑成整体
冬期施工	(1)当室外日平均气温连续 5 d 稳定低于＋5℃或当日最低温度低于 0℃时即进入冬期施工，应采取冬期施工措施。当室外日平均气温连续 5 d 稳定高于＋5℃时应解除冬期施工。 (2)冬期使用的小砌块砌筑前应清除冰霜。不得使用浇过水或浸水后受冻的小砌块。 (3)现场拌制砂浆：水泥宜用普通硅酸盐水泥，灰膏应防冻，如已受冻要融化后方可使用。砂中不得含有大于 10 mm 的冻结块。拌和砌筑砂浆宜采用两步投料法。材料加热时，水加热不超过 80℃，砂加热不超过 40℃。 (4)使用干拌砂浆：当气温或施工基面的温度低于 5℃时，无有效的保温、防冻措施不得施工。 (5)现场运输与储存砂浆应有有效的冬期施工措施。 (6)冬期施工时，对低于 M10 强度等级的砌筑砂浆，应比常温施工提高一级，且砂浆使用时的温度不应低于 5℃。 (7)施工中忽遇雨雪，应采取有效措施防止雨雪损坏未凝结的砂浆。 (8)砌筑后，应及时用保温材料对新砌筑的砌体进行覆盖，砌筑面不得留有砂浆，继续砌筑前，应清扫砌筑面。 (9)基土不冻胀时，基础可在冻结的地基上砌筑；基土有冻胀性时，必须在未冻的地基上砌筑。在基槽、基坑回填土前应采取防止地基受冻结的措施。 (10)小砌块砌体不得采用冻结法施工。埋有未经防腐处理的钢筋(网片)的小砌块砌体不应采用掺氯盐砂浆法施工

续上表

项目	内　容
雨期施工	(1)雨期施工时,堆放室外的小砌块应有覆盖设施。 (2)承重墙、围护墙雨天不得施工,已砌完的砌体宜进行防雨保护。继续施工时,须复核墙体的垂直度,如果墙体垂直度超过允许偏差,则应拆除重砌。 (3)雨季应防止雨水冲刷新砌筑的墙体,砂浆的稠度应适当减小;每日砌筑高度不宜大于 1.2 m;收工时应覆盖砌体表面
成品保护	(1)装门窗框时,应注意保护好固定框的埋件,应参照相关图集施工,使门框固定牢固。 (2)砌体上的设备槽孔以预留为主,因漏埋或未预留时,应采取措施,不因剔凿而损坏砌体的完整性。 (3)砌筑施工应及时清除落地砂浆。 (4)拆除施工架子时,注意保护墙体及门窗口角。 (5)清水墙砌筑完毕后,宜从圈梁处向下用塑料薄膜覆盖墙体,以免墙体受到污染
应注意的质量问题	(1)砌体开裂:原因是砌块龄期不足 28 d,使用了断裂的小砌块,与其他块材混砌,砂浆不饱满,砌块含水率过大(砌筑前一般不须浇水)等。 (2)第一皮砌块底铺砂浆厚度不均匀:原因是基底未事先用细石混凝土找平,必然造成砌筑时灰缝厚度不一。应注意砌筑基底找平。 (3)拉结钢筋或压砌钢筋网片不符合设计要求:应按设计和规范的规定,设置拉结带和拉结钢筋及压砌钢筋网片。 (4)砌体错缝不符合设计和规范的规定:未按砌块排列组砌图施工。应注意砌块的规格并正确地组砌。 (5)砌体偏差超规定:控制每皮砌块高度不准确。应严格按皮数杆高度控制,掌握铺灰厚度

第三节　石砌体工程

一、验收条文

石砌体工程验收条文见表 1－109。

表 1－109　石砌体工程验收条文

项目	内　容
一般规定	(1)适用于毛石、毛料石、粗料石、细料石等砌体工程。 (2)石砌体采用的石材应质地坚实,无裂纹和无明显风化剥落;用于清水墙、柱表面的石材,尚应色泽均匀;石材的放射性应经检验,其安全性应符合现行国家标准《建筑材料放射性核素限量》(GB 6566－2010)的有关规定。 (3)石材表面的泥垢、水锈等杂质,砌筑前应清除干净。 (4)砌筑毛石基础的第一皮石块应坐浆,并将大面向下;砌筑料石基础的第一皮石块应用丁砌层坐浆砌筑。

续上表

项目	内　容
一般规定	(5)毛石砌体的第一皮及转角处、交接处和洞口处，应用较大的平毛石砌筑。每个楼层(包括基础)砌体的最上一皮，宜选用较大的毛石砌筑。 (6)毛石砌筑时，对石块间存在较大的缝隙，应先向缝内填灌砂浆并捣实，然后再用小石块嵌填，不得先填小石块后填灌砂浆，石块间不得出现无砂浆相互接触现象。 (7)砌筑毛石挡土墙应按分层高度砌筑，并应符合下列规定： 1)每砌3～4皮为一个分层高度，每个分层高度应将顶层石块砌平； 2)两个分层高度间分层处的错缝不得小于80 mm。 (8)料石挡土墙，当中间部分用毛石砌筑时，丁砌料石伸入毛石部分的长度不应小于200 mm。 (9)毛石、毛料石、粗料石、细料石砌体灰缝厚度应均匀，灰缝厚度应符合下列规定： 1)毛石砌体外露面的灰缝厚度不宜大于40 mm； 2)毛料石和粗料石的灰缝厚度不宜大于20 mm； 3)细料石的灰缝厚度不宜大于5 mm。 (10)挡土墙的泄水孔当设计无规定时，施工应符合下列规定： 1)泄水孔应均匀设置，在每米高度上间隔2 m左右设置一个泄水孔； 2)泄水孔与土体间铺设长宽各为300 mm、厚200 mm的卵石或碎石作疏水层。 (11)挡土墙内侧回填土必须分层夯填，分层松土厚度宜为300 mm。墙顶土面应有适当坡度使流水流向挡土墙外侧面。 (12)在毛石和实心砖的组合墙中，毛石砌体与砖砌体应同时砌筑，并每隔4～6皮砖用2～3皮丁砖与毛石砌体拉结砌合；两种砌体间的空隙应填实砂浆。 (13)毛石墙和砖墙相接的转角处和交接处应同时砌筑。转角处、交接处应自纵墙(或横墙)每隔4～6皮砖高度引出不小于120 mm与横墙(或纵墙)相接
主控项目	(1)石材及砂浆强度等级必须符合设计要求。 抽检数量：同一产地的同类石材抽检不应少于1组。混凝土砌块专用砂浆砂浆试块的抽检数量按每一检验批且不超过250 m^3 砌体的各类、各强度等级的普通砌筑砂浆，每台搅拌机应至少抽检一次。验收批的预拌砂浆、蒸压加气混凝土砌块专用砂浆，抽检可为3组的有关规定执行。 检验方法：料石检查产品质量证明书，石材、砂浆检查试块试验报告。 (2)砌体灰缝的砂浆饱满度不应小于80%。 抽检数量：每检验批抽查不应少于5处。 检验方法：观察检查
一般项目	(1)石砌体尺寸、位置的允许偏差及检验方法见表1－110。 抽检数量：每检验批抽查不应少于5处。 (2)石砌体的组砌形式应符合下列规定： 1)内外搭砌，上下错缝，拉结石、丁砌石交错设置； 2)毛石墙拉结石每0.7 m^2 墙面不应少于1块； 3)检查数量：每检验批抽查不应少于5处。 检验方法：观察检查

表 1—110　石砌体尺寸、位置的允许偏差及检验方法

项次	项目		允许偏差(mm)							检验方法
			毛石砌体		料石砌体					
					毛料石		粗料石		细料石	
			基础	墙	基础	墙	基础	墙	墙、柱	
1	轴线位置		20	15	20	15	15	10	10	用经纬仪和尺检查,或用其他测量仪器检查
2	基础和墙砌体顶面标高		±25	±15	±25	±15	±15	±15	±10	用水准仪和尺检查
3	砌体厚度		+30	+20 −10	+30	+20 −10	+15	+10 −5	+10 −5	用尺检查
4	墙面垂直度	每层	—	20	—	20	—	10	7	用经纬仪、吊线和尺检查或用其他测量仪器检查
		全高	—	30	—	30	—	25	10	
5	表面平整度	清水墙、柱	—	—	—	20	—	10	5	细料石用 2 m 靠尺和楔形塞尺检查,其他用两直尺垂直于灰缝拉 2 m 线和尺检查
		混水墙、柱	—	—	—	20	—	15	—	
6	清水墙水平灰缝平直度		—	—	—	—	—	10	5	拉 10 m 线和尺检查

二、施工材料要求

1. 料石

料石各面的加工要求见表 1—111。

表 1—111　料石各方面的加工要求　(单位:mm)

料石种类	外露面及相接周边的表面凹入深度	叠砌面和接砌面的表面凹入深度
细料石	不大于 2	不大于 10
粗料石	不大于 20	不大于 20
毛料石	稍加修整	不大于 25

注:相接周边的表面是指叠砌面、接砌面与外露面相接处 20～30 mm 范围内的部分。

料石加工的允许偏差见表 1—112。

表 1—112　料石加工的允许偏差

料石种类	加工允许偏差(mm)	
	宽度、厚度	长度
细料石	±3	±5
粗料石	±5	±7
毛料石	±10	±15

注:如设计有特殊要求,应按设计要求加工。

2. 其他材料

其他材料见表 1—113。

表 1—113　其他材料

项目	内　容
水泥、砂、掺和料、水、外加剂	水泥、砂、掺和料、水、外加剂等材料,其技术要求可参见本章烧结普通砖、烧结多孔砖砖墙砌体相关内容
拉结筋	钢筋的级别、直径应符合设计要求。进场时,应对其规格、级别或品种进行检查,同时检查其出厂合格证,并按批量取样送试验室进行复验

三、施工机械要求

施工常用机具设备见表 1—114。

表 1—114　施工常用机具设备

项目	内　容
应准备的机具设备	应备有砂浆搅拌机、筛砂机和淋灰机等
测量、放线、检验	应备有龙门板、皮数杆、水准仪、经纬仪、2 m 靠尺、楔形塞尺、托线板、线坠、百格网、钢卷尺、水平尺、小线、砂浆试模、磅秤等
施工操作	应备有大铲、刨锛、瓦刀、灰槽、泥桶、砖夹子、筛子、勾缝条、运砖车、灰浆车、翻斗车、砖笼、扫帚、钢筋卡子等

四、施工工艺解析

石砌体工程的施工工艺解析见表 1—115。

表 1—115　石砌体工程的施工工艺解析

项目	内　容
准备作业	砌筑前,应对弹好的线进行复查,位置、尺寸应符合设计要求

续上表

项目	内　　容
试排撂底	根据进场石料的规格、尺寸、颜色进行试排、撂底，确定组砌方法
砂浆拌制	参见第一章第一节第四点“砖基础砌筑施工”的内容
石砌体砌筑	(1)石砌体应采用铺浆法砌筑。砂浆必须饱满，叠砌面的粘灰面积(即砂浆饱满度)应大于80%。 (2)石砌体的转角处和交接处应同时砌筑。对不能同时砌筑而又必须留置的临时间断处，应砌成踏步槎。 (3)料石砌筑。 ①砌筑料石砌体时，料石应放置平稳。砂浆铺设厚度应略高于规定灰缝厚度，其高出厚度：细料石宜为3～5 mm；粗料石、毛料石宜为6～8 mm。 ②料石基础砌体的第一皮应用丁砌层坐浆砌筑。阶梯形料石基础，上级阶梯的料石应至少压砌下级阶梯的1/3。 ③料石砌体应上下错缝搭砌。砌体厚度等于或大于两块料石宽度时，如同皮内全部采用顺砌，每砌两皮后，应砌一皮丁砌层；如同皮内采用丁顺组砌，丁砌石应交错设置，其中心间距不应大于2 m。 ④料石砌体水平灰缝厚度，应按料石种类确定，细料石砌体不宜大于5 mm；粗料石和毛料石砌体不宜大于20 mm。 ⑤料石墙长度超过设计规定时，应按设计要求设置变形缝，料石墙分段砌筑时，其砌筑高低差不得超过1.2 m。 ⑥在料石和毛石或砖的组合墙中，料石砌体和毛石砌体或砖砌体应同时砌筑，并每隔2～3皮料石层用丁砌层与毛石砌体或砖砌体拉结砌合。丁砌料石的长度宜与组合墙厚度相同。 (4)毛石砌筑。 ①砌筑毛石基础的第一皮石块应坐浆，并将大面向下。毛石基础的扩大部分，如做成阶梯形，上级阶梯的石块应至少压砌下级阶梯的1/2，相邻阶梯的毛石应相互错缝搭砌。 ②毛石砌体的第一皮及转角处、交接处和洞口处，应用较大的平毛石砌筑。砌体的最上一皮，宜选用较大的毛石砌筑。 ③毛石砌体宜分皮卧砌，各皮石块间应利用自然形状经敲打修整使能与先砌石块基本吻合、搭砌紧密；应上下错缝，内外搭砌，不得采用外面侧立石块中间填心的砌筑方法；中间不得有铲口石(尖石倾斜向外的石块)、斧刃石和过桥石(仅在两端搭砌的石块)。 ④毛石砌体的灰缝厚度宜为20～30 mm，石块间不得有相互接触现象。石块间较大的空隙应先填塞砂浆后用碎石块嵌实，不得采用先摆碎石块后塞砂浆或干填碎石块的方法。 ⑤毛石砌体必须设置拉结石。拉结石应均匀分布，相互错开，毛石基础同皮内每隔2 m左右设置一块；毛石墙一般每0.7 m^2 墙面至少应设置一块，且同皮内的中距不应大于2 m。 拉结石的长度，如基础宽度或墙厚等于或小于400 mm，应与宽度或厚度相等；如基础宽度或墙厚大于400 mm，可用两块拉结石内外搭接，搭接长度不应小于150 mm，且其中一块长度不应小于基础宽度或墙厚的2/3。

续上表

项目	内　容
石砌体砌筑	⑥在毛石和实心砖的组合墙中，毛石砌体与砖砌体应同时砌筑，并每隔4～6皮砖用2～3皮丁砖与毛石砌体拉结砌合。两种砌体间的空隙应用砂浆填满。 ⑦毛石墙和砖墙相接的转角处和交接处应同时砌筑。转角处应自纵墙（或横墙）每隔4～6皮砖高度引出不小于120 mm与横墙（或纵墙）相接；交接处应自纵墙每隔4～6皮砖高度引出不小于120 mm与横墙相接。 ⑧砌筑毛石挡土墙应符合下列规定： a.每砌3～4皮为一个分层高度，每个分层高度应找平一次； b.外露面的灰缝厚度不得大于40 mm，两个分层高度分层处的错缝不得小于80 mm。 ⑨料石挡土墙，当中间部分用毛石砌筑时，丁砌料石伸入毛石部分的长度不应小于200 mm。 ⑩挡土墙的泄水孔当设计无规定时，施工应符合下列规定： a.泄水孔应均匀设置，在每米高度上间隔2 m左右设置一个泄水孔； b.泄水孔与土体间铺设长宽各为300 mm、厚200 mm的卵石或碎石做疏水层。 ⑪挡土墙内侧回填土必须分层夯填，分层松土厚度应为300 mm。墙顶土面应有适当坡度使流水流向挡土墙外侧面。 (5)砂浆初凝后，如移动已砌筑的石块，应将原砂浆清理干净，重新铺浆砌筑
冬期施工	(1)连续5日平均气温低于+5℃或当日最低温度低于0℃时即进入冬期施工，应采取冬期施工措施。 (2)冬期施工宜采用普通硅酸盐水泥，按冬施方案并对水、砂进行加热，砂浆使用时的温度应在+5℃以上。 (3)冬期施工中，每日砌筑后应及时用保温材料对新砌砌体进行覆盖，砌筑表面不得留有砂浆，在继续砌筑前，应扫净砌筑表面
雨期施工	下雨时应停止施工，雨季应防止雨水冲刷新砌的墙体，收工时应用防水材料覆盖砌体上表面，每天砌筑高度不宜超过1.2 m
成品保护	(1)料石墙砌筑完后，未经有关人员检查验收，轴线桩、水准桩、皮数杆应加以保护，不得碰砸、拆除。 (2)细料石墙、柱、垛、应用木板、塑料布保护，防止损坏棱角或污染表面
应注意的质量问题	(1)砂浆强度不稳定：材料计量要准确，搅拌时间要达到规定的要求。试块的制作、养护、试压要符合规定。 (2)水平灰缝不平：皮数杆应立牢固，标高一致，砌筑时小线要拉紧穿平，墙面砌筑跟线。 (3)料石质量不符合要求：对进场的料石品种、规格、颜色验收时要严格把关，不符合要求时拒收、不用。 (4)勾缝粗糙：应叼灰操作，灰缝深度一致，横竖缝交接平整，表面洁净

第四节 配筋砌体工程

一、验收条文

配筋砌体工程验收条文见表1—116。

表1—116 配筋砌体工程验收条文

项目	内容
一般规定	(1)施工配筋小砌块砌体剪力墙,应采用专用的小砌块砌筑砂浆砌筑,专用小砌块灌孔混凝土浇筑芯柱。 (2)设置在灰缝内的钢筋,应居中置于灰缝内,水平灰缝厚度应大于钢筋直径4 mm以上
主控项目	(1)钢筋的品种、规格、数量和设置部位应符合设计要求。 检验方法:检查钢筋的合格证书、钢筋性能复试试验报告、隐蔽工程记录。 (2)构造柱、芯柱、组合砌体构件、配筋砌体剪力墙构件的混凝土及砂浆的强度等级应符合设计要求。 抽检数量:每检验批砌体,试块不应少于1组,验收批砌体试块不得少于3组。 检验方法:检查混凝土和砂浆试块试验报告。 (3)构造柱与墙体的连接应符合下列规定: 1)墙体应砌成马牙槎,马牙槎凹凸尺寸不宜小于60 mm,高度不应超过300 mm,马牙槎应先退后进,对称砌筑;马牙槎尺寸偏差每一构造柱不应超过2处; 2)预留拉结钢筋的规格、尺寸、数量及位置应正确,拉结钢筋应沿墙高每隔500 mm设2ϕ6,伸入墙内不宜小于600 mm,钢筋的竖向移位不应超过100 mm,且竖向移位每一构造柱不得超过2处; 3)施工中不得任意弯曲折拉结钢筋。 抽检数量:每检验批抽查不应少于5处。 检验方法:观察检查和尺量检查。 (4)配筋砌体中受力钢筋的连接方式及锚固长度、搭接长度应符合设计要求。 检查数量:每检验批抽查不应少于5处。 检验方法:观察检查
一般项目	(1) 构造柱般尺寸允许偏差及检验方法见表1—117。 检查数量:每检验批抽查不应少于5处。 (2)设置在砌体灰缝中钢筋的防腐保护应符合设计的规定,且钢筋防护层完好,不应有肉眼可见裂纹、剥落和擦痕等缺陷。 抽检数量:每检验批抽查不应少于5处。 检验方法:观察检查。 (3)网状配筋砖砌体中,钢筋网规格及放置间距应符合设计规定。每一构件钢筋网沿砌体高度位置超过设计规定一皮砖厚不得多于一处。 抽检数量:每检验批抽查不应少于5处。 检验方法:通过钢筋网成品检查钢筋规格,钢筋网放置间距采用局部剔缝观察,或用探针刺入灰缝内检查,或用钢筋位置测定仪测定。

续上表

项目	内　容
一般项目	(4)钢筋安装位置的允许偏差及检验方法见表1—118。 抽检数量:每检验批抽查不应少于5处

表1—117　构造柱一般尺寸允许偏差及检验方法

<table>
<tr><th>项次</th><th colspan="3">项　目</th><th>允许偏差(m)</th><th>抽检方法</th></tr>
<tr><td>1</td><td colspan="3">柱中心线位置</td><td>10</td><td>用经纬仪和尺检查或用其他测量仪器检查</td></tr>
<tr><td>2</td><td colspan="3">柱层间错位</td><td>8</td><td>用经纬仪和尺检查或用其他测量仪器检查</td></tr>
<tr><td rowspan="3">3</td><td rowspan="3">柱垂直度</td><td colspan="2">每层</td><td>10</td><td>用2 m托线板检查</td></tr>
<tr><td rowspan="2">全高</td><td>≤10 m</td><td>15</td><td rowspan="2">用经纬仪、吊线和尺检查,或用其他测量仪器检查</td></tr>
<tr><td>>10 m</td><td>20</td></tr>
</table>

表1—118　钢筋安装位置的允许偏差和检验方法

<table>
<tr><th colspan="2">项　目</th><th>允许偏差(mm)</th><th>抽检方法</th></tr>
<tr><td rowspan="3">受力钢筋保护层厚度</td><td>网状配筋砌体</td><td>±10</td><td>检查钢筋网成品,钢筋网放置位置局部剔缝观察,或用探针刺入灰缝内检查。或用钢筋位置测定仪测定</td></tr>
<tr><td>组合砖砌体</td><td>±5</td><td>支模前观察与尺量检查</td></tr>
<tr><td>配筋小砌块砌体</td><td>±10</td><td>浇筑灌孔混凝上前观察与尺量检查</td></tr>
<tr><td colspan="2">配筋小砌块砌体墙凹槽中水平钢筋间距</td><td>±10</td><td>钢尺量连续三档,取最大值</td></tr>
</table>

二、施工材料要求

1.热轧光圆钢筋

热轧光圆钢筋的材料见表1—119。

表1—119　热轧光圆钢筋的材料

项目	内　容
尺寸、外形、质量及允许偏差	(1)公称直径范围及推荐直径。 钢筋的公称直径范围为6～22 mm,推荐的钢筋公称直径为6 mm、8 mm、10 mm、12 mm、16 mm、20 mm。 (2)公称横截面面积与理论质量。 钢筋的公称横截面面积与理论质量列于表1—120。

续上表

<table>
<tr><th>项目</th><th>内　　容</th></tr>
<tr><td>尺寸、外形、质量及允许偏差</td><td>(3)光圆钢筋的截面形状及尺寸允许偏差。
①光圆钢筋的截面形状如图 1－5 所示。 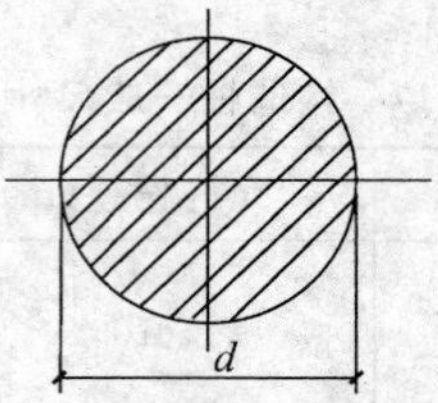

图 1－5　光圆钢筋的截面形状
d—钢筋直径
②光圆钢筋的直径允许偏差和不圆度见表 1－121。钢筋实际质量与理论质量的偏差见表 1－122，钢筋直径允许偏差不作交货条件。
(4)长度及允许偏差。
①长度。
a. 钢筋可按直条或盘卷交货。
b. 直条钢筋定尺长度应在合同中注明。
②长度允许偏差。
按定尺长度交货的直条钢筋其长度允许偏差范围为 0～＋50 mm。
(5)弯曲度和端部。
①直条钢筋的弯曲度应不影响正常使用，总弯曲度不大于钢筋总长度的 0.4%。
②钢筋端部应剪切正直，局部变形应不影响使用。
(6)质量及允许偏差。
①钢筋按实际质量交货，也可按理论质量交货。
②直条钢筋实际质量与理论质量的允许偏差见表 1－122。
③盘重。
按盘卷交货的钢筋，每根盘条质量应不小于 500 kg，每盘质量应不小于 1 000 kg</td></tr>
<tr><td>技术要求</td><td>(1)牌号和化学成分。
①钢筋牌号及化学成分(熔炼分析)见表 1－123。
②钢中残余元素铬、镍、铜含量应各不大于 0.30%，供方如能保证可不作分析。
③钢筋的成品化学成分允许偏差应符合《钢的成品化学成分允许许偏差》(GB/T 222—2006)的规定。
(2)冶炼方法。
钢以氧气转炉、电炉冶炼。
(3)力学性能、工艺性能。
①钢筋的屈服强度 R_{eL}、抗拉强度 R_m、断后伸长率 A、最大力总伸长率 A_{gt} 等力学性能特征值见表 1－124。表 1－124 所列各力学性能特征值，可作为交货检验的最小保证值。
②根据供需双方协议，伸长率类型可从 A 或 A_{gt} 中选定。如伸长率类型未经协议确定，则伸长率采用 A，仲裁检验时采用 A_{gt}。</td></tr>
</table>

续上表

项目	内　　容
技术要求	③弯曲性能： 按表 1－124 规定的弯芯直径变曲 180°后，钢筋受弯曲部位表面不得产生裂纹。 (4)表面质量。 ①钢筋应无有害的表面缺陷，按盘卷交货的钢筋应将头尾有害缺陷部分切除。 ②试样可使用钢丝刷清理，清理后的质量、尺寸、横截面积和拉伸性能满足要求，锈皮、表面不平整或氧化铁皮不作为拒收的理由。 ③当带有上述规定的缺陷以外的表面缺陷的试样不符合拉伸性能或弯曲性能要求时，则认为这些缺陷是有害的

表 1－120　热轧光圆钢筋公称横截面面积与理论质量

公称直径(mm)	公称横截面面积(mm^2)	理论质量(kg/m)
6(6.5)	28.27(33.18)	0.222(0.260)
8	50.27	0.395
10	78.54	0.617
12	113.1	0.888
14	153.9	1.21
16	201.1	1.58
18	254.5	2.00
20	314.2	2.47
22	380.1	2.98

注：表中理论质量按密度为 7.85 g/cm^3 计算。公称直径 6.5 mm 的产品为过渡性产品。

表 1－121　热轧光圆钢筋直径允许偏差和不圆度

公称直径(mm)	允许偏差(mm)	不圆度(mm)
6(6.5) 8 10 12	±0.3	≤0.4
14 16 18 20 22	±0.4	

表 1－122　直条钢筋质量允许偏差

公称直径(mm)	实际质量与理论质量的偏差(%)
6～12	±7
14～22	±5

表 1－123　热轧光圆钢筋化学成分

牌号	化学成分(质量分数)(%),不大于				
	C	Si	Mn	P	S
HPB235	0.22	0.30	0.65	0.045	0.050
HPB300	0.25	0.55	1.50		

表 1－124　热轧光圆钢筋力学性能

牌号	R_{eL}(MPa)	R_m(MPa)	A(%)	A_{gt}(%)	冷弯试验 180° d—弯芯直径 a—钢筋公称直径
	不小于				
HPB235	235	370	25.0	10.0	$d=a$
HPB300	300	420			

2.热轧带肋钢筋

热轧光带肋筋的材料见表 1－125。

表 1－125　热轧带肋钢筋的材料

项目	内　容
尺寸、外形、质量及允许偏差	(1)公称直径范围及推荐直径。 钢筋的公称直径范围为 6～50 mm,推荐的钢筋公称直径为 6 mm,8 mm,10 mm,12 mm,16 mm,20 mm,25 mm,32 mm,40 mm,50 mm。 (2)公称横截面面积与理论质量。 钢筋的公称横截面面积与理论质量见表 1－126。 (3)带肋钢筋的表面形状及尺寸允许偏差。 ①带肋钢筋横肋设计原则应符合下列规定: a.横肋与钢筋轴线的夹角 β 不应小于 45°,当该夹角不大于 70°时,钢筋相对两面上横肋的方向应相反。 b.横肋公称间距不得大于钢筋公称直径的 0.7 倍。 c.横肋侧面与钢筋表面的夹角口不得小于 45°。 d.钢筋相邻两面上横肋末端之间的间隙(包括纵肋宽度)总和不应大于钢筋公称周长的 20%。 e.当钢筋公称直径不大于 12 mm 时,相对肋面积不应小于 0.055 mm^2;公称直径为14 mm 和 16 mm 时,相对肋面积不应小于 0.060 mm^2;公称直径大于 16 mm 时,相对肋面积不应小于 0.065 mm^2。相对肋面积的计算按以下公式要求计算。

续上表

<table>
<tr><th>项目</th><th>内　　容</th></tr>
<tr><td>尺寸、外形、质量及允许偏差</td><td>f. 相对肋面积 f_r 按式(1－1)确定：
$$f_r=\frac{KF_R\sin\beta}{\pi dl} \quad (1-1)$$
式中　K——$K=3$ 或 2(三面或两面有肋)；
F_R——一个有肋的纵向截面积；
β——横肋与钢筋轴线的夹角；
d——钢筋公称直径；
l——横肋间距。
已知钢筋的几何参数，相对肋面积也可用近似式(1－2)计算：
$$f_r=\frac{(d\pi-\sum f_i)(H+4H_{1/4})}{6d\pi l} \quad (1-2)$$
式中　$\sum f_i$——钢筋周圈上各排横肋间隙之和；
H——横肋中点高；
$H_{1/4}$——横肋长度四分之一处高。
②带肋钢筋通常带有纵肋，也可不带纵肋。
③带有纵肋的月牙肋钢筋，其外形如图 1－6 所示，尺寸及允许偏差见表 1－127。钢筋实际质量与理论质量的偏差符合表 1－128 规定时，钢筋内径偏差不做交货条件。
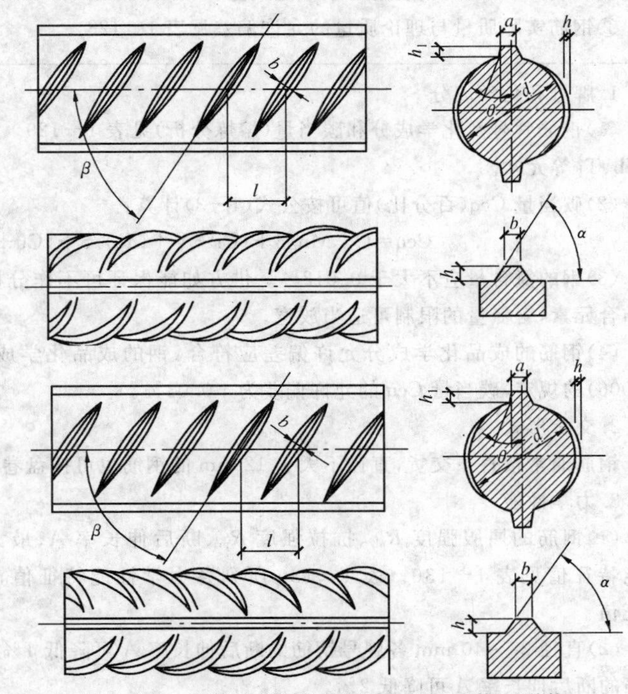

图 1－6　月牙肋钢筋(带纵肋)表面及截面形状
d－钢筋内径；α－横肋斜角；h－横肋高度；β－横肋与轴线夹角；h_1－纵肋高度；θ－纵肋斜角；a－纵肋顶宽；l－横肋间距；b－横肋顶宽</td></tr>
</table>

续上表

<table>
<tr><th>项目</th><th>内　容</th></tr>
<tr><td>尺寸、外形、质量及允许偏差</td><td>④不带纵肋的月牙肋钢筋，其内径尺寸可按表 1－127 的规定作适当调整，但质量允许偏差仍见表 1－129。
(4)长度及允许偏差。
①长度。
a. 钢筋通常按定尺长度交货，具体交货长度应在合同中注明。
b. 钢筋可以盘卷交货，每盘应是一条钢筋，允许每批有 5%的盘数(不足两盘时可有两盘)由两条钢筋组成。其盘重及盘径由供需双方协商确定。
②长度允许偏差。
a. 钢筋按定尺交货时的长度允许偏差为±25 mm。
b. 当要求最小长度时，其偏差为＋50 mm。
c. 当要求最大长度时，其偏差为－50 mm。
(5)弯曲度和端部。
①直条钢筋的弯曲度应不影响正常使用，总弯曲度不大于钢筋总长度的 0.4%。
②钢筋端部应剪切正直，局部变形应不影响使用。
(6)质量及允许偏差。
①钢筋可按理论质量交货，也可按实际质量交货。按理论质量交货时，理论质量为钢筋长度乘以表 1－126 中钢筋的每米理论质量。
②钢筋实际质量与理论质量的允许偏差见表 1－128</td></tr>
<tr><td>技术要求</td><td>1. 牌号和化学成分
(1)钢筋牌号及化学成分和碳当量(熔炼分析)见表 1－129。根据需要，钢中还可加入 V、Nb、Ti 等元素。
(2)碳当量 Ceq(百分比)值可按公式(1－3)计算：
$$Ceq=C+Mn/6+(Cr+V+Mo)/5+(Cu+Ni)/15 \quad (1-3)$$
(3)钢的氮含量应不大于 0.012%。供方如能保证可不作分析。钢中如有足够数量的氮结合元素，含氮量的限制可适当放宽。
(4)钢筋的成品化学成分允许偏差应符合《钢的成品化学成份允许偏差》(GB/T 222—2006)的规定，碳当量 Ceq 的允许偏差为＋0.03%。
2. 交货形式
钢筋通常按直条交货，直径不大于 12 mm 的钢筋也可按盘卷交货。
3. 力学性能
(1)钢筋的屈服强度 R_{eL}、抗拉强度 R_m、断后伸长率 A、最大力总伸长率 A_{gt} 等力学性能特征值见表 1－130。表 1－130 所列各力学性能特征值，可作为交货检验的最小保证值。
(2)直径 28～40 mm 各牌号钢筋的断后伸长率 A 可降低 1%；直径大于 40 mm 各牌号钢筋的断后伸长率 A 可降低 2%。
(3)有较高要求的抗震结构适用牌号为：在表 1－129 中已有牌号后加 E(例如：HRB400E、HRBF400E)的钢筋。该类钢筋除应满足以下①、②、③的要求外，其他要求与相对应的已有牌号钢筋相同。</td></tr>
</table>

续上表

<table>
<tr><th>项目</th><th>内　容</th></tr>
<tr><td>技术要求</td><td>①钢筋实测抗拉强度与实测屈服强度之比 R^{o}_{m}/R^{o}_{gt} 不小于 1.25。
②钢筋实测屈服强度与表 1－130 规定的屈服强度特征值之比 R^{o}_{eL}/R_{eL} 不大于 1.30。
③钢筋的最大力总伸长率 A_{gt} 不小于 9%。
注：R^{o}_{m} 为钢筋实测抗拉强度；R^{o}_{eL} 为钢筋实测屈服强度。
④对于没有明显屈服强度的钢，屈服强度特征值 R_{eL} 应采用规定非比例延伸强度 $R_{p0.2}$。
⑤根据供需双方协议，伸长率类型可从 A 或 A_{gt} 中选定。如伸长率类型未经协议确定，则伸长率采用 A，仲裁检验时采用 A_{gt}。
4. 工艺性能
(1)弯曲性能。
按表 1－131 规定的弯芯直径弯曲 180°后，钢筋受弯曲部位表面不得产生裂纹。
(2)反向弯曲性能。
根据需方要求，钢筋可进行反向弯曲性能试验。
①反向弯曲试验的弯芯直径比弯曲试验相应增加一个钢筋公称直径。
②反向弯曲试验：先正向弯曲 90°后再反向弯曲 20°。两个弯曲角度均应在去载之前测量。经反向弯曲试验后，钢筋受弯曲部位表面不得产生裂纹。
5. 疲劳性能
如需方要求，经供需双方协议，可进行疲劳性能试验。疲劳试验的技术要求和试验方法由供需双方协商确定。
6. 焊接性能
(1)钢筋的焊接工艺及接头的质量检验与验收应符合相关行业标准的规定。
(2)普通热轧钢筋在生产工艺、设备有重大变化及新产品生产时进行形式检验。
(3)细晶粒热轧钢筋的焊接工艺应经试验确定。
7. 晶粒度
细晶粒热轧钢筋应做晶粒度检验，其晶粒度不粗于 9 级，如供方能保证可不做晶粒度检验。
8. 表面质量
(1)钢筋应无有害的表面缺陷。
(2)只要经钢丝刷刷过的试样的质量、尺寸、横截面积和拉伸性能不低于《钢筋混凝土用钢　第 2 部分：热轧带肋钢筋》(GB 1499.2—2007/XG1－2009)的要求，锈皮、表面不平整或氧化铁皮不作为拒收的理由。
(3)当带有上述规定的缺陷以外的表面缺陷的试样不符合拉伸性能或弯曲性能要求时，则认为这些缺陷是有害的</td></tr>
</table>

表 1－126　热轧带肋钢筋公称横截面面积与理论质量

公称直径(mm)	公称横截面面积(mm^2)	理论质量(kg/m)
6	28.27	0.222
8	50.27	0.395

续上表

公称直径(mm)	公称横截面面积(mm^2)	理论质量(kg/m)
10	78.54	0.617
12	113.1	0.888
14	153.9	1.21
16	201.1	1.58
18	254.5	2.00
20	314.2	2.47
22	380.1	2.98
25	490.9	3.85
28	615.8	4.83
32	804.2	6.31
36	1 018	7.99
40	1 257	9.87
50	1 964	15.42

注:表中理论质量按密度为 7.85 g/cm^3 计算。

表 1-127 热轧带肋钢筋尺寸允许偏差 (单位:mm)

公称直径 d	内径 d_1		横肋高 h		纵肋高 h_1(不大于)	横肋宽 b	纵肋宽 a	间距 l		横肋末端最大间隙(公称周长的10%弦长)
	公称尺寸	允许偏差	公称尺寸	允许偏差				公称尺寸	允许偏差	
6	5.8	±0.3	0.6	±0.3	0.8	0.4	1.0	4.0		1.8
8	7.7		0.8	+0.4 −0.3	1.1	0.5	1.5	5.5		2.5
10	9.6		1.0	±0.4	1.3	0.6	1.5	7.0		3.1
12	11.5	±0.4	1.2		1.6	0.7	1.5	8.0	±0.5	3.7
14	13.4		1.4	+0.4 −0.5	1.8	0.8	1.8	9.0		4.3
16	15.4		1.5		1.9	0.9	1.8	10.0		5.0
18	17.3		1.6	±0.5	2.0	1.0	2.0	10.0		5.6
20	19.3		1.7		2.1	1.2	2.0	10.0		6.2
22	21.3	±0.5	1.9		2.4	1.3	2.5	10.5	±0.8	6.8
25	24.2		2.1	±0.6	2.6	1.5	2.5	12.5		7.7
28	27.2	±0.6	2.2		2.7	1.7	3.0		±1.0	8.6

续上表

公称直径 d	内径 d_1		横肋高 h		纵肋高 h_1（不大于）	横肋宽 b	纵肋宽 a	间距 l		横肋末端最大间隙（公称周长的10%弦长）
	公称尺寸	允许偏差	公称尺寸	允许偏差				公称尺寸	允许偏差	
32	31.0	±0.6	2.4	+0.8 −0.7	3.0	1.9	3.0	14.0	±1.0	9.9
36	35.0		2.6	+1.0 −0.8	3.2	2.1	3.5	15.0		11.1
48	38.7	±0.7	2.9	±1.1	3.5	2.2	3.5	15.0	—	12.4
50	48.5	±0.8	3.2	±1.2	3.8	2.5	4.0	16.0		15.5

注：1. 纵肋斜角 θ 为0°～30°。

2. 尺寸 a、b 为参考数据。

表1－128　热轧带肋钢筋质量允许偏差

公称直径(mm)	实际质量与理论质量的偏差(%)
6～12	±7
14～20	±5
22～50	±4

表1－129　热轧带肋钢筋化学成分

牌号	化学成分(质量分数)(%)，不大于					
	C	Si	Mn	P	S	Ceq
HRB335 HRBF335	0.25	0.80	1.60	0.045	0.045	0.52
HRB400 HRBF400						0.54
HRB500 HRBF500						0.55

表1－130　热轧带肋钢筋力学性能

牌号	R_{eL}(MPa)	R_m(MPa)	A(%)	A_{gt}(%)
	不小于			
HRB335 HRBF335	335	455	17	7.5

续上表

牌号	R_{eL}(MPa)	R_m(MPa)	A(%)	A_{gt}(%)
	不小于			
HRB400 HRBF400	400	540	16	7.5
HRB500 HRBF500	500	630	15	

表 1-131 热轧带肋钢筋弯芯直径 (单位:mm)

牌号	公称直径 d	弯芯直径
HRB335 HRBF335	6~25	$3d$
	28~40	$4d$
	>40~50	$5d$
HRB400 HRBF400	6~25	$4d$
	28~40	$5d$
	>40~50	$6d$
HRB500 HRBF500	6~25	$4d$
	28~40	$7d$
	>40~50	$8d$

3.余热处理钢筋

(1)钢筋的公称横截面面积与公称质量见表 1-132。

表 1-132 钢筋的公称横截面面积与公称质量

公称直径(mm)	公称横截面面积(mm²)	公称质量(kg/m)
8	50.27	0.395
10	78.54	0.617
12	113.1	0.888
14	153.9	1.21
16	201.1	1.58
18	254.5	2.00
20	314.2	2.47
22	380.1	2.98
25	490.9	3.85
28	615.8	4.83

续上表

公称直径(mm)	公称横截面面积(mm²)	公称质量(kg/m)
32	804.2	6.31
36	1 018	7.99
40	1 257	9.87

注：表中公称质量按密度为 7.85 g/cm^3 计算。

(2)余热处理 HRB400 级钢筋，采用月牙肋表面形状，其尺寸及允许偏差见表 1－133。

表 1－133　余热 HRB400 级钢筋尺寸及允许偏差　(单位：mm)

<table>
<tr><th rowspan="2">公称直径 d</th><th colspan="2">内径 d_1</th><th colspan="2">横肋高 h</th><th colspan="2">纵肋高 h_1</th><th rowspan="2">横肋宽 b</th><th rowspan="2">纵肋宽 a</th><th colspan="2">间距 l</th><th rowspan="2">横肋末端最大间隙(公称周长的10%弦长)</th></tr>
<tr><th>公称尺寸</th><th>允许偏差</th><th>公称尺寸</th><th>允许偏差</th><th>公称尺寸</th><th>允许偏差</th><th>公称尺寸</th><th>允许偏差</th></tr>
<tr><td>8</td><td>7.7</td><td rowspan="6">±0.4</td><td>0.8</td><td>+0.4
−0.2</td><td>0.8</td><td rowspan="2">±0.5</td><td>0.5</td><td>1.5</td><td>5.5</td><td rowspan="6">±0.5</td><td>2.5</td></tr>
<tr><td>10</td><td>9.6</td><td>1.0</td><td>+0.4
−0.3</td><td>1.0</td><td>0.6</td><td>1.5</td><td>7.0</td><td>3.1</td></tr>
<tr><td>12</td><td>11.5</td><td>1.2</td><td rowspan="3">±0.4</td><td>1.2</td><td rowspan="5">±0.8</td><td>0.7</td><td>1.5</td><td>8.0</td><td>3.7</td></tr>
<tr><td>14</td><td>13.4</td><td>1.4</td><td>1.4</td><td>0.8</td><td>1.8</td><td>9.0</td><td>4.3</td></tr>
<tr><td>16</td><td>15.4</td><td>1.5</td><td>1.5</td><td>0.9</td><td>1.8</td><td>10.0</td><td>5.0</td></tr>
<tr><td>18</td><td>17.3</td><td>1.6</td><td>+0.5
−0.4</td><td>1.6</td><td>1.0</td><td>2.0</td><td>10.0</td><td>5.6</td></tr>
<tr><td>20</td><td>19.3</td><td rowspan="4">±0.5</td><td>1.7</td><td>±0.5</td><td>1.7</td><td>1.2</td><td>2.0</td><td>10.0</td><td rowspan="3">±0.8</td><td>6.2</td></tr>
<tr><td>22</td><td>21.3</td><td>1.9</td><td rowspan="3">±0.6</td><td>1.9</td><td rowspan="3">±0.9</td><td>1.3</td><td>2.5</td><td>10.5</td><td>6.8</td></tr>
<tr><td>25</td><td>24.2</td><td>2.1</td><td>2.1</td><td>1.5</td><td>2.5</td><td>10.5</td><td>7.7</td></tr>
<tr><td>28</td><td>27.2</td><td>2.2</td><td>2.2</td><td>1.7</td><td>3.0</td><td>12.5</td><td rowspan="4">±1.0</td><td>8.6</td></tr>
<tr><td>32</td><td>31.0</td><td rowspan="2">±0.6</td><td>2.4</td><td>+0.8
−0.7</td><td>2.4</td><td rowspan="3">±1.1</td><td>1.9</td><td>3.0</td><td>14.0</td><td>9.9</td></tr>
<tr><td>36</td><td>35.0</td><td>2.6</td><td>+1.0
−0.8</td><td>2.6</td><td>2.1</td><td>3.5</td><td>15.0</td><td>11.1</td></tr>
<tr><td>40</td><td>38.7</td><td>±0.7</td><td>2.9</td><td>±1.1</td><td>2.9</td><td>2.2</td><td>3.5</td><td>15.0</td><td>12.4</td></tr>
</table>

注：1. 纵肋斜角 θ 为 0°～30°。

2. 尺寸 a、b 为参考数据。

(3)根据需方要求，钢筋按质量偏差交货时其实际质量与公称质量允许偏差见表 1－134。

表 1－134　钢筋实际质量与公称质量允许偏差

公称直径(mm)	实际质量与公称质量的偏差(%)
8～12	±7
14～20	±5
22～40	±4

(4)钢筋的力学性能和工艺性能见表 1－135。

表 1－135　钢筋的力学性能和工艺性能

表面形状	钢筋级别	强度等级代号	公称直径(mm)	屈服点 σ_s(MPa)	抗拉强度 σ_b(MPa)	伸长度 δ_5(%)	冷弯 d—弯芯直径 a—钢筋公称直径
				不小于			
月牙肋	Ⅲ	KL400	8～25 28～40	440	600	14	90° $d=3a$ 90° $d=4a$

注：征得需方同意，KL400Ⅲ级钢筋性能见表 1－135，且伸长率冷弯试验符合《钢筋混凝土用钢　第 1 部分：热轧光圆钢筋》(GB 1499.1—2008)表 6 中Ⅱ级钢筋的需求时，可按 RL335Ⅱ级钢筋交货。此时应在质量证明书中注明。

4. 冷轧带肋钢筋

冷轧带肋钢筋的材料见表 1－136。

表 1－136　冷轧带肋钢筋的材料

项目	内　容
概念	是热轧圆盘条经冷轧后在其表面有沿长度方向冷轧成均匀分布的三面或二面横肋的钢筋。冷轧带肋钢筋应符合国家标准《冷轧带肋钢筋》(GB 13788—2008)的规定
尺寸、外形、质量及允许偏差	1. 公称直径范围 CRB550 钢筋的公称直径范围为 4～12 mm。CRB650 及以上牌号钢筋的公称直径为 4 mm，5 mm和 6 mm。 2. 外形 (1)钢筋表面横肋应符合下列基本规定。 ①横肋呈月牙形。 ②横肋沿钢筋横截面周圈上均匀分布，其中三面肋钢筋有一面肋的倾角必须与另两面反向，二面肋钢筋一面肋的倾角必须与另一面反向。 ③横肋中心线和钢筋纵轴线夹角 β 为 40°～60°。 ④横肋两侧面和钢筋表面斜角 α 不得小于 45°，横肋与钢筋表面呈弧形相交。 ⑤横肋间隙的总和应不大于公称周长的 20%($\sum f_i \leqslant 0.2\pi d$)。 (2)三面肋钢筋的外形如图 1－7 所示。

续上表

项目	内容
尺寸、外形、质量及允许偏差	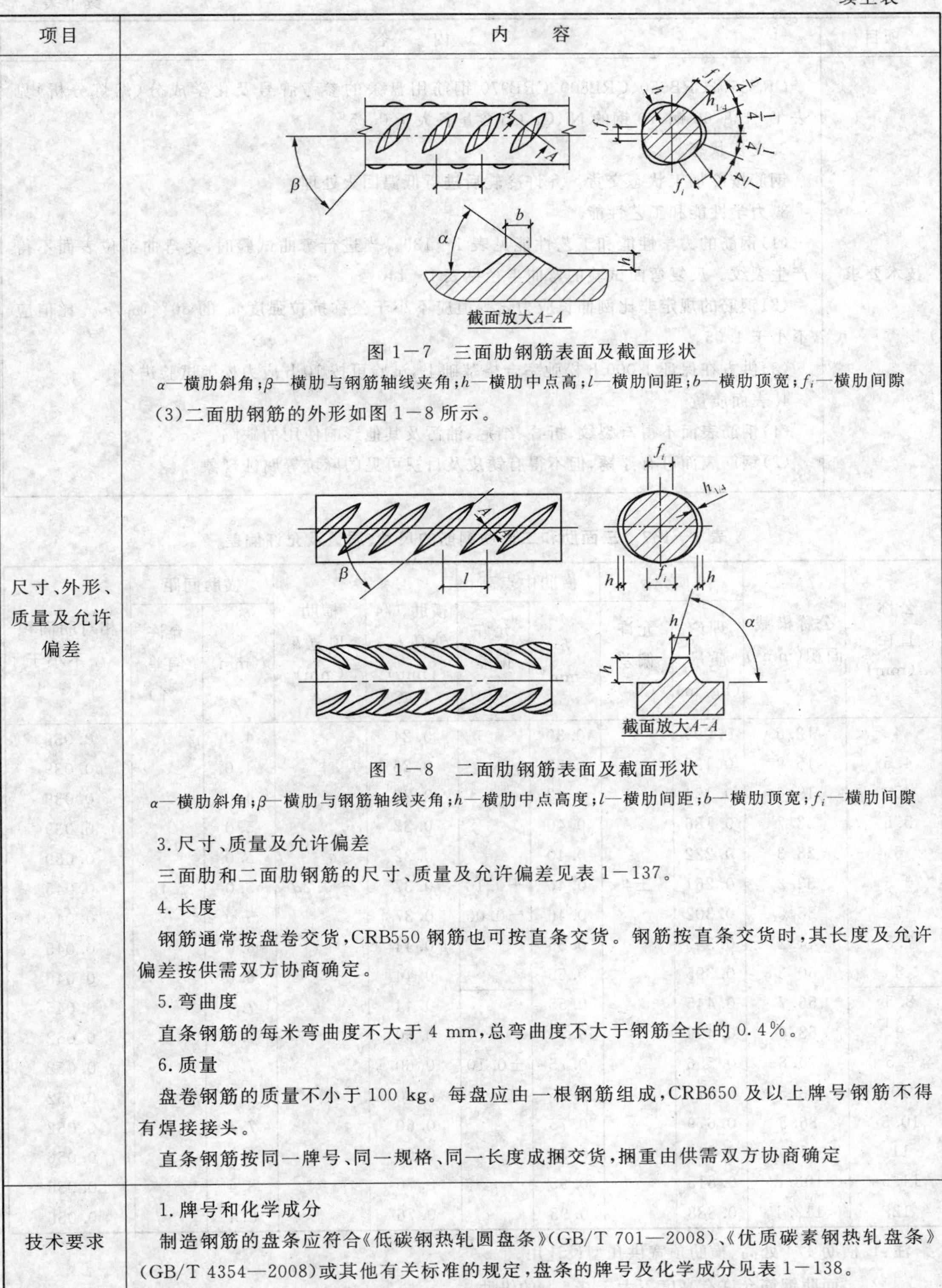 图 1－7　三面肋钢筋表面及截面形状 α—横肋斜角；β—横肋与钢筋轴线夹角；h—横肋中点高；l—横肋间距；b—横肋顶宽；f_i—横肋间隙 (3)二面肋钢筋的外形如图 1－8 所示。 图 1－8　二面肋钢筋表面及截面形状 α—横肋斜角；β—横肋与钢筋轴线夹角；h—横肋中点高度；l—横肋间距；b—横肋顶宽；f_i—横肋间隙 3. 尺寸、质量及允许偏差 三面肋和二面肋钢筋的尺寸、质量及允许偏差见表 1－137。 4. 长度 钢筋通常按盘卷交货，CRB550 钢筋也可按直条交货。钢筋按直条交货时，其长度及允许偏差按供需双方协商确定。 5. 弯曲度 直条钢筋的每米弯曲度不大于 4 mm，总弯曲度不大于钢筋全长的 0.4%。 6. 质量 盘卷钢筋的质量不小于 100 kg。每盘应由一根钢筋组成，CRB650 及以上牌号钢筋不得有焊接接头。 直条钢筋按同一牌号、同一规格、同一长度成捆交货，捆重由供需双方协商确定
技术要求	1. 牌号和化学成分 制造钢筋的盘条应符合《低碳钢热轧圆盘条》(GB/T 701—2008)、《优质碳素钢热轧盘条》(GB/T 4354—2008)或其他有关标准的规定，盘条的牌号及化学成分见表 1－138。

续上表

项目	内　　容
技术要求	CRB550、CRB650、CRB800、CRB970 钢筋用盘条的参考牌号及化学成分(熔炼分析)见表 1－138,60 钢、70 钢的 Ni、Cr、Cu 含量各大于 0.25％。 2. 交货状态 钢筋按冷加工状态交货。允许冷轧后进行低温回火处理。 3. 力学性能和工艺性能 (1)钢筋的力学性能和工艺性能见表 1－139。当进行弯曲试验时,受弯曲部位表面不得产生裂纹。反复弯曲试验的弯曲半径见表 1－140。 (2)钢筋的规定非比例伸长应力 $\sigma_{p0.2}$ 值应不小于公称抗拉强度 σ_b 的 80％,$\sigma_b/\sigma_{p0.2}$ 比值应不小于 1.05。 (3)供方在保证 1 000 h 松弛率合格基础上,试验可按 10 h 应力松弛试验进行。 4. 表面质量 (1)钢筋表面不得有裂纹、折叠、结疤、油污及其他影响使用的缺陷。 (2)钢筋表面可有浮锈,但不得有锈皮及目视可见的麻坑等腐蚀现象

表 1－137　三面肋和二面肋钢筋的尺寸、质量及允许偏差

公称直径 d(mm)	公称横截面积(mm^2)	质量		横肋中点高		横肋 1/4 外高 $h_{1/4}$ (mm)	横肋顶宽 b (mm)	横肋间距		相对肋面积 f_r 不小于
		理论质量(kg/m)	允许偏差(％)	h (mm)	允许偏差(mm)			l(mm)	允许偏差(％)	
4	12.6	0.099	±4	0.30	+0.10 −0.05	0.24	～0.2d	4.0	±15	0.036
4.5	15.9	0.125		0.32		0.26		4.0		0.039
5	19.6	0.154		0.32		0.26		4.0		0.039
5.5	23.7	0.186		0.40		0.32		5.0		0.039
6	28.3	0.222		0.40		0.32		5.0		0.039
6.5	33.2	0.261		0.46		0.37		5.0		0.045
7	38.5	0.302		0.46		0.37		5.0		0.045
7.5	44.2	0.347		0.55		0.44		6.0		0.045
8	50.3	0.395		0.55		0.44		6.0		0.045
8.5	56.7	0.445		0.55	±0.10	0.44		7.0		0.045
9	63.6	0.499		0.75		0.60		7.0		0.052
9.5	70.8	0.556		0.75		0.60		7.0		0.052
10	78.5	0.617		0.75		0.60		7.0		0.052
10.5	86.5	0.679		0.75		0.60		7.4		0.052
11	95.0	0.746		0.85		0.68		7.4		0.056
11.5	103.8	0.815		0.95		0.76		8.4		0.056
12	113.1	0.888		0.95		0.76		8.4		0.056

注:1. 横肋 1/4 处高、横肋顶宽供孔型设计用。

2. 二面肋钢筋允许有高度不大于 0.5 h 的纵肋。

表 1－138　冷轧带肋钢筋用盘条的参考牌号和化学成分

钢筋牌号	盘条牌号	化学成分(%)					
		C	Si	Mn	V、Ti	S	P
CRB550	Q215	0.09～0.15	≤0.30	0.25～0.55	—	≤0.050	≤0.045
CRB650	Q235	0.14～0.22	≤0.30	0.30～0.65	—	≤0.050	≤0.045
CRB800	24MnTi	0.19～0.27	0.17～0.37	1.20～1.60	Ti:0.01～0.05	≤0.045	≤0.045
	20MnSi	0.17～0.25	0.40～0.80	1.20～1.60	—	≤0.045	≤0.045
CRB970	41MnSiV	0.37～0.45	0.60～1.10	1.00～1.40	V:0.05～0.12	≤0.045	≤0.045
	60	0.57～0.65	0.17～0.37	0.50～0.80	—	≤0.035	≤0.035

表 1－139　力学性能和工艺性能

牌号	$R_{0.2}$(MPa)不小于	R_m(MPa)不小于	伸长率(%)不小于		弯曲试验180°	反复弯曲次数	应力松弛初始应力应相当于公称抗拉强度的70% 1 000 h松弛率(%),不大于
			$A_{33.3}$	A_{100}			
CRB550	500	550	8.0	—	$D=3d$	—	—
CRB650	585	650	—	4.0	—	3	8
CRB800	720	800	—	4.0	—	3	8
CRB970	875	970	—	4.0	—	3	8

注:表中 D 为弯心直径,d 钢筋公称直径。

表 1－140　反复弯曲试验的弯曲半径　(单位:mm)

钢筋公称直径	4	5	6
弯曲半径	10	15	15

5.低碳钢热轧圆盘条

低碳钢热轧圆盘条的材料见表 1－141。

表 1－141　低碳钢热轧圆盘条的材料

项目	内　容
牌号和化学成分	(1)钢的牌号和化学成分(熔炼分析)见表 1－142。 (2)允许用铝代硅脱氧。 (3)钢中铬、镍、铜、砷的残余含量应符合《碳素结构钢》(GB/T 700－2006)的有关规定。 (4)经供需双方协议并在合同中注明,可供应其他成分或牌号的盘条。 (5)盘条的成品化学成分允许偏差应符合《钢的成品化学成分允许偏差》(GB/T 222－2006)的规定

续上表

项目	内容
冶炼方法	钢以氧气转炉、平炉、电炉冶炼
交货状态	盘条以热轧状态交货
力学性能和工艺性能	盘条的力学性能和工艺性能见表1—143。经供需双方协商并在合同中注明，可做冷弯性能试验。直径大于12 mm的盘条，冷弯性能指标由供需双方协商确定
表面质量	(1)盘条应将头尾有害缺陷切除。盘条的截面不应有缩孔、分层及夹杂。 (2)盘条表面应光滑，不应有裂纹、折叠、耳子、结疤，允许有压痕及局部的凸块、划痕、麻面，其深度或高度(从实际尺寸算起)B级和C级精度不应大于0.10 mm，A级精度不得大于0.20 mm

表1—142 盘条的牌号和化学成分

牌号	化学成分(质量分数)(%)				
	C	Mn	Si	S	P
			不大于		
Q195	≤0.12	0.25～0.50	0.30	0.040	0.035
Q215	0.09～0.15	0.25～0.60	0.30	0.045	0.045
Q235	0.12～0.20	0.30～0.70			
Q275	0.14～0.22	0.40～1.00			

表1—143 建筑用盘条的力学性能和工艺性能

牌号	力学性能		冷弯试验180° d—弯心直径 a—试样直径
	抗拉强度 R_m(N/mm²) 不大于	伸长率 $A_{11.3}$(%) 不小于	
Q195	410	30	$d=0$
Q215	435	28	$d=0$
Q235	500	23	$d=0.5a$
Q275	540	21	$d=1.5a$

三、施工机械要求

1. 钢筋强化机械设备选用

钢筋强化机械设备见表1—144。

表 1－144 钢筋强化机械设备

<table>
<tr><th colspan="2">项目</th><th>内 容</th></tr>
<tr><td rowspan="2">钢筋冷拉机</td><td>钢筋冷拉方法及机具选择</td><td>(1)钢筋冷拉机的分类。
国产钢筋冷拉机主要有卷扬机式、阻力轮式和液压式等，其各自的特点如下。
①卷扬机式。它是利用卷扬机产生的拉力来冷拉钢筋。由于它具有结构简单、易于制作和掌握操作技术，不受限制，便于实现单控和双控等特点，是一般钢筋加工车间应用较广的形式。
②阻力轮式。它是将电动机动力减速后通过阻力轮使钢筋拉长的冷拉方式，适用于冷拉直径为 6～8 mm 的圆盘钢筋，其冷拉率为 6%～8%。
③液压式。它是由液压泵的压力油通过液压缸拉伸钢筋，因而结构紧凑、工作平稳，自动化程度高，是有发展前途的冷拉机。
(2)钢筋冷拉机的冷拉参数。
各式冷拉机的工艺布置虽有所不同，但冷拉操作工序基本是一样的，主要工序为钢筋上盘、放圈、切断、夹紧夹点、冷拉、放松夹具、捆扎堆放、分批验收等。整个冷拉操作过程并不复杂，关键是如何保证冷拉参数。
钢筋的冷拉参数有冷拉应力(钢筋单位面积上的拉力)和冷拉率(钢筋冷拉伸长值和钢筋冷拉前长度的百分率)。不同种类钢筋的冷拉参数见表 1－145。
(3)冷拉方法。冷拉方法按控制冷拉参数的不同，可分为只控制钢筋冷拉率的单控法和既要控制钢筋冷拉率，又要控制钢筋拉应力的双控法。
①单控法。控制冷拉率是通过试验方法确定的，因此在每一批钢筋冷拉前要首先确定这批钢筋的冷拉率不应超过表 1－145 所规定的范围。如果试验得出的冷拉率比冷拉参数中允许的最低值小，冷拉率就可以采用最低值。HPB235 级钢筋冷拉率一般不做试验，选用 8%的冷拉率即可。钢筋冷拉并卸去夹点后，由于弹性作用会发生一定的回缩，钢筋强度等级高的回缩率大，一般为 0.3%～0.4%。如果是多根钢筋焊接而成的，还应抽查测定各段钢筋的冷拉率。
②双控法。它是以掌握冷拉应力为主，冷拉率作为控制的方法。由于钢筋不均质情况的存在，同一批钢筋经冷拉后，要求达到一定强度的屈服标准，保证其冷拉质量，其强度比单控法要高出 7%左右，因此预应力钢筋应尽可能采用双控法进行冷拉。如果是多根钢筋焊接而成，也应抽查每根钢筋的分段冷拉率不应大于表 1－145 的规定。
(4)钢筋冷拉机的技术性能。卷扬机式见表 1－146，液压式见表 1－147</td></tr>
<tr><td>钢筋冷拉机的构造和工作原理</td><td>(1)卷扬机式钢筋冷拉机。
①构造。如图 1－9 所示，它主要由电动卷扬机、滑轮组、地锚、导向滑轮、夹具和测力机构等组成。主机采用慢速卷扬机，冷拉粗钢筋时选用 JM5 型；冷拉细钢筋时选用 JM3 型。为提高卷扬机牵引力，降低冷拉速度，以适应冷拉作业需要，常配装多轮滑轮组。如 JM5 型卷扬机配装六轮滑轮组后，其牵引力由 50 kN 提高到 600 kN，绳速由 9.2 m/ min 降低到0.76 m/min。
②工作原理。由于卷筒上钢丝绳是正、反向穿绕在两副动滑轮组上，因此，当卷扬机旋转时，夹持钢筋的一组动滑轮被拉向卷扬机，使钢筋被拉伸；而另一组动滑轮则被拉向导向滑轮，为下一次冷拉时交替使用。钢筋所受的拉力经传力杆、活动横梁传给测力装置，从而测出拉力的大小。拉伸长度可通过标尺测出或用行程开关来控制。
(2)阻力轮式钢筋冷拉机。
①构造。如图 1－10 所示，由阻力轮、绞轮、变速器、调节槽和支承架等构成。</td></tr>
</table>

续上表

项目		内容
钢筋冷拉机	钢筋冷拉机的构造和工作原理	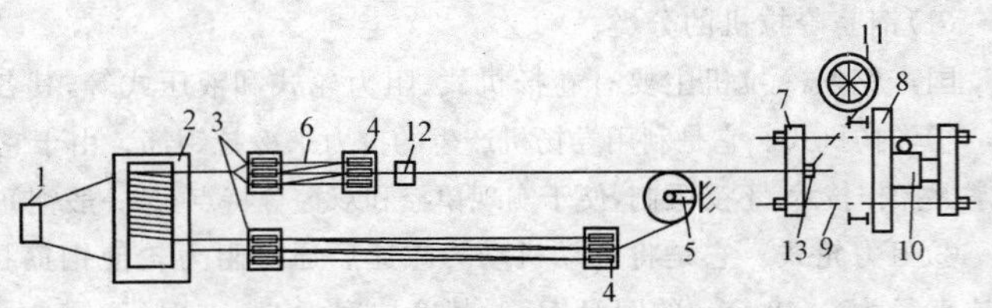 图 1－9 卷扬机式钢筋冷拉机结构示意图 1—地锚；2—卷扬机；3—定滑轮组；4—动滑轮组；5—导向滑轮；6—钢丝绳；7—活动横梁；8—固定横梁；9—传力杆；10—测力器；11—放盘架；12—前夹具；13—后夹具 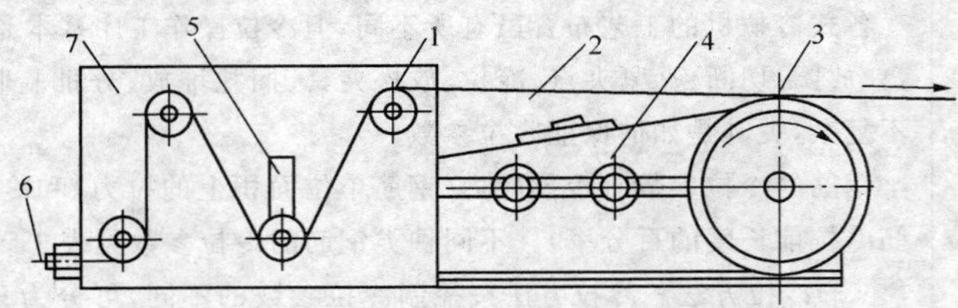 图 1－10 阻力轮式钢筋冷拉机结构示意图 1—阻力轮；2—钢筋；3—绞轮；4—变速箱；5—调节槽；6—钢筋；7—支承架 ②工作原理。电动机产生的动力经变速器使绞轮以 40 m/min 的速度旋转，强力使钢筋通过四个不在一条直线上的阻力轮，使钢筋拉长。其中一个阻力轮的高度可调节，以便改变阻力大小，控制冷拉率。 (3)液压式钢筋冷拉机。 ①构造。如图 1－11 所示，其结构和预应力液压拉伸机相同，只是其活塞行程较大，一般大于 600 mm。 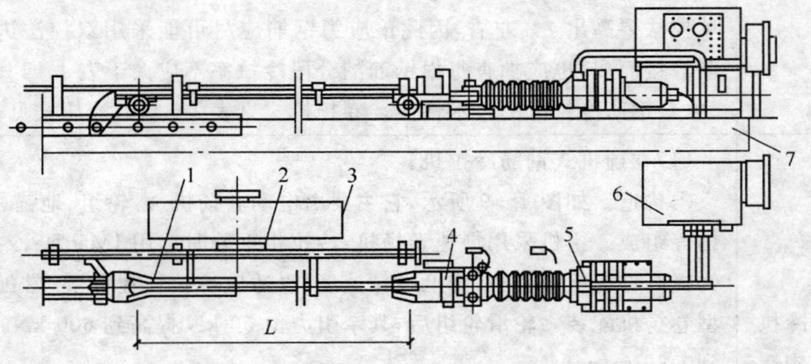 图 1－11 液压式钢筋冷拉机结构示意图 1—尾端挂钩夹具；2—翻料架；3—装料小车；4—前端夹具；5—液压张拉缸；6—泵阀控制器；7—混凝土基座 ②工作原理。它由两台电动机分别带动高、低压力油泵，输出高、低压力油经由油管、液压控制阀，进入液压张拉缸，完成张拉钢筋和回程动作。 (4)测力装置。

续上表

项目		内容
钢筋冷拉机	钢筋冷拉机的构造和工作原理	测力装置用于双控法中对冷拉应力的测定，以保证钢筋的冷拉质量，常用的有千斤顶测力计和弹簧测力计等。 ①千斤顶测力计。千斤顶测力计安装在冷拉作业线的末端如图1－12所示。 钢筋冷拉力通过活动横梁给千斤顶活塞一个作用力、活塞把力均布地传给密闭油缸内的液压油，液压油将每平方厘米上受到的力，反应到压力表上，这就是冷拉力在压力表上的读数。其计算公式为： 拉力＝压力表读数×活塞底面积 实际使用中，应将千斤顶测力计和压力表进行校验，换算出压力表读数和拉力的对照表。 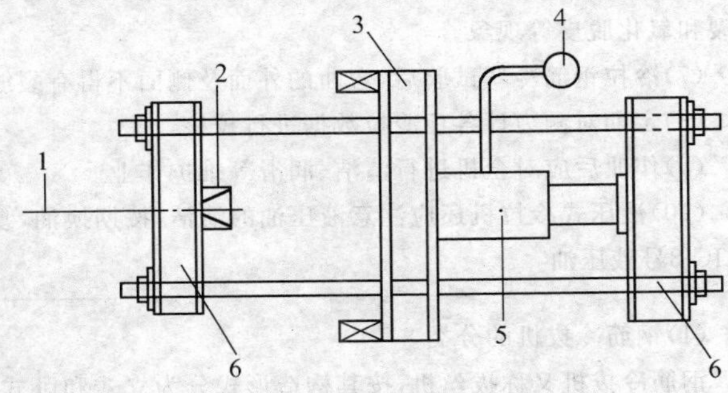 图1－12　千斤顶测力计安装示意图 1—钢筋；2—夹具；3—固定横梁；4—压力表；5—千斤顶；6—活动横梁 ②弹簧测力计。它是以弹簧的压缩量来换算成钢筋的冷拉力的，并通过测力计表盘来放大测力的数值，也可以利用弹簧的压缩行程来安装钢筋冷拉自动控制装置。其构造如图1－13所示。 弹簧测力计的拉力和压缩量的关系，要预先反复测定后，列出对照表，并定期校核 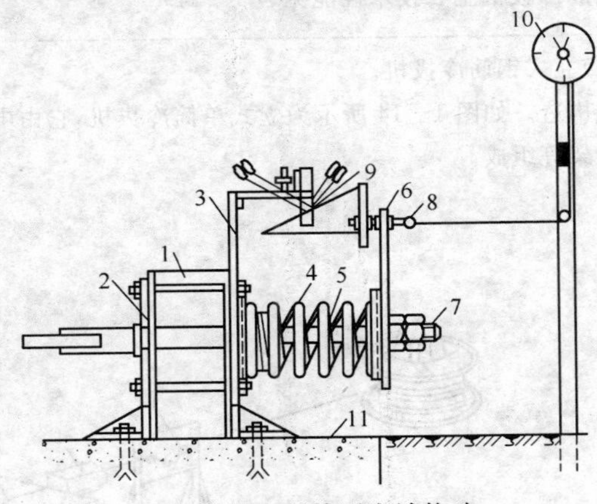 图1－13　弹簧测力计构造 1—工字钢机架；2—铁板；3—弹簧挡板；4—大压缩弹簧；5—小压缩弹簧；6—弹簧后挡板；7—弹簧拉杆；8—活动螺钉；9—自动控制水银开关；10—弹簧压缩指针表；11—混凝土基础
	钢筋冷拉机的使用要点	(1)进行钢筋冷拉作业前，应先检查冷拉设备的能力与钢筋的力学性能是否相适应，防止超载。

续上表

<table>
<tr><th colspan="2">项目</th><th>内　　容</th></tr>
<tr><td rowspan="2">钢筋冷拉机</td><td>钢筋冷拉机的使用要点</td><td>(2)对于冷拉设备和机具及电器装置等，在每班作业前要认真检查，并对各润滑部位加注润滑油。
(3)成束钢筋冷拉时，各根钢筋的下料长度应一致，其互差不可超过钢筋长度的 0.1%，并不可大于 20 mm。
(4)冷拉钢筋时，如焊接接头被拉断，可重焊再拉，但重焊部位不可超过两次。
(5)低于室温冷拉钢筋时可适当提高冷拉力。用伸长率控制的装置，必须装有明显的限位装置。
(6)外观检查冷拉钢筋时，其表面不应发生裂纹和局部缩颈；不得有沟痕、鳞落、砂孔、断裂和氧化脱皮等现象。
(7)冷拉钢筋冷弯试验后，弯曲的外面及侧面不得有裂缝或起层。
(8)定期对测力计各项冷拉数据进行校核。
(9)作业后应对全机进行清洁、润滑等维护作业。
(10)液压式冷拉机还应注意液压油的清洁，按期换油，夏季用 HC-11 号液压油，冬期用 HC-8号液压油</td></tr>
<tr><td>钢筋冷拔机技术性能</td><td>(1)钢筋冷拔机的分类。
钢筋冷拔机又称拔丝机，按其构造形式分为立式和卧式两种。立式按其作业性能可分为单次式(1/750 型)、直线式(4/650 型)、滑轮式(4/550 型、D5C 型)等；卧式构造简单，多用于施工现场冷拔钢丝，按其结构可分为单卷筒式和双卷筒式两种，后者效率较高。
(2)钢筋冷拔机的基本参数。
冷拔机的主参数为钢筋最大进料直径，其基本参数见表 1－148。
(3)钢筋冷拔机的技术性能。
钢筋冷拔机主要技术性能见表 1－149</td></tr>
<tr><td>钢筋冷拔机</td><td>钢筋冷拔机的构造和工作原理</td><td>(1)立式钢筋冷拔机。
①构造。如图 1－14 所示为立式单筒冷拔机，它由电动机、支架、拔丝模、卷筒、阻力轮、盘料架等组成。 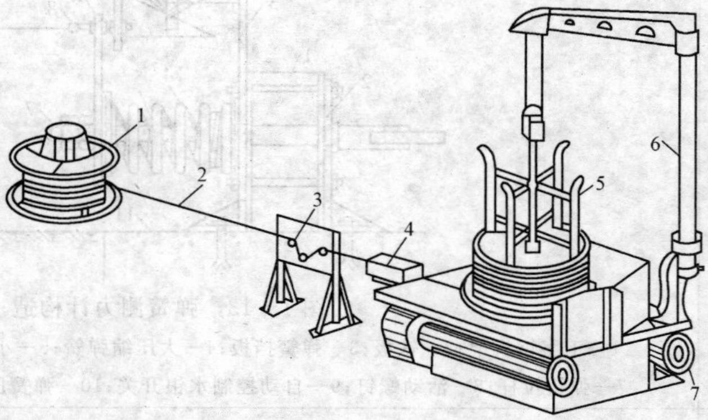

图 1－14　立式单筒冷拔机构造示意图
1—盘料架；2—钢筋；3—阻力轮；4—拔丝模；5—卷筒；6—支架；7—电动机</td></tr>
</table>

续上表

<table>
<tr><th colspan="2">项目</th><th>内容</th></tr>
<tr><td>钢筋冷拔机</td><td>钢筋冷拔机的构造和工作原理</td><td>②工作原理。电动机动力通过涡轮、蜗杆减速后，驱动立轴旋转，使安装在立轴上的拔丝筒一起转动，卷绕着强行通过拔丝模的钢筋，完成冷拔工序。当卷筒上面缠绕的冷拔钢筋达到一定数量后，可用冷拔机上的辅助吊具将成卷钢筋卸下，再使卷筒继续进行冷拔作业。

③拔丝模。它是冷拔机的重要部件，其构造及规格直接影响钢筋冷拔的质量。拔丝模一般用白口铁和硬质合金组装而成。按其拔丝过程的作用不同，可将其划分四个工作区域，如图1－15所示。 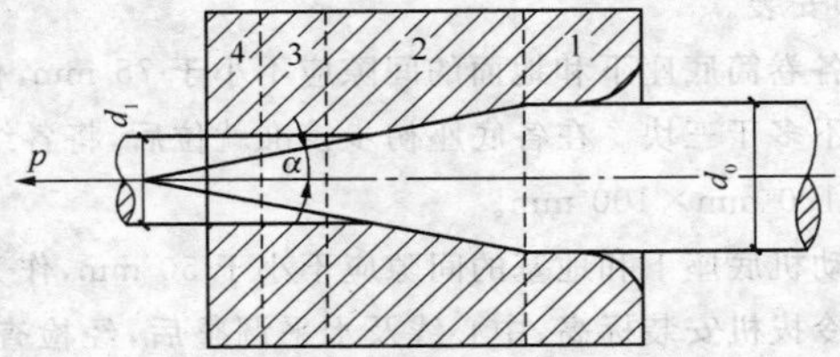

图1－15　拔丝模构造示意图
1—进口区；2—挤压区；3—定径区；4—出口区

a. 进口区。呈喇叭口形，便于被拉钢筋引入。
b. 挤压区。它是拔丝模的工作区域，被拔的粗钢筋拉过此区域时，被强力拉拔和挤压而变细。挤压区的角度为14°～18°。拔制 $\phi4$ 的钢筋为14°，拔制 $\phi5$ 的钢筋为16°；拔制大于 $\phi5$ 的钢筋为18°。
c. 定径区。又称圆柱形挤压区，它使钢筋保持一定的截面，其轴向长度约为所拔钢丝直径的1/2。
d. 出口区。拔制成一定直径的钢丝从此区域引出，卷绕在卷筒上。
拔丝模的选用是根据被拉钢筋的直径和其可塑性而定的。拔丝模的主要尺寸是其内径和模孔角度的大小，钢筋可塑性大的可多缩些(0.5～1 mm)，可塑性小的可少缩些(0.2～0.5 mm)，否则钢筋易被拉断。为减少钢筋和模孔的摩擦，防止金属粘附在模孔上，保证钢筋冷拔丝表面质量，降低钢筋冷拔时产生的摩擦热量，延长拔丝模寿命，必须加入适量的润滑剂进行润滑。

(2)卧式钢筋冷拔机。

①构造。卧式钢筋冷拔机的卷筒是水平设置的，有单筒、双筒之分，常用的为双筒，其构造如图1－16所示。 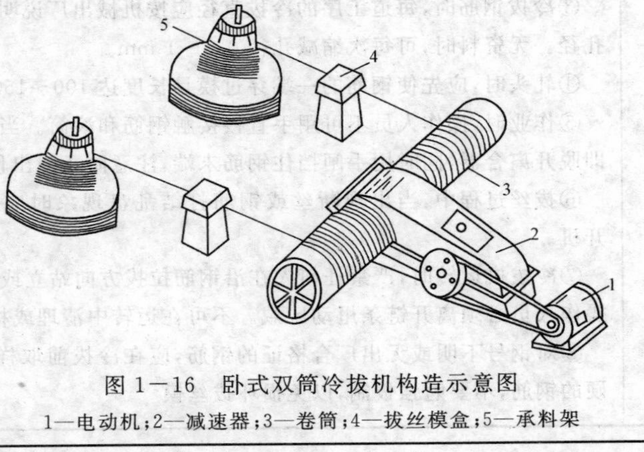

图1－16　卧式双筒冷拔机构造示意图
1—电动机；2—减速器；3—卷筒；4—拔丝模盒；5—承料架</td></tr>
</table>

续上表

项目		内容
钢筋冷拔机	钢筋冷拔机的构造和工作原理	②工作原理。电动机经减速器减速后驱动左右卷筒以 20 r/min 的转速旋转，卷筒的缠绕强力使钢筋通过拔丝模完成拉拔工序，并将冷拔塑细后的钢筋缠绕在卷筒上，达到一定数量后卸下，使卷筒继续冷拔作业
	钢筋冷拔机使用要点	(1)安装。 ①各卷筒底座下和地面的间隙应不小于 75 mm，作为两次灌浆的填充层底座下的垫铁每组不多于三块。在各底座初步校准就位后，将各组垫铁点焊连接，垫铁的平面面积应不小于 100 mm×100 mm。 电动机底座下和地基的间隙应不小于 50 mm，作为两次灌浆填充层。 ②冷拔机安装标高、中心线及水平调整后，经检查合格，应在 48 h 内进行两次灌浆，以保证安装精度不发生变化。 ③各卷筒的横向误差不应大于 1 mm。 ④所有地脚螺栓必须均匀旋紧。 ⑤冷拔机的电气设备接地装置应安全可靠，电动机动力线的敷设不可走明线。 (2)试运转。 ①试运转开始前，启动润滑油泵，观察并调节各润滑点使其无缺油现象，系统中无漏油，回油管路必须畅通。 ②启动通风机，观察风道是否畅通，风量是否合适。 ③调节冷却水量，观察经卷筒及拔丝模盒的冷却水是否畅通。 ④试运转中如有运转不平稳和温度过高等现象，必须检查并排除故障后，方可再次启动。 (3)使用、操作要点。 ①冷拔机应有两人操作，密切配合。使用前，要检查机械各传动部分、电气系统、模具、卡具及保护装置等，确认正常后，方可作业。 ②开机前，应检查拔丝模的规格是否符合规定，在拔丝模盒中加入适量的润滑剂，并在作业中视情况随时添加，在钢筋头通过拔丝模以前也应抹少量润滑剂。 ③冷拔钢筋时，每道工序的冷拔直径应按机械出厂说明书规定进行，不可超量缩减模具孔径。无资料时，可每次缩减孔径 0.5～1 mm。 ④轧头时，应先使钢筋的一端穿过模具长度达 100～150 mm，再用夹具夹牢。 ⑤作业时，操作人员不可用手直接接触钢筋和滚筒。当钢筋的末端通过拔丝模后，应立即脱开离合器，同时用手闸挡住钢筋末端，注意防止弹出伤人。 ⑥拔丝过程中，当出现断丝或钢筋打结乱盘现象时应立即停机；待处理完毕后，方可开机。 ⑦冷拔机运转时，严禁任何人在沿钢筋拉拔方向站立或停留。冷拔卷筒用链条挂料时，操作人员必须离开链条甩动区域。不可在运转中清理或检查机械。 ⑧对钢号不明或无出厂合格证的钢筋，应在冷拔前取样检验。遇到扁圆的、带刺的、太硬的钢筋，不要勉强拔制，以免损坏拔丝模

续上表

<table>
<tr><th colspan="2">项目</th><th>内　容</th></tr>
<tr><td rowspan="2">钢筋冷轧扭机</td><td>作用</td><td>冷轧扭加工不仅能大幅度提高钢筋强度，而且使钢筋具有连续不断的螺旋曲面，在钢筋混凝土中能产生较强的机械绞合力和反向应力，提高钢筋和混凝土的黏结力，提高构件的强度和刚度，从而达到节约钢材和水泥的目的</td></tr>
<tr><td>钢筋冷轧扭机的构造及工作原理</td><td>(1)冷轧扭机的构造。
冷轧扭机是用于冷轧扭钢筋的专用设备，它是由放盘架、调直机构、冷轧机构、冷却润滑装置、定尺切断机构、下料架以及电动机、变速器等组成的，如图1－17所示。
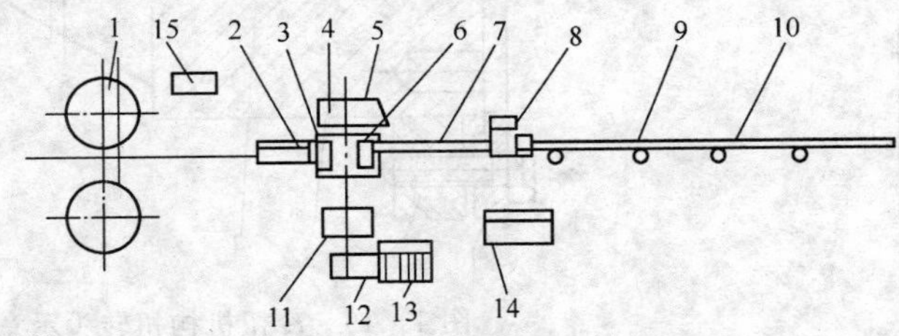

图1－17　钢筋冷轧扭机构造
1—放盘架；2—调直机构；3、7—导向架；4—冷轧机构；5—冷却润滑装置；6—冷扭机构；8—定尺切断机构；9—下料架；10—定位开关；11、12—变速器；13—电动机；14—操作控制台；15—对焊机
冷轧机构是由机架、轧辊、螺母、轴向压板、调整螺栓等组成的，如图1－18所示。扭转头的作用是把轧扁的钢筋扭成连续的螺旋状钢筋，它是由支承架、转盘、压盖、扭转辊、中心套、支承嘴等组成的，其构造如图1－19所示。
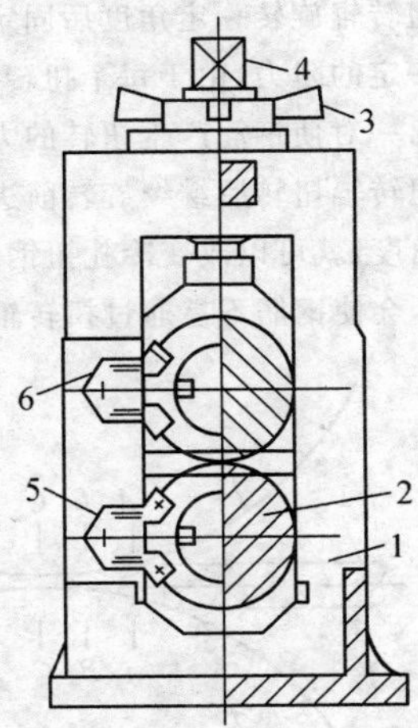

图1－18　冷轧机构示意图
1—机架；2—轧辊；3—螺母；4—压下螺钉；5—轴向压板；6—调整螺栓</td></tr>
</table>

续上表

项目		内　　容
钢筋冷轧扭机	钢筋冷轧扭机的构造及工作原理	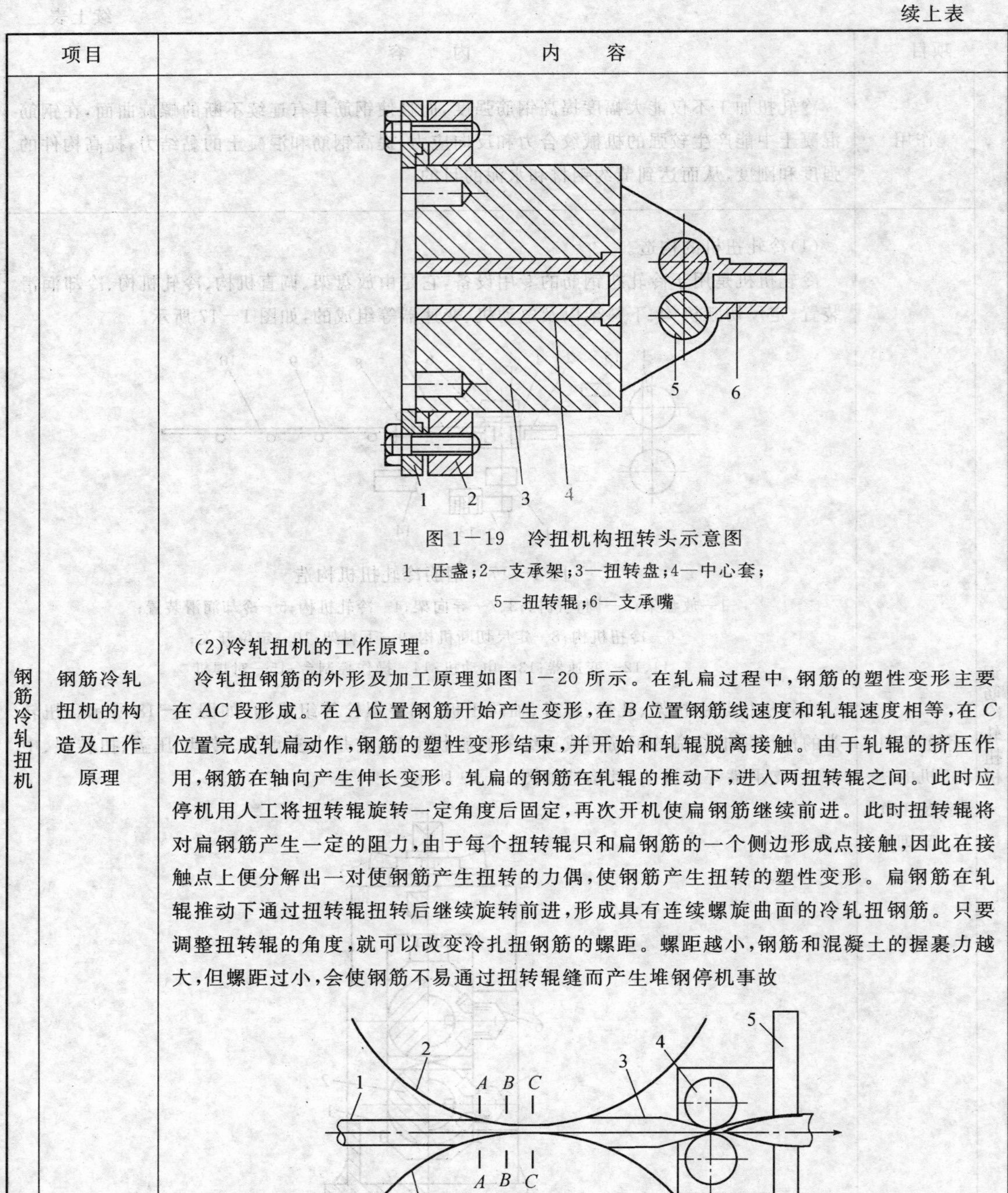 图 1－19　冷扭机构扭转头示意图 1—压盏；2—支承架；3—扭转盘；4—中心套； 5—扭转辊；6—支承嘴 (2)冷轧扭机的工作原理。 冷轧扭钢筋的外形及加工原理如图 1－20 所示。在轧扁过程中，钢筋的塑性变形主要在 AC 段形成。在 A 位置钢筋开始产生变形，在 B 位置钢筋线速度和轧辊速度相等，在 C 位置完成轧扁动作，钢筋的塑性变形结束，并开始和轧辊脱离接触。由于轧辊的挤压作用，钢筋在轴向产生伸长变形。轧扁的钢筋在轧辊的推动下，进入两扭转辊之间。此时应停机用人工将扭转辊旋转一定角度后固定，再次开机使扁钢筋继续前进。此时扭转辊将对扁钢筋产生一定的阻力，由于每个扭转辊只和扁钢筋的一个侧边形成点接触，因此在接触点上便分解出一对使钢筋产生扭转的力偶，使钢筋产生扭转的塑性变形。扁钢筋在轧辊推动下通过扭转辊扭转后继续旋转前进，形成具有连续螺旋曲面的冷轧扭钢筋。只要调整扭转辊的角度，就可以改变冷扎扭钢筋的螺距。螺距越小，钢筋和混凝土的握裹力越大，但螺距过小，会使钢筋不易通过扭转辊缝而产生堆钢停机事故 图 1－20　冷轧扭钢筋加工原理示意图 1—圆钢筋；2—轧辊；3—冷轧扭钢筋； 4—扭转辊；5—扭转盘

续上表

<table>
<tr><th colspan="2">项目</th><th>内 容</th></tr>
<tr><td>钢筋冷轧扭机</td><td>钢筋冷轧扭机的使用要点</td><td>(1)使用前要检查冷轧扭生产线所有设备的联动情况,并充分润滑各运动件,经空载试运转确认正常后,方可投入使用。
(2)在控制台上的操作人员必须精神集中,发现钢筋出现乱盘或打结时要立即停机,待处理完毕后,方可开机。
(3)在轧扭过程中如有失稳堆钢现象发生,应立即停机,以免损坏轧辊。
(4)运转过程中任何人不得靠近旋转部件。机器周围不可乱堆异物,以防意外。
(5)作业后,应堆放好成品,清理场地,清除各部杂物,切断电源。
(6)定期检查变速器油量,不足时添加,油质不良时更换</td></tr>
<tr><td rowspan="4">冷轧带肋钢筋成形机</td><td>分类</td><td>冷轧机按驱动方式可分为主动式和被动式两种</td></tr>
<tr><td>冷轧机的基本参数</td><td>冷轧机主参数为冷轧带肋钢筋的最大成品直径,其基本参数见表1—150</td></tr>
<tr><td>冷轧机的构造及工作原理</td><td>冷轧机是通过三个互成120°带有孔槽的辊片组成的轧辊组来完成减径或成形的。轧辊组有前后两套,其辊片交错60°,从而实现两道次变形。转动冷轧机的左右侧轴,经涡轮、蜗杆机构传动,使三个辊片收缩或张开。线材通过前轧辊组出口处时断面为略带圆角的三角形,再经后轧辊组轧制后,恢复到已缩成圆形的断面或带肋钢筋。辊片可以单独或三只成组用电动或手动调整</td></tr>
<tr><td>冷轧带肋钢筋成形机的使用要点</td><td>(1)生产线的使用。
①在运行过程中,应防止钢筋打结乱线,如发生打结乱线,应立即停机处理。
②经常检查导向、除锈及应力消除辊等受钢筋摩擦处的磨损情况,适时修复或更换。
③定期对各润滑部位进行清洁,并加注润滑剂,保持润滑剂、冷却液的充足。
④定期检查传动系统的磨损情况,适时修复或更换。
⑤开机前应检查生产线各设备的联动情况,通过试运转,确认正常后方可作业。
(2)冷轧机的使用。
①冷轧机工作前应先供给冷却液、润滑液。
②调节轧辊组时,严禁辊片之间接触、顶撞,辊片之间应有一定间隙。
③更换辊片时,应检查轴承是否良好,内套有无松动,并调整轴承间隙,加注润滑脂。
④经常检查轧辊组,不使其有松动。
⑤更换辊片时,应将两组轧辊头分离一定距离,并在每组辊片之间有一定间隙后才可装取轧辊组。
⑥更换辊片或轴承后,必须重新调整孔形。
⑦每次更换辊片前,应在底座、导轨上和齿轮、齿条上涂稀油,并清洗机架及清除轧辊组进出孔内的铁屑等杂物。
⑧根据钢筋外形尺寸来决定换辊。
⑨每半年给减速器内涡轮副涂以润滑脂</td></tr>
</table>

表 1－145 各类钢筋冷拉参数

项次	钢筋种类	双控		单控
		冷拉应力(MPa)	冷拉率(%)	冷拉率(%)
1	HPB235	—	—	≤10.0
2	HRB335	440	≤5.5	3.5～5.5
3	HRB400	520	≤5.0	3.5～5.0
4	RRB400	735	≤4.0	2.5～4.0

表 1－146 卷扬机式钢筋冷拉机主要技术性能

项　目	粗钢筋冷拉	细钢筋冷拉
卷扬机型号规格	JJM-5(5 t 慢速)	JJM-3(3 t 慢速)
滑轮直径及门数	计算确定	计算确定
钢丝绳直径(mm)	24	15.5
卷扬机速度(m/min)	<10	<10
测力器形式	千斤顶式测力器	千斤顶式测力器
冷拉钢筋直径(mm)	12～36	6～12

表 1－147 液压式钢筋冷拉机主要技术性能

项　目		性能参数
冷拉钢筋直径(mm)		12～18
冷拉钢筋长度(mm)		9000
最大拉力(kN)		320
液压缸直径(mm)		220
液压缸行程(mm)		600
液压缸截面积(cm^2)		380
高压油泵	型号	ZBD40
	压力(MPa)	210
	流量(mL/r)	40
	电动机型号	Y 型 6 级
	电动机功率(kW)	7.5
	电动机转速(r/min)	960
冷拉速度(m/s)		0.04～0.05
回程速度(m/s)		0.05
工作压力(MPa)		32

续上表

项　　目		性能参数
台班产量(根/台班)		700～720
油箱容量(L)		400
总重(kg)		1 250
低压油泵	型号	CB-B50
	压力(MPa)	2.5
	流量(L/min)	50
	电动机型号	Y型4级
	电动机功率(kW)	2.2
	电动机转速(r/min)	1 430

表 1－148　钢筋冷拔机基本参数

项　　目	基本参数				
	4.5	6.5	8.0	10.0	12.0
钢筋抗拉强度(MPa)	≤1 200		≤1 100		
拉拔力(kN)	≥10	≥16	≥25	≥40	≥63
卷筒直径(mm)	400	550	650	750	800
	450	600	700	800	900
	500	650	750	—	—

表 1－149　钢筋冷拔机主要技术性能

项　　目		1/750 型	4/650 型	4/550 型
卷筒个数及直径(个/mm)		1/750	4/650	4/550
进料钢材直径(mm)		9	7.1	6.5
成品钢丝直径(mm)		4	3～5	3
钢材抗拉强度(MPa)		1 300	1 450	1 100
成品卷筒的转速(r/min)		30	40～80	60～120
成品卷筒的线速度(m/min)		75	80～160	104～207
卷筒电动机	型号	JR3-250M-8	Z_2-92	ZJTT-W81-A/6
	功率(kW)	40	40	40
	转速(r/min)	750	1 000、2 000	440～1 320

续上表

项 目		1/750 型	4/650 型	4/550 型
通风机	型号	CQ13-J	CQ13-J	CQ11-J
	风量(m^3/ h)	2 800	2 800	1 500
	风压(MPa)	12	12	12
	电动机型号	J02-22-2D_2-T_i	JO2H-22-2	JO2H-12-2
	功率(kW)	2.2	2.2	1.1
	转数(r/min)	2 880	2 900	2 900
冷却水总耗量(m^3/h)		2	4.5	3
润滑油泵	型号		2CY-7.5/25-1	2CY-7.5/25-1
	流量(m^3/h)		7.5	7.5
	电动机型号		JO2-31-4	JO3-132S
	功率(kW)		2.2	7.5
	转数(r/min)		1 430	1 500
外形尺寸	长(mm)	9 550	15 440	14 490
	宽(mm)	3 000	4 150	3 290
	高(mm)	3 700	3 700	3 700
质量(kg)		6 030	20 125	12 085

表 1－150 冷轧机的基本参数

名 称	参数值			
主参数(mm)	6	8	10	12
钢筋抗拉强度(MPa)	≥335			
轧制速度(m/min)	≥60			
生产率(kg/h)	≥700	≥1 200	≥1 750	≥2 800

2.钢筋加工机械设备选用

钢筋加工机械设备见表 1－151。

表 1－151 钢筋加工机械设备

项目		内 容
钢筋切断机	类型	(1)钢筋切断机的分类。 ①按结构形式可分为手持式、立式、卧式、颚剪式四种，其中以卧式为基本型，使用最普遍。 ②按工作原理可分为凸轮式和曲柄式两种。 ③按传动方式可分为机械式和液压式两种。 (2)钢筋切断机的基本参数及技术性能。 钢筋切断机基本参数见表 1－152。机械式钢筋切断机主要技术性能见表 1－153，液压式钢筋切断机主要技术性能见表 1－154

续上表

<table>
<tr><th colspan="2">项目</th><th>内容</th></tr>
<tr><td>钢筋切断机</td><td>构造和工作原理</td><td>1. 卧式钢筋切断机
卧式钢筋切断机属于机械传动，因其结构简单，使用方便，得到广泛采用。
(1)构造。如图 1－21 所示，主要由电动机、传动系统、减速机构、曲轴机构、机体及切断刀等组成。适用于切断 6～40 mm 普通碳素钢筋。 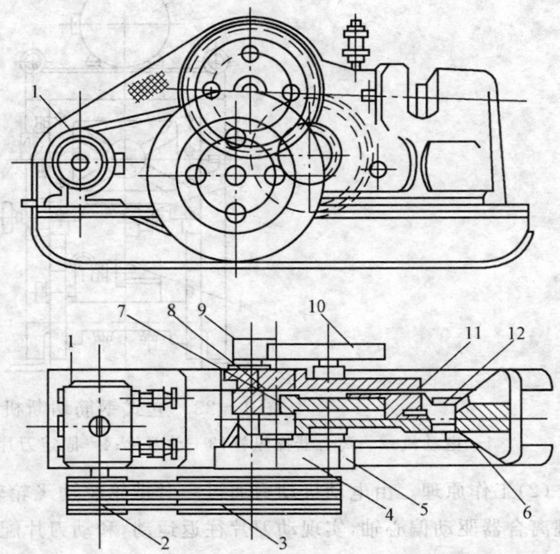
图 1－21 卧式钢筋切断机构造
1—电动机；2、3—V 带；4、5、9、10—减速齿轮；6—固定刀片；7—连杆；8—曲柄轴；11—滑块；12—活动刀片
(2)工作原理。如图 1－22 所示，它由电动机驱动，通过 V 带轮、圆柱齿轮减速带动偏心轴旋转。在偏心轴上装有连杆，连杆带动滑块和动刀片在机座的滑道中作往返运动，并和固定在机座上的定刀片相配合切断钢筋。切断机的刀片选用碳素工具钢并经热处理制成，一般前角度为 3°，后角度为 12°。一般固定刀片和动刀片之间的间隙为 0.5～1 mm。在刀口两侧机座上装有两个挡料架，以减少钢筋的摆动现象。 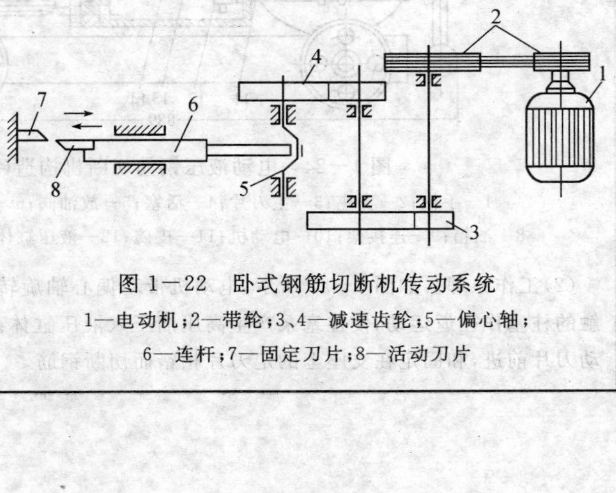
图 1－22 卧式钢筋切断机传动系统
1—电动机；2—带轮；3、4—减速齿轮；5—偏心轴；6—连杆；7—固定刀片；8—活动刀片</td></tr>
</table>

续上表

项目		内　　容
钢筋切断机	构造和工作原理	2. 立式钢筋切断机 (1)构造。立式钢筋切断机用于构件预制厂的钢筋加工生产线上固定使用。其构造如图 1－23 所示。 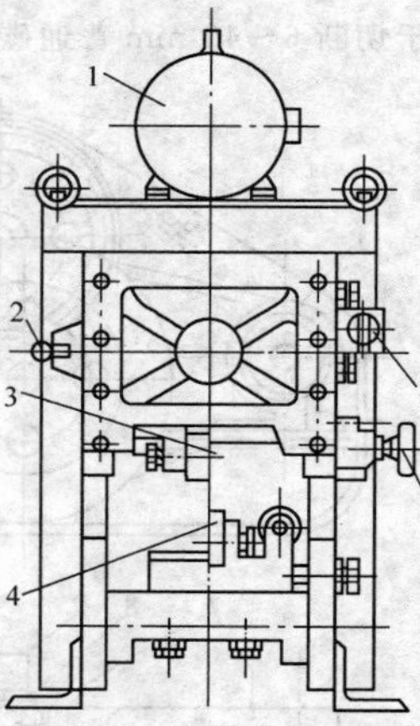 图 1－23　立式钢筋切断机构造 1—电动机；2—离合器操纵杆；3—动刀片；4—固定刀片；5—电气开关；6—压料机构 (2)工作原理。由电动机动力通过一对带轮驱动飞轮轴，经三级齿轮减速后，再通过滑键离合器驱动偏心轴，实现动刀片往返运动，和动刀片配合切断钢筋。离合器是由手柄控制其结合和脱离，操纵动刀片的上下运动的。压料装置是通过手轮旋转，带动一对具有内梯形螺纹的斜齿轮使螺杆上下移动，压紧不同直径的钢筋。 3. 电动液压钢筋切断机 (1)构造。如图 1－24 所示，它主要由电动机，液压传动系统，操纵装置，定、动刀片等组成。 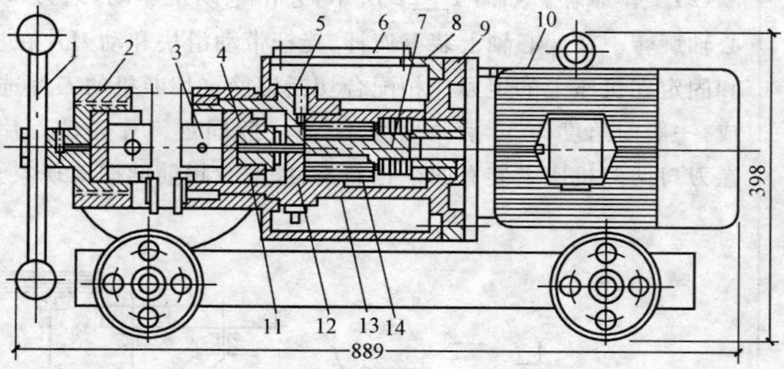 图 1－24　电动液压钢筋切断机构造(单位：mm) 1—手柄；2—支座；3—主刀片；4—活塞；5—放油阀；6—观察玻璃；7—偏心轴；8—油箱；9—连接架；10—电动机；11—皮碗；12—液压缸体；13—液压泵缸；14—柱塞 (2)工作原理。如图 1－25 所示，电动机带动偏心轴旋转，偏心轴的偏心面推动和它接触的柱塞作往返运动，使柱塞泵产生高压油压入液压缸体内，推动液压缸内的活塞，驱使动刀片前进，和固定在支座上的定刀片相错而切断钢筋。

续上表

项目		内　　容
钢筋切断机	构造和工作原理	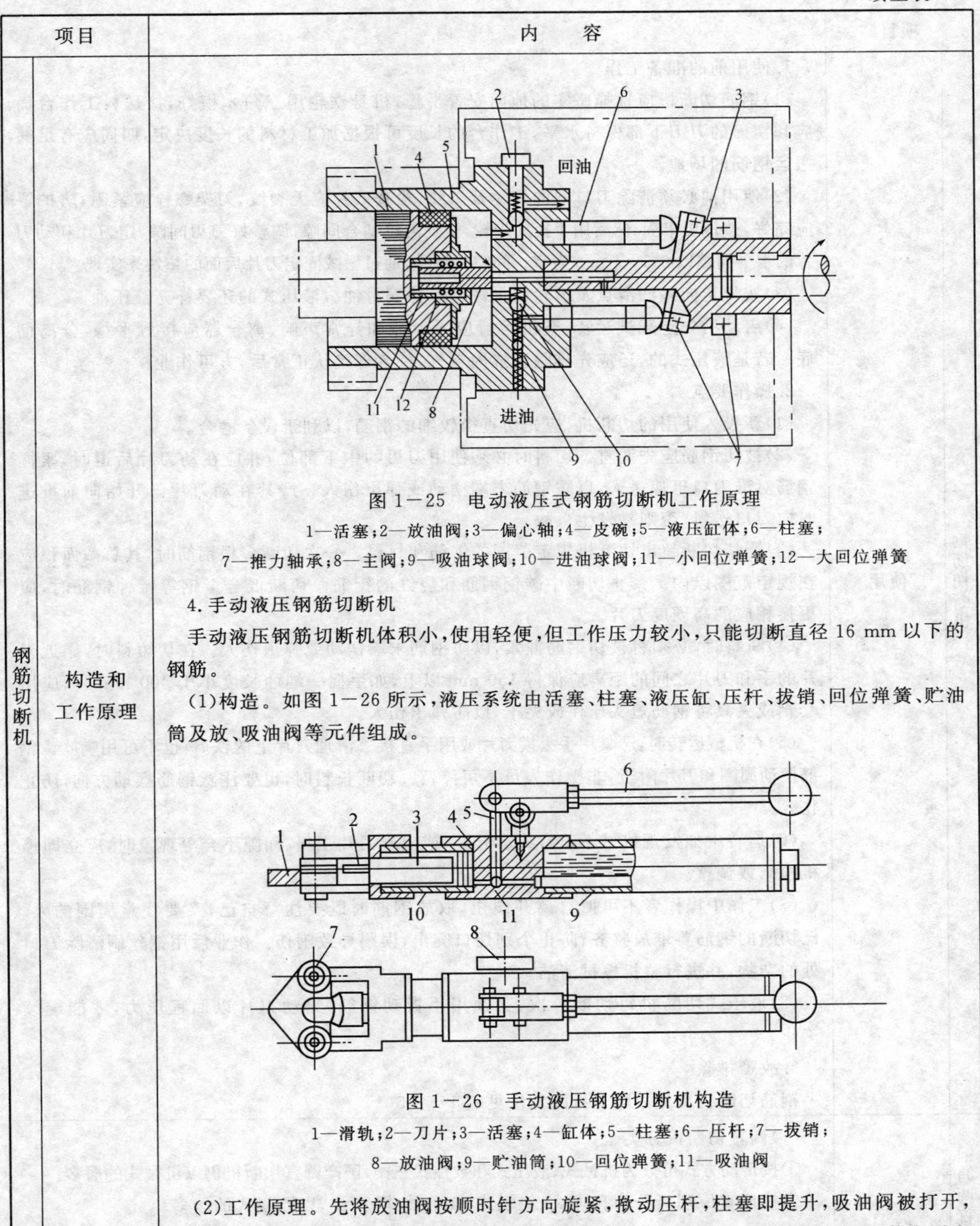 图 1－25　电动液压式钢筋切断机工作原理 1—活塞；2—放油阀；3—偏心轴；4—皮碗；5—液压缸体；6—柱塞；7—推力轴承；8—主阀；9—吸油球阀；10—进油球阀；11—小回位弹簧；12—大回位弹簧 4.手动液压钢筋切断机 手动液压钢筋切断机体积小，使用轻便，但工作压力较小，只能切断直径 16 mm 以下的钢筋。 (1)构造。如图 1－26 所示，液压系统由活塞、柱塞、液压缸、压杆、拔销、回位弹簧、贮油筒及放、吸油阀等元件组成。 图 1－26　手动液压钢筋切断机构造 1—滑轨；2—刀片；3—活塞；4—缸体；5—柱塞；6—压杆；7—拔销；8—放油阀；9—贮油筒；10—回位弹簧；11—吸油阀 (2)工作原理。先将放油阀按顺时针方向旋紧，揿动压杆，柱塞即提升，吸油阀被打开，液压油进入油室；提起压杆、液压油被压缩进入缸体内腔，从而推动活塞前进，安装在活塞前端的动切刀即可断料。断料后立即按逆时针方向旋开放油阀，在复位弹簧的作用下，压力油又流回油室，切刀便自动缩回缸内。如此周而复始，进行切筋

续上表

<table>
<tr><th colspan="2">项目</th><th>内　容</th></tr>
<tr><td rowspan="1">钢筋切断机</td><td>使用</td><td>1. 使用前的准备工作
(1)钢筋切断机应选择坚实的地面安置平稳，机身铁轮用三角木楔好，接送料工作台面应和切刀的刀刃下部保持水平，工作台的长度可根据加工材料的长度决定，四周应有足够搬运钢筋的场地。
(2)使用前必须清除刀口处的铁锈及杂物，检查刀片应无裂纹，刀架螺栓应紧固，防护罩应完好，接地要牢固，然后用手扳动带轮，检查齿轮啮合间隙，调整好刀刃间隙，定刀片和动刀片的水平间隙以 0.5～1 mm 为宜。间隙的调整，通过增减固定刀片后面的垫块来实现。
(3)按规定向各润滑点及齿轮面加注和涂抹润滑油。液压式的还要补充液压油。
(4)启动后先空载试运转，整机运行应无卡滞和异常声响，离合器应接触平稳，分离彻底。若是液压式的，还应先排除油缸内空气，待各部确认正常后，方可作业。
2. 操作要点
(1)新投入使用的切断机，应先切直径较细的钢筋，以利于设备磨合。
(2)被切钢筋应先调直。切料时必须使用刀刃的中下部位，并应在动刀片后退时，紧握钢筋对准刀口迅速送入，以防钢筋末端摆动或弹出伤人。严禁在动刀片已开始向前推进时向刀口送料，否则易发生事故。
(3)严禁切断超出切断机规定范围的钢筋和材料。一次切断多根钢筋时，其总截面积应在规定范围以内。禁止切断中碳钢钢筋和烧红的钢筋。切断低合金钢等特种钢筋时，应更换相应的高硬度刀片。
(4)断料时，必须将被切钢筋握紧，以防钢筋末端摆动或弹出伤人。在切短料时，靠近刀片的手和刀片之间的距离应保持 150 mm 以上，如手握一端的长度小于 400 mm 时，应用套管或夹具将钢筋短头压住或夹牢，以防弹出伤人。
(5)在机械运转时，严禁用手去摸刀片或用手直接去清理刀片上的铁屑，也不可用嘴吹。钢筋摆动周围和刀片附近，非操作人员不可停留。切断长料时，也要注意钢筋摆动方向，防止伤人。
(6)运转中如发现机械不正常或有异响，或出现刀片歪斜、间隙不合等现象时，应立即停机检修或调整。
(7)工作中操作者不可擅自离开岗位，取放钢筋时既要注意自己，又要注意周围的人。已切断的钢筋要堆放整齐，防止个别切口突出，误踢导致割伤。作业后用钢丝刷清除刀口处的杂物，并进行整机擦拭清洁。
(8)液压式切断机每切断一次，必须用手扳动钢筋，给动刀片以回程压力，才能继续工作。
3. 故障排除
钢筋切断机常见故障及排除方法见表 1－155</td></tr>
<tr><td>钢筋调直切断机</td><td>类型</td><td>(1)调直切断机分类。
①按传动方式可分为机械式、液压式和数控式三类，国产调直切断机仍以机械式的居多。
②按调直原理可分为孔模式、斜辊式(双曲线式)两类，以孔模式的居多。
③按切断原理可分为锤击式、轮剪式两类。
(2)调直切断机的技术性能。
调直切断机的主要技术性能见表 1－156</td></tr>
</table>

续上表

项目		内　　容
钢筋调直切断机	构造及工作原理	(1)GT4/8 型钢筋调直切断机。 ①构造。GT4/8 型钢筋调直切断机主要由放盘架、调直筒、传动箱、切断机构、承受架及机座等组成,如图 1－27 所示。 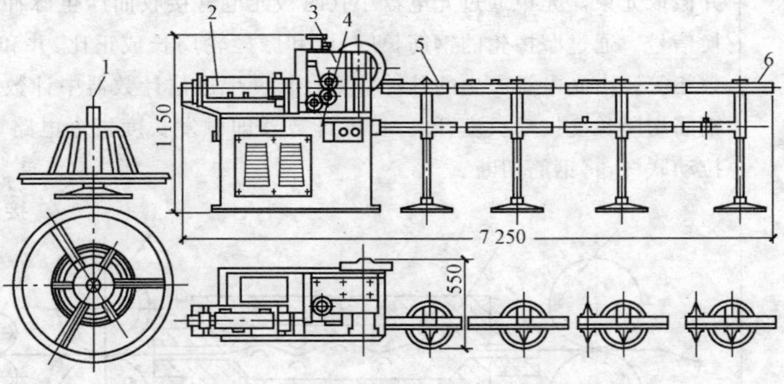 图 1－27　GT4/8 型钢筋调直切断机构造(单位:mm) 1—放盘架;2—调直筒;3—传动箱;4—机座;5—承受架;6—定尺板 ②工作原理。如图 1－28 所示,电动机经 V 带轮驱动调直筒旋转,实现调直钢筋动作。另通过同一电动机上的另一胶带轮传动一对锥齿轮转动偏心轴,再经过两级齿轮减速后带动上辊和下压辊相对旋转,从而实现调直和曳引运动。偏心轴通过双滑块机构,带动锤头上下运动,当上切刀进入锤头下面时即受到锤头敲击,实现切断作业。上切刀依赖拉杆重力作用完成回程。 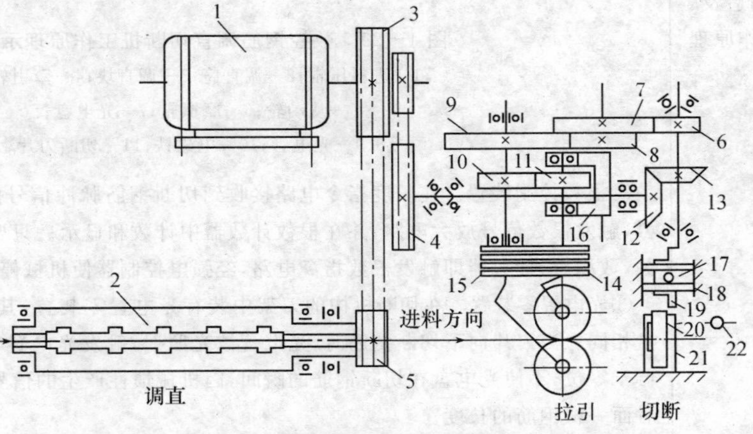 图 1－28　GT4/8 型钢筋调直切断机传动示意图 1—电动机;2—调直筒;3、4、5—胶带轮;6～11—齿轮;12、13—锥齿轮;14、15—上下压辊;16—框架;17、18—双滑块;19—锤头;20—上切刀;21—方刀台;22—拉杆 在工作时,方刀台和承受架上的拉杆相连,拉杆上装有定尺板,当钢筋端部顶到定尺板时,即将方刀台拉到锤头下面,切断钢筋。定尺板在承受的位置,可按切断钢筋所需长度调整。 (2)GTS3/8 型数控钢筋调直切断机。 数控钢筋调直切断机的特点是利用光电脉冲及数字计数原理,在调直机上架装有光电测长、根数控制、光电置零等装置,从而能自动控制切断长度和切断根数以及自动停止运转。其工作原理如图 1－29 所示。

续上表

<table>
<tr><th colspan="2">项目</th><th>内　容</th></tr>
<tr><td>钢筋调直切断机</td><td>构造及工作原理</td><td>

①光电测长装置。如图 1－29 所示，由被动轮、摩擦轮、光电盘及光电管等组成。摩擦轮周长为 100 mm，光电盘等分 100 个小孔。当钢筋由牵引轮通过摩擦轮时，带动光电盘旋转并截取光束。光束通过光电盘小孔时被光电管接收而产生脉冲信号，即钢筋长 1 mm 的转换信号。通过摩擦轮的钢筋长度，应和摩擦轮周长成正比，并和光电管产生的脉冲信号次数相等。由光电管产生的脉冲信号在长度十进位计数器中计数并显示出来。因此，只要按钢筋切断长度拨动长度开关，长度计数器即触发长度指令电路，使强电控制器驱动电磁铁拉动联杆，将钢筋切断。 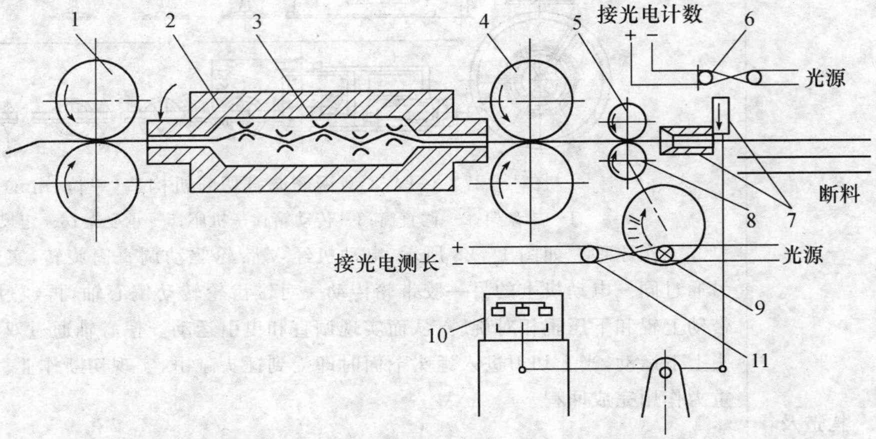

图 1－29　数控钢筋调直切断机工作原理示意图
1—进料压辊；2—调直筒；3—调直块；4—牵引轮；
5—从动轮；6—摩擦轮；7—光电盘；
8、9—光电管；10—电磁铁；11—切断刀片

②根数控制装置。在长度指令电路接收到切断钢筋脉冲信号的同时，发出根数脉冲信号，触发根数信号放大电路，并在根数计数器中计数和显示。只要按所需根数拨动根数开关，数满后，计数器即触发根数指令电路，经强电控制器使机械停止运转。

③光电置零装置。在切断机构的刀架中装有光电置零装置，其通光和截止原理和光电盘相同。当刀片向下切断钢筋时，光电管被光照射，触发光电置零装置电路，置长度计数器于零位，不使光电盘在切断钢筋的瞬间，因机械惯性产生的信号进入长度计数器而影响后面一根钢筋的长度。

此外，当设备发生故障或材料用完时，能自动发出故障电路信号，使机械停止运转。

(3)斜辊式钢筋调直切断机。

斜辊式钢筋调直切断机的特点是调直机构由 5～7 个曲线辊组成，如图 1－30 所示。曲线辊可以调整一定的角度和钢筋曲线保持相适应的斜角，从而使调直筒本身有一定的送料速度。调直筒在高速旋转中，使钢筋在曲线辊的作用下产生反复弯曲，得到塑性变形而达到调直的目的。一般孔模式调直机存在的缺点如：摩擦损耗大，钢筋表面和调直模容易损伤；头部送料困难，尾部常随调直筒转动而得不到调直。采用斜辊代替调直模能克服上述缺点，同时还有送料作用，尤其适用于冷轧带肋钢筋的调直切断

</td></tr>
</table>

续上表

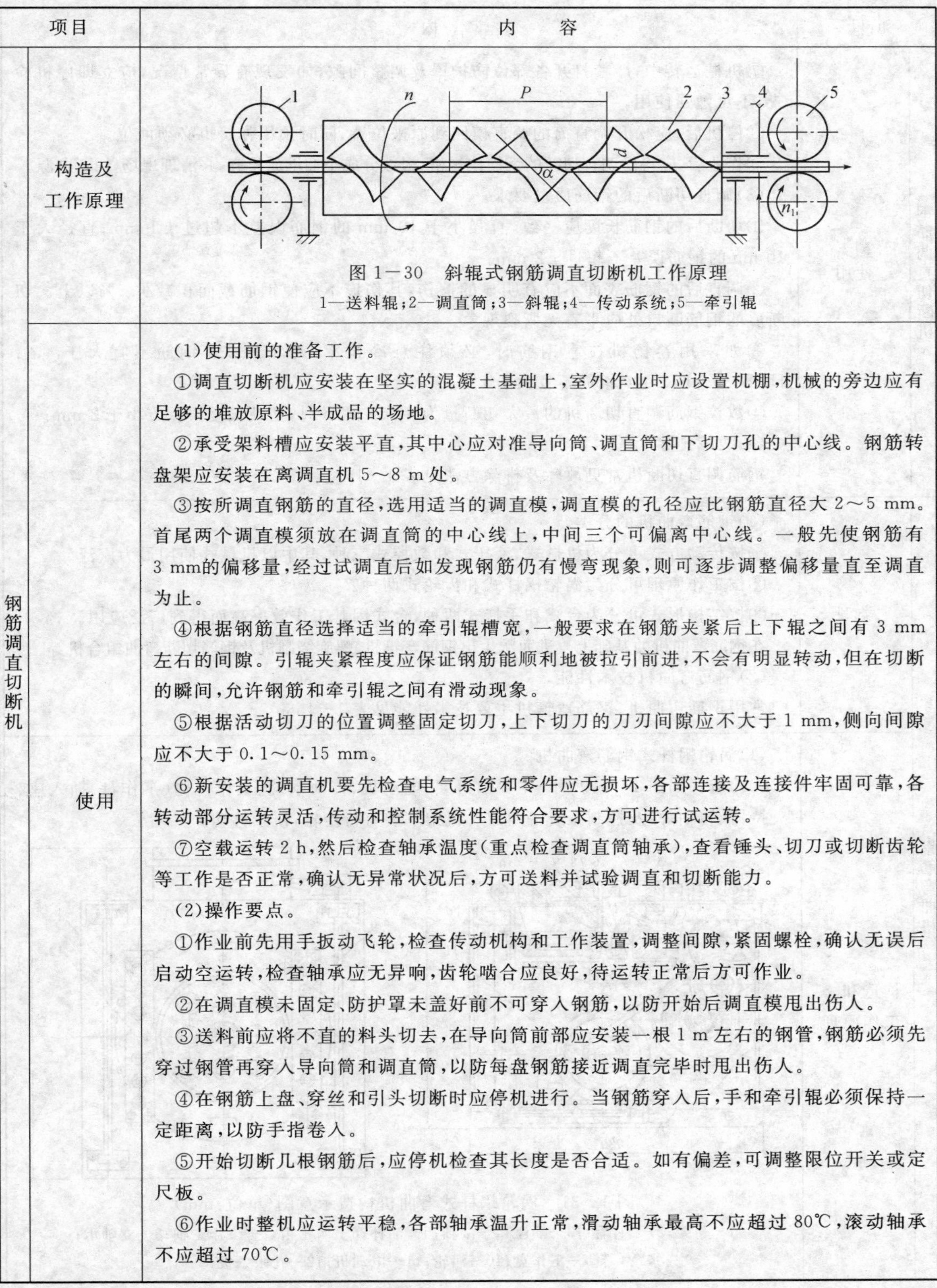

<table>
<tr><th colspan="2">项目</th><th>内　　容</th></tr>
<tr><td rowspan="2">钢筋调直切断机</td><td>构造及工作原理</td><td>图 1－30　斜辊式钢筋调直切断机工作原理
1—送料辊；2—调直筒；3—斜辊；4—传动系统；5—牵引辊</td></tr>
<tr><td>使用</td><td>(1)使用前的准备工作。
①调直切断机应安装在坚实的混凝土基础上，室外作业时应设置机棚，机械的旁边应有足够的堆放原料、半成品的场地。
②承受架料槽应安装平直，其中心应对准导向筒、调直筒和下切刀孔的中心线。钢筋转盘架应安装在离调直机 5～8 m 处。
③按所调直钢筋的直径，选用适当的调直模，调直模的孔径应比钢筋直径大 2～5 mm。首尾两个调直模须放在调直筒的中心线上，中间三个可偏离中心线。一般先使钢筋有 3 mm的偏移量，经过试调直后如发现钢筋仍有慢弯现象，则可逐步调整偏移量直至调直为止。
④根据钢筋直径选择适当的牵引辊槽宽，一般要求在钢筋夹紧后上下辊之间有 3 mm 左右的间隙。引辊夹紧程度应保证钢筋能顺利地被拉引前进，不会有明显转动，但在切断的瞬间，允许钢筋和牵引辊之间有滑动现象。
⑤根据活动切刀的位置调整固定切刀，上下切刀的刀刃间隙应不大于 1 mm，侧向间隙应不大于 0.1～0.15 mm。
⑥新安装的调直机要先检查电气系统和零件应无损坏，各部连接及连接件牢固可靠，各转动部分运转灵活，传动和控制系统性能符合要求，方可进行试运转。
⑦空载运转 2 h，然后检查轴承温度(重点检查调直筒轴承)，查看锤头、切刀或切断齿轮等工作是否正常，确认无异常状况后，方可送料并试验调直和切断能力。
(2)操作要点。
①作业前先用手扳动飞轮，检查传动机构和工作装置，调整间隙，紧固螺栓，确认无误后启动空运转，检查轴承应无异响，齿轮啮合应良好，待运转正常后方可作业。
②在调直模未固定、防护罩未盖好前不可穿入钢筋，以防开始后调直模甩出伤人。
③送料前应将不直的料头切去，在导向筒前部应安装一根 1 m 左右的钢管，钢筋必须先穿过钢管再穿入导向筒和调直筒，以防每盘钢筋接近调直完毕时甩出伤人。
④在钢筋上盘、穿丝和引头切断时应停机进行。当钢筋穿入后，手和牵引辊必须保持一定距离，以防手指卷入。
⑤开始切断几根钢筋后，应停机检查其长度是否合适。如有偏差，可调整限位开关或定尺板。
⑥作业时整机应运转平稳，各部轴承温升正常，滑动轴承最高不应超过 80℃，滚动轴承不应超过 70℃。</td></tr>
</table>

续上表

项目		内　　容
钢筋调直切断机	使用	⑦机械运转中，严禁打开各部位防护罩及调整间隙，如发现有异常情况，应立即停机检查，不可勉强使用。 ⑧停机后，应松开调直筒的调直模回到原来位置，同时预压弹簧也必须回位。 ⑨作业后，应将已调直切断的钢筋按规格、根数分成小捆堆放整齐，并清理现场，切断电源。 (3)调直切断后的钢筋质量要求。 ①切断后的钢筋长度应一致，直径小于 10 mm 的钢筋误差不超过±1 mm；直径大于10 mm的钢筋误差不超过±2 mm。 ②调直后的钢筋表面不应有明显的擦伤，其伤痕不应使钢筋截面积减少 5%以上。切断后的钢筋断口处应平直无撕裂现象。 ③如采用卷扬机拉直钢筋时，必须注意冷拉率，对 HPB235 钢筋不宜大于 4%；HRB335～RRB400 钢筋不宜大于 1%。 ④数控钢筋调直切断机的最大切断量为 4 000 根/h 时，切断长度误差应小于 2 mm。 (4)故障排除。 钢筋调直切断机常见故障及排除方法见表 1－157
钢筋弯曲机	类型	(1)钢筋弯曲机的分类。 ①按传动方式可分为机械式、液压式和数控式三种，其中以机械式使用最为广泛。 ②按工作原理可分为涡轮蜗杆式和齿轮式两种。 ③按结构形式可分为台式和手持式两种，台式因其工作效率高而得到广泛应用。 在钢筋弯曲机的基础上改进而派生出钢筋弯箍机、螺旋绕制机及钢筋切断弯曲组合机等。 (2)钢筋弯曲机技术性能。 常用钢筋弯曲机、钢筋弯箍机主要技术性能见表 1－158
	构造和工作原理	(1)涡轮蜗杆式钢筋弯曲机。 ①构造。如图 1－31 所示，主要由机架、电动机、传动系统、工作机构(工作盘、插入座、夹持器、转轴等)及控制系统等组成。机架下装有行走轮，便于移动。 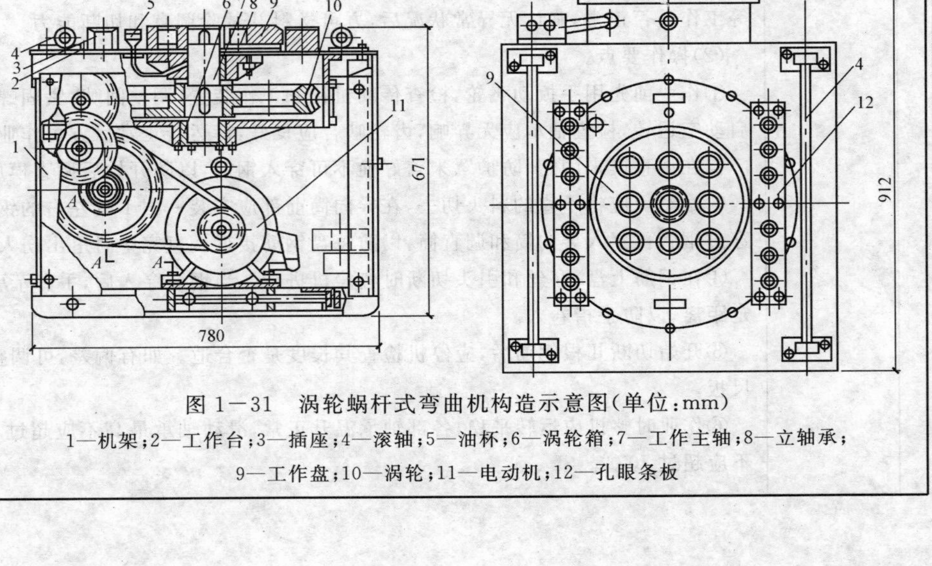 图 1－31　涡轮蜗杆式弯曲机构造示意图(单位：mm) 1—机架；2—工作台；3—插座；4—滚轴；5—油杯；6—涡轮箱；7—工作主轴；8—立轴承；9—工作盘；10—涡轮；11—电动机；12—孔眼条板

续上表

<table>
<tr><th colspan="2">项目</th><th>内　　容</th></tr>
<tr><td>钢筋弯曲机</td><td>构造和工作原理</td><td>②工作原理。电动机动力经V带轮、两对直齿轮及涡轮蜗杆减速后，带动工作盘旋转。工作盘上一般有9个轴孔，中心孔用来插中心轴，周围的8个孔用来插成形轴和轴套。在工作盘外的两侧还有插入座，各有6个孔，用来插入挡铁轴。为了便于移动钢筋，各工作台的两边还设有送料辊。工作时，根据钢筋弯曲形状，将钢筋平放在工作盘中心轴和相应的成形轴之间，挡铁轴的内侧。当工作盘转动时，钢筋一端被挡铁轴阻止不能转动，中心轴位置不变，而成形轴则绕中心轴作圆弧转动，将钢筋推弯，钢筋弯曲过程，如图1—32所示。 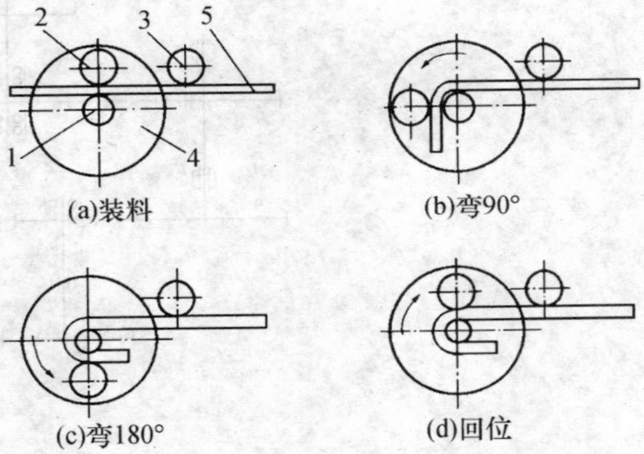

(a)装料　(b)弯90°　(c)弯180°　(d)回位
图1—32　钢筋弯曲过程示意图
1—中心轴；2—成形轴；3—挡铁轴；4—工作盘；5—钢筋

由于规范规定，当做180°弯钩时，钢筋的圆弧弯曲直径应不小于钢筋直径的2.5倍。因此，中心轴也相应地制成16～100 mm共9种不同规格，以适应弯曲不同直径钢筋的需要。
(2)齿轮式钢筋弯曲机。
①构造。如图1—33所示，主要由机架、电动机、齿轮减速器、工作台及电气控制系统等组成。它改变了传统的涡轮蜗杆传动，并增加了角度自动控制机构及制动装置。 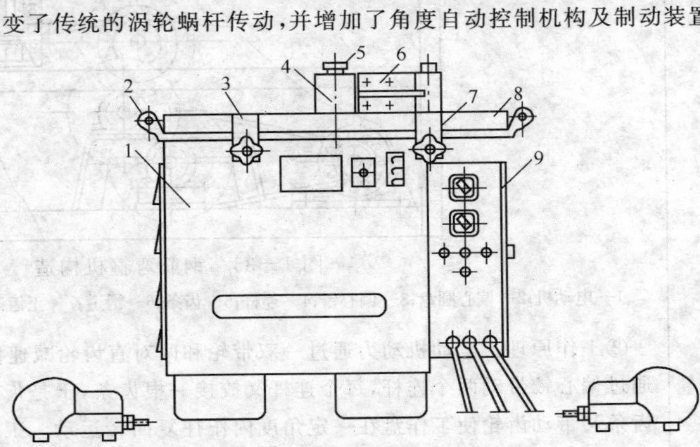

图1—33　齿轮式钢筋弯曲机构造
1—机架；2—滚轴；3、7—紧固手柄；4—转轴；5—调节手轮；6—夹持器；8—工作台；9—控制配电箱</td></tr>
</table>

续上表

项目		内容
钢筋弯曲机	构造和工作原理	②工作原理。如图 1－34 所示，以一台带制动的电动机为动力，带动工作盘旋转。工作机构中左、右两个插入座可通过手轮无级调节，并和不同直径的成形辊及装料装置配合，能适应各种不同规格的钢筋弯曲成形。角度的控制是由角度预选机构和几个长短不一的限位销相互配合而实现的。当钢筋被弯曲到预选角度，限位销触及行程开关，使电动机停机并反转，恢复到原位，完成钢筋弯曲工序。此外，电气控制系统还具有点动、自动状态、双向控制、瞬时制动、事故急停及系统短路保护、电动机过热保护等特点。 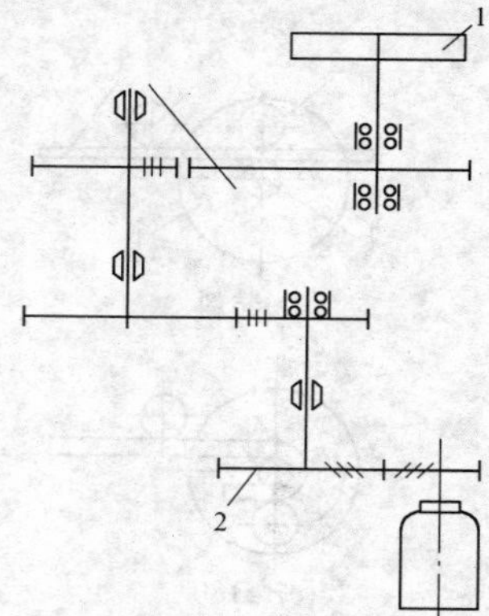 图 1－34　齿轮式钢筋弯曲机传动系统 1—工作盘；2—减速器 (3)钢筋弯箍机。 ①构造。钢筋弯箍机是适合弯制箍筋的专用机械，弯曲角度可任意调节，其构造和弯曲机相似，如图 1－35 所示。 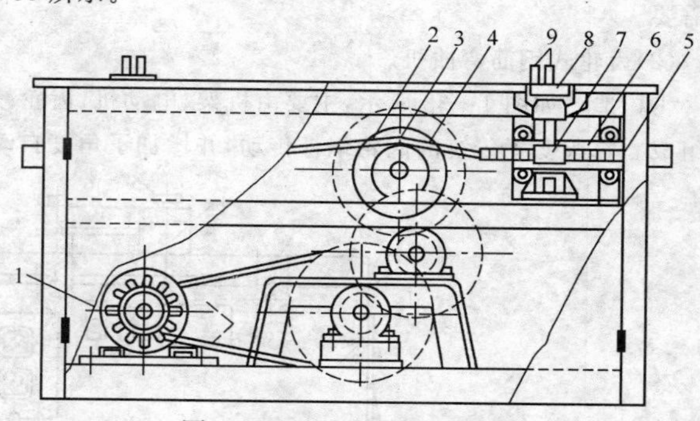 图 1－35　钢筋弯箍机构造 1—电动机；2—偏心圆盘；3—偏心铰；4—连杆；5—齿条；6—滑道；7—正齿条；8—工作盘；9—心轴和成形轴 ②工作原理。电动机动力通过一双带轮和两对直齿轮减速使偏心圆盘转动。偏心圆盘通过偏心铰带动两个连杆，每个连杆又铰接一根齿条，于是齿条沿滑道作往复直线运动。齿条又带动齿轮使工作盘在一定角度内作往复回转运动。工作盘上有两个轴孔，中心孔插中心轴，另一孔插成形轴。当工作盘转动时，中心轴和成形轴都随之转动，和钢筋弯曲机同一原理，能将钢筋弯曲成所需的箍筋。

续上表

项目		内　　容
钢筋弯曲机	构造和工作原理	(4)液压式钢筋切断弯曲机。 这是运用液压技术对钢筋进行切断和弯曲成形的两用机械，自动化程度高，操作方便。 ①构造。主要由液压传动系统、切断机构、弯曲机构、电动机、机体等组成。其结构及工作原理，如图1－36所示。 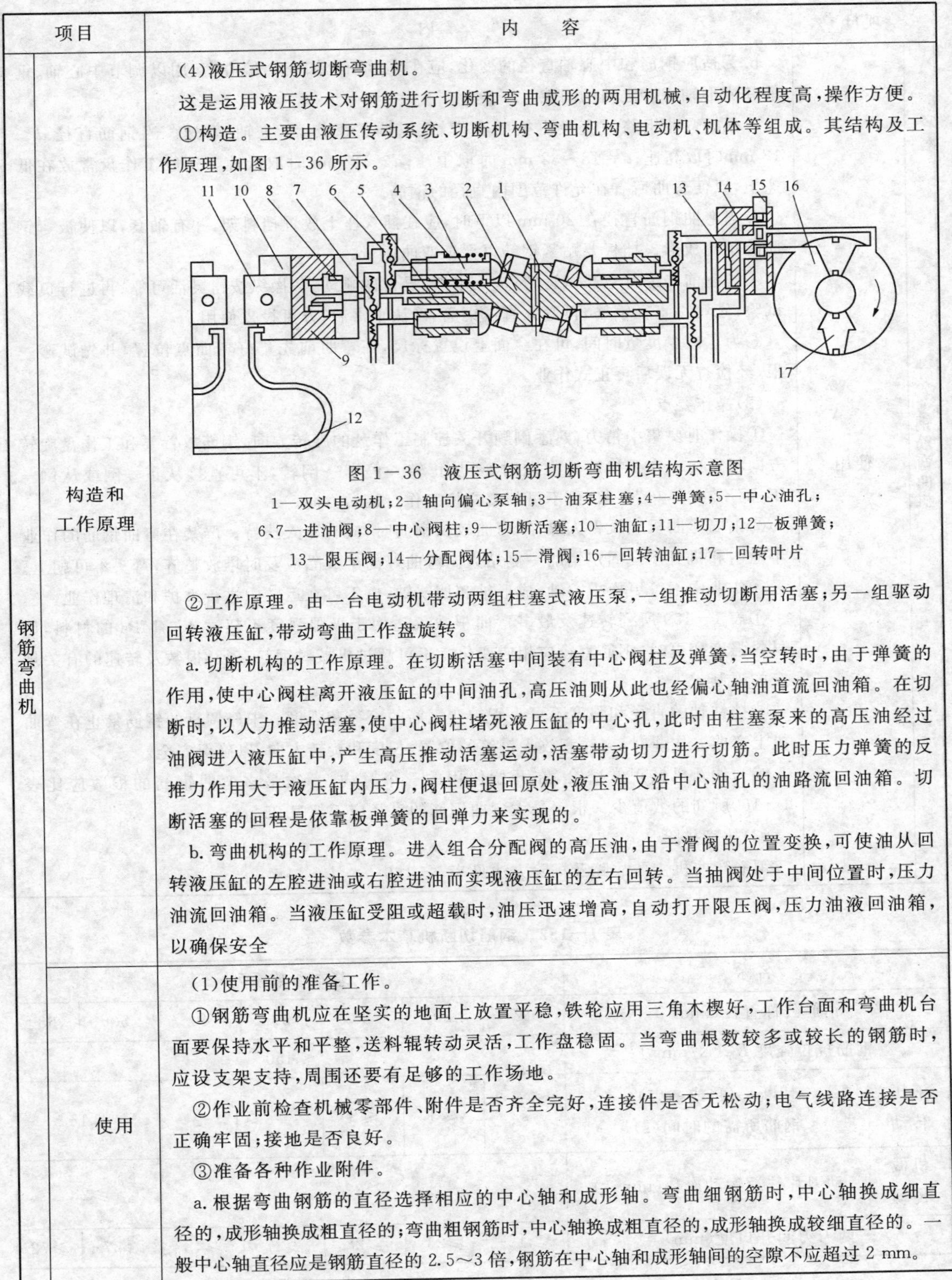 图1－36　液压式钢筋切断弯曲机结构示意图 1—双头电动机；2—轴向偏心泵轴；3—油泵柱塞；4—弹簧；5—中心油孔；6、7—进油阀；8—中心阀柱；9—切断活塞；10—油缸；11—切刀；12—板弹簧；13—限压阀；14—分配阀体；15—滑阀；16—回转油缸；17—回转叶片 ②工作原理。由一台电动机带动两组柱塞式液压泵，一组推动切断用活塞；另一组驱动回转液压缸，带动弯曲工作盘旋转。 a.切断机构的工作原理。在切断活塞中间装有中心阀柱及弹簧，当空转时，由于弹簧的作用，使中心阀柱离开液压缸的中间油孔，高压油则从此也经偏心轴油道流回油箱。在切断时，以人力推动活塞，使中心阀柱堵死液压缸的中心孔，此时由柱塞泵来的高压油经过油阀进入液压缸中，产生高压推动活塞运动，活塞带动切刀进行切筋。此时压力弹簧的反推力作用大于液压缸内压力，阀柱便退回原处，液压油又沿中心油孔的油路流回油箱。切断活塞的回程是依靠板弹簧的回弹力来实现的。 b.弯曲机构的工作原理。进入组合分配阀的高压油，由于滑阀的位置变换，可使油从回转液压缸的左腔进油或右腔进油而实现液压缸的左右回转。当抽阀处于中间位置时，压力油流回油箱。当液压缸受阻或超载时，油压迅速增高，自动打开限压阀，压力油液回油箱，以确保安全
	使用	(1)使用前的准备工作。 ①钢筋弯曲机应在坚实的地面上放置平稳，铁轮应用三角木楔好，工作台面和弯曲机台面要保持水平和平整，送料辊转动灵活，工作盘稳固。当弯曲根数较多或较长的钢筋时，应设支架支持，周围还要有足够的工作场地。 ②作业前检查机械零部件、附件是否齐全完好，连接件是否无松动；电气线路连接是否正确牢固；接地是否良好。 ③准备各种作业附件。 a.根据弯曲钢筋的直径选择相应的中心轴和成形轴。弯曲细钢筋时，中心轴换成细直径的，成形轴换成粗直径的；弯曲粗钢筋时，中心轴换成粗直径的，成形轴换成较细直径的。一般中心轴直径应是钢筋直径的2.5～3倍，钢筋在中心轴和成形轴间的空隙不应超过2 mm。

续上表

项目		内容
钢筋弯曲机	使用	b. 为适应钢筋和中心轴直径的变化，应在成形轴上加一个偏心套，用以调节中心轴、钢筋和成形轴三者之间的间隙。 c. 根据弯曲钢筋的直径更换配套齿轮，以调整工作盘(主轴)转速。当钢筋直径 $d<18$ mm时取高速；$d=18\sim32$ mm 时取中速；$d>32$ mm 时取低速。一般工作盘常放在低速上，以便弯曲所有在允许范围内直径的钢筋。 d. 当弯曲钢筋直径在 20 mm 以下时，应在插入座上放置挡料架，并有轴套，以使被弯钢筋能正确成形。挡板要贴紧钢筋以保证弯曲质量。 ④作业前先进行空载试运转，应无卡滞、异常的响动，各操纵按钮灵活可靠；再进行负载试验，先弯小直径钢筋，再弯大直径钢筋，确认正常后，方可投入使用。 ⑤为了减少度量时间，可在台面上设置标尺，在弯曲前先量好弯曲点位置，并先试弯一根，经检查无误后再正式作业。 (2)操作要点。 ①操作时要集中精力，熟悉倒顺开关控制工作盘的旋转方向，钢筋放置要和工作盘旋转方向相适应。在变换旋转方向时，要从正转→停车→倒转，不可直接从正一倒或从倒一正，而不在“停车”停留，更不可频繁交换工作盘旋转方向。 ②钢筋弯曲机应设专人操作，弯曲较长钢筋时，应有专人扶持。严禁在弯曲钢筋的作业半径内和机身不设固定销的一侧站人。弯曲好的半成品应及时堆放整齐，弯头不可朝上。 ③作业中不可更换中心轴、成形轴和挡铁轴，也不可在运转中进行维护和清理作业。 ④表 1－159 所列转速及最多弯曲根数仅适用于极限强度不超过 450 MPa 的材料，如材料强度变更时，钢筋直径应相应变化。不可超过机械对钢筋直径、根数及转速的有关规定的限制。 ⑤挡铁轴的直径和强度不可小于被弯钢筋的直径和强度。未经调直的钢筋禁止在弯曲机上弯曲。作业时，应注意放入钢筋的位置、长度和旋转方向，以确保安全。 ⑥为使新机械正常磨合，在开始使用的三个月内，一次最多弯曲钢筋的根数应比表 1－160所列的数值少一根。最大弯曲钢筋的直径应不超过 25 mm。 (3)故障排除。 钢筋弯曲机主要故障及排除方法见表 1－160

表 1－152　钢筋切断机基本参数

名称		基本参数系列						
钢筋公称直径(mm)		12	20	25	32	40	50	65
钢筋抗拉强度 R_m(N/mm²)		≤450						
液压传动	切断一根(或一束)钢筋所需的时间(s)	≤2	≤3	≤5	≤12		≤15	
机械传动	动刀片往返运动次数(min^{-1})	≥32					≥28	
两刀刃间开口度(mm)		≥15	≥23	≥28	≥37	≥45	≥57	≥72

表1—153　机械式钢筋切断机主要技术性能

项目		型号			
		GQ40	GQ40B	AGQ40B	GQ50
切断钢筋直径(mm)		6～40	6～40	6～40	6～50
切断次数(次/min)		40	40	40	30
电动机型号		Y100L-2	Y100L-2	Y100L-2	Y132S-4
功率(kW)		3	3	3	5.5
转速(r/min)		2 880	2 880	2 880	1 450
外形尺寸	长(mm)	1 150	1 395	1 200	1 600
	宽(mm)	430	556	490	695
	高(mm)	750	780	570	915
整机质量(kg)		600	720	450	950
传动原理及特点		开式、插销离合器曲柄	凸轮、滑键离合器	全封闭曲柄连杆转键离合器	曲柄连杆传动半开式

表1—154　液压式钢筋切断机主要技术性能

类型		电动	手动	手持	
型号		DYJ-32	SYJ-16	GQ-12	GQ-20
切断钢筋直径(mm)		8～32	16	6～12	6～20
工作总压力(kN)		320	80	100	150
活塞直径(mm)		95	36	—	—
最大行程(mm)		28	30	—	—
液压泵柱塞直径(mm)		12	8	—	—
单位工作压力(MPa)		45.5	79	34	34
液压泵输油率(L/min)		4.5	—	—	—
压杆长度(mm)		—	438	—	—
压杆作用力(N)		—	220	—	—
贮油量(kg)		—	35	—	—
电动机	型号	Y型	—	单相串激	单相串激
	功率(kW)	3	—	0.567	0.750
	转速(r/min)	1 440	—	—	—
外形尺寸	长(mm)	889	680	367	420
	宽(mm)	396	—	110	218
	高(mm)	398	—	185	130
总质量(kg)		145	6.5	7.5	14

表 1－155 钢筋切断机常见故障及排除方法

故障现象	故障原因	排除方法
剪切不顺利	(1)刀片安装不牢固,刀口损伤; (2)刀片侧间隙过大	(1)紧固刀片或修磨刀口; (2)调整间隙
切刀或衬刀打坏	(1)一次切断钢筋太多; (2)刀片松动; (3)刀片质量不好	(1)减少钢筋数量; (2)调整垫铁,拧紧刀片螺栓; (3)变换
切细钢筋时切口不宜	(1)切刀过钝; (2)上、下刀之间间隙太大	(1)更换或修磨; (2)调整间隙
轴承及连杆瓦发热	(1)润滑不良,油路不通; (2)轴承不清洁	(1)加油; (2)清洗
连杆发出撞击声	(1)铜瓦磨损,间隙过大; (2)连接螺栓松动	(1)研磨或更换轴瓦; (2)紧固螺栓
齿轮传动有噪声	(1)齿轮损伤; (2)齿轮啮合部位不清洁	(1)修复齿轮; (2)清洁齿轮,重新加油
液压切断机切刀无力或不能切断	(1)油缸中存有空气; (2)液压油不足或有泄漏; (3)油阀堵塞,油路不通; (4)液压泵柱塞卡住或损坏	(1)排除空气; (2)加注液压油,紧固密封装置; (3)清洗油阀,疏通油路; (4)检修液压泵

表 1－156 钢筋调直切断机主要技术性能

参数名称		型号		
		GT1.6/4	GT4/8	GT6/12
调直切断钢筋直径(mm)		1.6～4	4～8	6～12
钢筋抗拉强度(MPa)		650	650	650
切断长度(mm)		300～3 000	300～6 500	300～6 500
切断长度误差(mm/m)		≤3	≤3	≤3
牵引速度(m/min)		40	40、65	36、54、72
调直筒转速(r/min)		2 900	2 900	2 800
送料、牵引辊直径		80	90	102
电动机型号	调直	Y100L-2	Y132M-4	Y132S-2
	牵引	Y100L-6		Y112M-4
	切断	Y100L-6	Y90S-6	Y90S-4

续上表

参数名称		型号		
		GT1.6/4	GT4/8	GT6/12
功率	调直(kW)	3	7.5	7.5
	牵引(kW)	1.5		4
	切断(kW)		0.75	1.1
外形尺寸	长(mm)	3 410	1 854	1 770
	宽(mm)	730	741	535
	高(mm)	1 375	1 400	1 457
整机质量(kg)		1 000	1 280	1 263

表 1—157 钢筋调直切断机常见故障及排除方法

故障现象	故障原因	排除方法
调出的钢筋不直	调直块未对好或磨损过大	调整或更换调直块
钢筋上有深沟线	调直块上有尖角和毛刺	研磨或更换调直块
钢筋切口不直	切刀过钝	研磨或更换切刀
钢筋切口有压扁的痕迹	安装剪切齿轮时切刀齿的啮合不正确	被动切刀齿装在主动切刀齿面前
切断的钢筋长度不一	传送钢筋的上曳引辊压得不紧	加大曳引辊的压力
在切长钢筋时切出短料	(1)离合器的棘齿损坏; (2)限位开关位置太低; (3)推动离合器的弹簧力不足	(1)将棘齿锉整齐; (2)将限位开关位置移高一点; (3)调整弹簧弹力
调直筒转数不够	带过松而打滑	移动电动机,高速节带紧度
连续切出短料切或空切	(1)限位开关的凸轮杠杆被卡住; (2)被切断的钢筋没有落下; (3)定长机构失控	(1)调节限位开关架; (2)停机检修托板; (3)停机检修定长机构
钢筋从承受架上窜出来	钢筋没有调直	更换调直块
切断的钢筋落不下来	托板开得不够或开得太慢	调整托板的开度和速度
齿轮有噪声	上下曳引轮槽没有对正有轴向偏移	修理或更换曳引辊
压辊无法压紧钢筋	压辊槽磨损过大	更换压辊
主、被动轴弯	有钢筋头掉入转动的齿轮内	及时清除机件上的料头,机体上的防护装置应完好无损

表 1—158 钢筋弯曲机、弯箍机主要技术性能

类型		弯曲机			弯箍机	
型号		GW32	GW40A	GW50A	$SGWK_8B$	GJG4/12
弯曲钢筋直径(mm)		6～32	6～40	6～50	4～8	4～12
工作盘直径(mm)		360	360	36	—	—
工作盘转速(r/min)		10/20	3.7/14	6	18	18
弯箍次数(次/h)		—	—	—	270～300	1 080
电动机	型号	YEJ100L-4	$Y100L_2$-4	Y112M-4	Y112M-6	YA100-4
	功率(kW)	2.2	3	4	2.2	2.2
	转速(r/min)	1 420	1 430	1 440	940	1 420
外形尺寸	长(mm)	875	774	1 075	1 560	1 280
	宽(mm)	615	898	930	650	810
	高(mm)	934	728	890	1 550	790
总质量(kg)		340	442	740	800	—
结构特点		齿轮传动，角度控制半自动双速	全齿轮传动，半自动化，双速	涡轮蜗杆传动，角度控制半自动，单速	—	—

表 1—159 不同转速的钢筋弯曲根数

钢筋直径(mm)	工作盘(主轴)转速(r/min)		
	3.7	7.2	14
	可弯曲钢筋根数		
6	—	—	6
8	—	—	5
10	—	—	5
12	—	5	—
14	—	4	—
19	3	—	不能弯曲
27	2	不能弯曲	不能弯曲
32～40	1	不能弯曲	不能弯曲

表 1—160 钢筋弯曲机主要故障及排除方法

故障现象	故障原因	排除方法
电动机只有嗡嗡响声，但不转	一相断电	接通电源
	倒顺开关触头接触不良	修磨触点，使接触良好
弯曲 ϕ30 以上钢筋时无力	V 带松弛	调整 V 带轮间距使松紧适宜
运转吃力，噪声过重	V 带过紧	调整 V 带松紧度
	润滑部位缺油	加润滑油运转时有异响
转动时有异响	螺栓松动	紧固螺栓
	轴承松动或损坏	检修或更换轴承
机械渗油、漏油	涡轮箱加油过多	放掉过多的油
	各封油部件失效	用硝基油漆重新封死
工作盘只能一个方向转	换向开关失灵	断开总开关后检修
被弯曲的钢筋在滚轴处打滑	滚轴直径过小	选用较小的滚轴
	垫板的长度和厚度不够	更换较长较厚的垫板
立轴上端过热	轴承润滑脂内有铁末或缺少润滑油	清洗、更换或加注润滑脂
	轴承间隙过小	调整轴承间隙

3. 钢筋绑扎常用工具设备选用

钢筋绑扎常用工具见表 1—161。

表 1—161 钢筋绑扎常用工具

项目	内 容
钢筋钩	钢筋钩是用得最多的绑扎工具，其基本形式如图 1—37 所示。常用直径为 12～16 mm、长度为 160～200 mm 的圆钢筋加工而成，根据工程需要还可以在其尾部加上套筒或小板口等 25 20 170 30 20 ϕ10 ϕ14 图 1—37 钢筋钩制作尺寸(单位:mm)
小撬棍	主要用来调整钢筋间距，矫直钢筋的局部弯曲，垫保护层垫块等，其形式，如图 1—38 所示 图 1—38 小撬棍

续上表

<table>
<tr><th>项目</th><th>内　容</th></tr>
<tr><td>起拱扳子</td><td>板的弯起钢筋需现场弯曲成形时，可以在弯起钢筋与分布钢筋绑扎成网片以后，再用起拱扳子将钢筋弯曲成形。起拱扳子的形状和操作方法，如图 1－39 所示

图 1－39　起拱扳子及操作</td></tr>
<tr><td>绑扎架</td><td>为了确保绑扎质量，绑扎钢筋骨架必须用钢筋绑扎架，根据绑扎骨架的轻重、形状，可选用如图 1－40～图 1－42 所示的相应形式的绑扎架。其中如图 1－40 所示为轻型骨架绑扎架，适用于绑扎过梁、空心板、槽形板等钢筋骨架；如图 1－41 所示为重型骨架绑扎架，适用于绑扎重型钢筋骨架；如图 1－42 所示为坡式骨架绑扎架，具有质量轻、用钢量省、施工方便(扎好的钢筋骨架可以沿绑扎架的斜坡下滑)等优点，适用于绑扎各种钢筋骨架
图 1－40　轻型骨架绑扎架

图 1－41　重型骨架绑扎架

图 1－42　坡式骨架绑扎架(单位：mm)</td></tr>
</table>

续上表

项目	内　　容
其他工具	手推车、尺子、钢丝刷子、粉笔、石笔、墨斗、油漆等

四、施工工艺解析

1. 构件配筋方式及网状配筋砖砌体施工

构件配筋方式及网状配筋砖砌体施工见表1－162。

表1－162　构件配筋方式及网状配筋砖砌体施工

项目		内　　容
构建配筋方式	网状配筋轴心受压构件，从加荷至破坏而划分的阶段	第一阶段，从开始加荷至第一条（批）单砖出现裂缝为受力的第一阶段。试件在轴向压力作用下，纵向发生压缩变形的同时，横向发生拉伸变形，网状钢筋受拉。由于钢筋的弹性模量远大于砌体的弹性模量，故能约束砌体的横向变形，同时网状钢筋的存在，改善了单砖在砌体中的受力状态，从而推迟了第一条（批）单砖裂缝的出现。 第二阶段，随着荷载的增大，裂缝数量增多，但由于网状钢筋的约束作用，裂缝发展缓慢，并且不沿构件纵向形成贯通连续裂缝。此阶段的受力特点与无筋砌体有明显的不同。 第三阶段，当荷载加至极限荷载时，在网状钢筋之间的砌体中，裂缝多而细，个别砖被压碎而脱落，宣告试件破坏
	网状配筋砖砌体构件的构造要求应符合的规定	（1）网状配筋砖砌体中的体积配筋率，不应小于0.1%，并不应大于1%。 （2）采用钢筋网时，钢筋的直径宜采用3～4 mm；当采用连弯钢筋网时，钢筋的直径不应大于8 mm。 （3）钢筋网中钢筋的间距不应大于120 mm，并不应小于30 mm。 （4）钢筋网的间距，不应大于五皮砖，并不应大于400 mm。 （5）网状配筋砖砌体所用的砂浆强度等级不应低于M7.5；钢筋网应设置在砌体的水平灰缝中，灰缝厚度应保证钢筋上下至少各有2 mm厚的砂浆层
网状配筋砖砌体施工		砖砌体部分与常规方法砌筑。在配置钢筋网的水平灰缝中，应先铺一半厚的砂浆层，放入钢筋网后再铺一半厚砂浆层，使钢筋网居于砂浆层厚度中间。钢筋网四周应有砂浆保护层。 配置钢筋网的水平灰缝厚度：当用方格网时，水平灰缝厚度为2倍钢筋直径加4 mm；当用连弯网时，水平灰缝厚度为钢筋直径加4 mm。确保钢筋上下各有2 mm厚的砂浆保护层。 网状配筋砖砌体外表面宜用1∶1水泥砂浆勾缝或进行抹灰

2. 组合砖砌体构件及组合墙的构造要求

组合砖砌体构件及组合墙的构造要求见表1－163。

表 1－163 组合砖砌体构件及组合墙的构造要求

项目		内　容
组合砖砌体构件	组合砖砌体的构造要求	(1)面层混凝土强度等级宜采用 C20。面层水泥砂浆不宜低于 M10。砌筑砂浆不宜低于 M7.5。 (2)受力筋保护层厚度不应小于表 1－164 的规定。受力钢筋距砖砌体表面的距离，也不应小于 5 mm。 (3)采用砂浆面层的组合砖砌体，砂浆面层的厚度可采用 30～45 mm。当面层厚度大于 45 mm 时，宜采用混凝土。 (4)竖向受力钢筋宜采用 HPB235 级钢筋，对于混凝土面层，亦可采用 HRB335 级钢筋。受压钢筋的配筋率，一侧不宜小于 0.1%(砂浆面层)或 0.2%(混凝土面层)。受拉钢筋配筋率，不应小于 0.1%。竖向受力钢筋直径不应小于 8 mm，钢筋的净间距不应小于 30 mm。 (5)箍筋的直径不宜小于 4 mm 及 0.2 倍的受压钢筋直径，也不宜大于 6 mm。箍筋间距不应大于 20 倍受压钢筋的直径及 500 mm，也不应小于 120 mm。 (6)当组合砖砌体构件一侧的受力钢筋多于 4 根时，应设置附加箍筋或拉结钢筋。对截面长短边相差较大的构件(如墙体等)，应采用穿通墙体的拉结钢筋作为箍筋，同时设置水平分布钢筋。水平分布钢筋的竖向间距及拉结钢筋的水平间距均不应大于 500 mm，如图1－43所示。 ≤500 mm　竖向受力钢筋 拉结钢筋　水平分布钢筋 图 1－43　组合砖砌体构件的配筋 (7)组合砖砌体构件的顶部及底部，以及牛腿部位，必须设置钢筋混凝土垫块。受力筋伸入垫块的长度，必须满足锚固要求，即不应小于 30 倍钢筋直径。 (8)组合砌体可采用毛石基础或砖基础。在组合砌体与毛石(砖)基础之间须做一现浇钢筋混凝土垫块，如图 1－44 所示。垫块厚度一般为 200～400 mm，纵向钢筋伸入垫块的锚固长度不应小于 30d(d 为纵筋直径)。 砖砌体　混凝土　a　钢筋混凝土垫块　毛石基础(砖基础)　30d 图 1－44　组合砌体毛石(砖)基础构造示意

续上表

<table>
<tr><th colspan="2">项目</th><th>内　容</th></tr>
<tr><td rowspan="2">组合砖砌体构件</td><td>组合砖砌体的构造要求</td><td>(9)纵向钢筋的搭接长度、搭接处的箍筋间距等，应符合《混凝土结构设计规范》(GB 50010—2010)的要求。
(10)采用组合砖柱时，一般砖墙与柱应同时砌筑，所以外墙可考虑兼作柱间支撑。在排架分析中，排架柱按矩形截面计算。柱内一般采用对称配筋，箍筋一般采用二支箍或四支箍。砖墙基础一般为自承重条形基础，根据地基情况，可在基础顶及墙内适当位置设置钢筋混凝土圈梁。
(11)在对组合砖柱施工时，应在基础顶面的钢筋混凝土达到一定强度后，方可在垫块上砌筑砖砌体，并把箍筋同时砌入砖砌体内，当砖砌体砌至1.2 m高左右，随即绑扎钢筋，浇筑混凝土并捣实。在第一层混凝土浇捣完毕后，再按上述步骤砌筑第二层砌体至1.2 m高，再绑扎钢筋，浇捣混凝土。依此循环，直至需要的高度。此外，也可将砖砌体一次砌至需要的高度，然后绑扎钢筋，分段浇灌混凝土。柱的外侧采用活动升降模板，模板用四个螺栓固定，如图1—45所示。 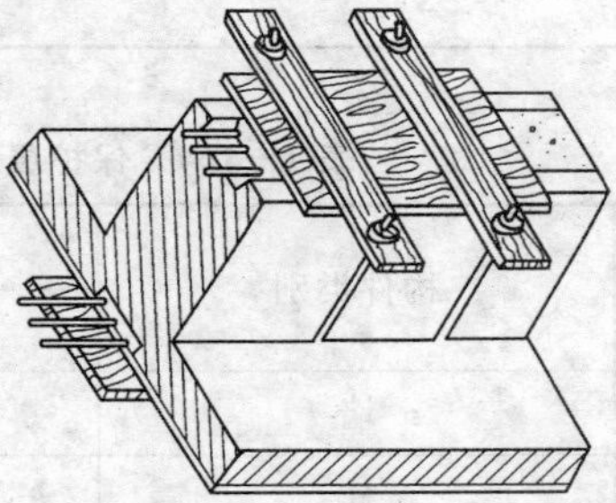
图1—45　组合砖柱的施工</td></tr>
<tr><td>组合砖砌体的几种形式</td><td>在砖砌体内配置纵向钢筋或设置部分钢筋混凝土或钢筋砂浆以共同工作都是组合砖砌体。它不但能显著提高砌体的抗弯能力和延性，而且也能提高其抗压能力，具有和钢筋混凝土相近的性能。《砌体结构设计规范》(GB 50003—2011)指出，轴向力偏心距超过无筋砌体偏压构件的限值时宜采用组合砖砌体。直接将钢筋砌在砌体的竖向灰缝内的组合砌体又称纵配筋砌体，如图1—46(a)所示，也可以在砌体内部灌注钢筋混凝土，如图1—46(b)所示，还可以将钢筋混凝土或钢筋砂浆置于砌体截面的外侧，如图1—46(c)、(d)所示。前面两种砌体，钢筋虽可得到较好的保护，但施工相当困难，尤其是内芯混凝土的质量难以检查，受力性能也较差，不能充分发挥钢筋与砌体的共同工作，现已较少应用。当然，组合砌体还有许多形式，《砌体结构设计规范》(GB 50003—2011)所列主要是指由砖砌体和钢筋混凝土面层或钢筋砂浆面层组成的组合砖砌体 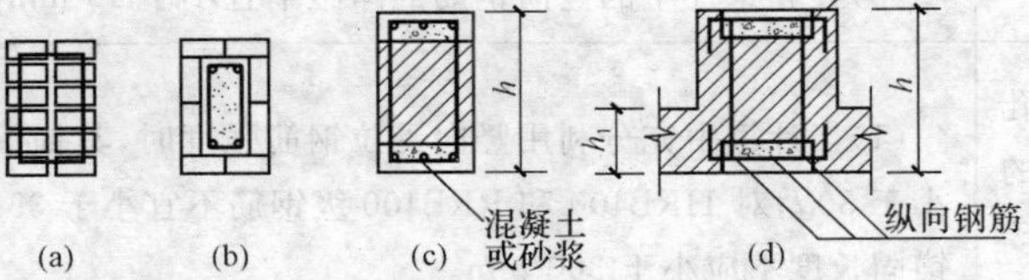

图1—46　组合砖砌体的几种形式</td></tr>
</table>

续上表

项目	内　容
组合墙的构造要求	(1)砂浆的强度等级不应低于 M5,构造柱的混凝土强度等级不宜低于 C20。 (2)构造柱的截面尺寸不宜小于 240 mm×240 mm,其厚度不应小于墙厚,边柱、角柱的截面宽度宜适当加大。柱内竖向受力钢筋,对于中柱,不宜少于 4ϕ12;对于边柱、角柱,不宜少于 4ϕ14。构造柱的竖向受力钢筋的直径也不宜大于 16 mm。其箍筋,一般部位宜采用 ϕ6@200,楼层上下 500 mm 范围内宜采用 ϕ6@100。构造柱的竖向受力钢筋应在基础梁和楼层圈梁中锚固,并应符合受拉钢筋的锚固要求。 (3)组合砖墙砌体结构房屋,应在纵横墙相接处、墙端部和较大洞口的洞边设置构造柱,其间距不宜大于 4m。各层洞口宜设置在相应位置,并宜上下对齐。 (4)组合砖墙砌体结构房屋应在基础顶面、有组合墙的楼层处设置现浇钢筋混凝土圈梁。圈梁的截面高度不宜小于 240 mm;纵向钢筋不宜小于 4ϕ12,纵向钢筋应伸入构造柱内,并应符合受拉钢筋的锚固要求;圈梁的箍筋宜采用 ϕ6@200。 (5)砖砌体与构造柱的连接处应砌成马牙槎,并应沿墙高每隔 500 mm 设 2ϕ6 拉结钢筋,且每边伸入墙内不宜小于 600 mm

表 1－164　保护层厚度　(单位:mm)

序号	构件类别	环境条件	
		室内正常环境	露天或室内潮湿环境
1	墙	15	25
2	柱	25	35

注:当面层为水泥砂浆时,对于柱,保护层厚度可减少 5 mm。

3.配筋砌块砌体构件

(1)钢筋及配筋砌块梁构造要求见表 1－165。

表 1－165　钢筋及配筋砌块梁构造要求

项目		内　容
钢筋构造要求	钢筋的规格应符合的规定	(1)钢筋的直径不宜大于 25 mm,当设置在灰缝中时不应小于 4 mm。 (2)配置在孔洞或空腔中的钢筋面积不应大于孔洞或空腔面积的 6%
	钢筋的设置应符合的规定	(1)设置在灰缝中钢筋的直径不宜大于灰缝厚度的 1/2。 (2)两平行钢筋间的净距不应小于 25 mm。 (3)柱和壁柱中的竖向钢筋的净距不宜小于 40 mm(包括接头处钢筋间的净距)
	钢筋在灌孔混凝土中的锚固应符合的规定	(1)当计算中充分利用竖向受拉钢筋强度时,其锚固长度 l_a,对 HRB335 级钢筋不宜小于 30d;对 HRB400 和 RRB400 级钢筋不宜小于 35d;在任何情况下钢筋(包括钢丝)锚固长度不应小于 300 mm。

续上表

项目		内　容
钢筋构造要求	钢筋在灌孔混凝土中的锚固应符合的规定	(2)竖向受拉钢筋不宜在受拉区截断。如必须截断时，应延伸至按正截面受弯承载力计算不需要该钢筋的截面以外，延伸的长度不应小于 $20d$。 (3)竖向受压钢筋在跨中截断时，必须延伸至按计算不需要该钢筋的截面以外，延伸的长度不应小于 $20d$；对绑扎骨架中末端无弯钩的钢筋，不应小于 $25d$。 (4)钢筋骨架中的受力光面钢筋，应在钢筋末端作弯钩，在焊接骨架、焊接网以及轴心受压构件中，可不作弯钩；绑扎骨架中的受力带肋钢筋，在钢筋的末端可不作弯钩
	钢筋的接头应符合的规定	(1)钢筋的接头位置宜设置在受力较小处。 (2)受拉钢筋的搭接接头长度不应小于 $1.1l_a$，受压钢筋的搭接接头长度不应小于 $0.7l_a$，且不应小于 300 mm。 (3)当相邻接头钢筋的间距不大于 75 mm 时，其搭接长度应为 $1.2l_a$。当钢筋间的接头错开 $20d$ 时，搭接长度可不增加
	水平受力钢筋(网片)的锚固和搭接长度应符合的规定	(1)在凹槽砌块混凝土带中，钢筋的锚固长度不宜小于 $30d$，且其水平或垂直弯折段的长度不宜小于 $15d$ 和 200 mm；钢筋的搭接长度不宜小于 $35d$。 (2)在砌体水平灰缝中，钢筋的锚固长度不宜小于 $50d$，且其水平或垂直弯折段的长度不宜小于 $20d$ 和 150 mm；钢筋的搭接长度不宜小于 $55d$。 (3)在隔皮或错缝搭接的灰缝中为 $50d+2h$，d 为灰缝受力钢筋的直径；h 为水平灰缝的间距
	钢筋的最小保护层厚度应符合的要求	(1)灰缝中钢筋外露砂浆保护层不宜小于 15 mm。 (2)位于砌块孔槽中的钢筋保护层，在室内正常环境不宜小于 20 mm；在室外或潮湿环境不宜小于 30 mm
配筋砌块梁构造要求		配筋砌块梁由不同块形组成或由部分砌块和部分混凝土组成，其截面一般为矩形，梁宽 b 为块厚，梁高宜为块高的倍数，对 90 mm 宽梁不应小于 200 mm，对 190 mm 宽梁，不宜小于 400 mm。其箍筋形式，如图 1－47 所示。如图 1－48 所示给出了常用配筋砌块柱的形式 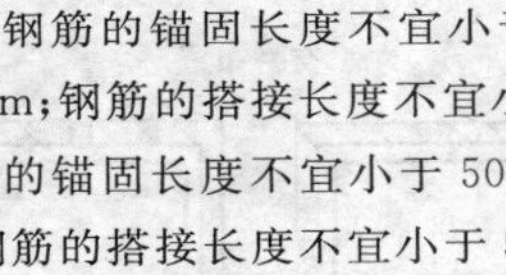 $\geqslant 12d$ 图 1－47　箍筋形式示意图

注：对安全等级为一级或设计使用年限大于 50 年的配筋砌体结构构件，钢筋的保护层应比上述规定的厚度至少增加 5 mm，或采用经防腐处理的钢筋、抗渗混凝土砌块等措施。

(2)钢筋设置应注意的事项见表 1－166。

表 1－166 钢筋的设置应注意的事项

项目	内 容
钢筋的接头	(1)钢筋的接头位置宜设置在受力较小处。 (2)受拉钢筋的搭接接头长度不应小于 $1.1l_a$，受压钢筋的搭接接头长度不应小于 $0.7l_a$（l_a 为钢筋锚固长度），且不应小于 300 mm。 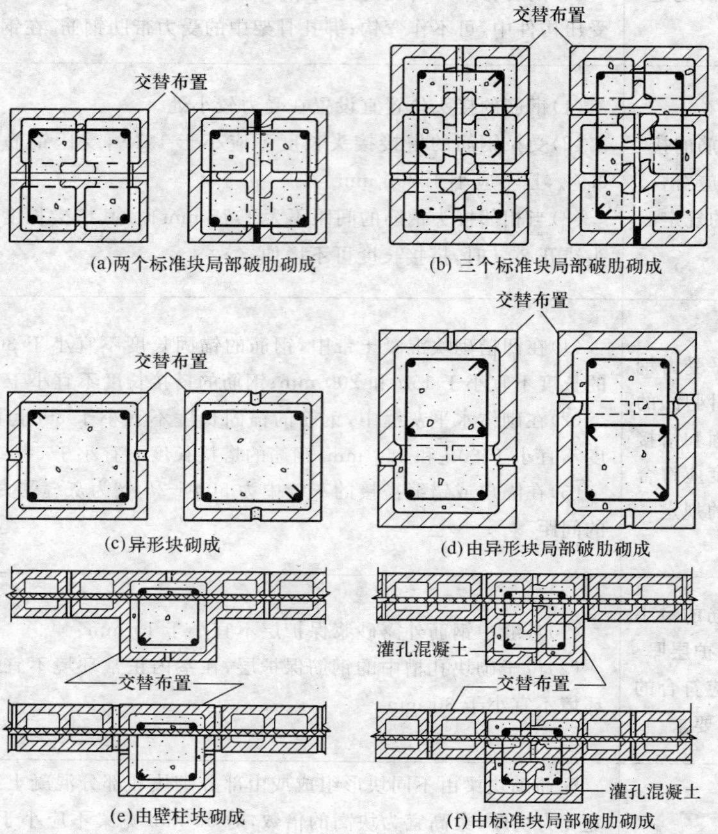 交替布置 交替布置 (a)两个标准块局部破肋砌成 (b) 三个标准块局部破肋砌成 交替布置 交替布置 (c)异形块砌成 (d)由异形块局部破肋砌成 交替布置 灌孔混凝土 交替布置 灌孔混凝土 (e)由壁柱块砌成 (f)由标准块局部破肋砌成 图 1－48 配筋砌块柱的常见形式 (3)当相邻接头钢筋的间距不大于 75 mm 时，其搭接长度应为 $1.2l_a$。当钢筋间的接头错开 $20d$ 时（d 为钢筋直径），搭接长度可不增加
水平受力钢筋（网片）的锚固和搭接长度	(1)在凹槽砌块混凝土带中钢筋的锚固长度不宜小于 $30d$，且其水平或垂直弯折段的长度不宜小于 $15d$ 和 200 mm；钢筋的搭接长度不宜小于 $35d$。 (2)在砌体水平灰缝中，钢筋的锚固长度不宜小于 $50d$，且其水平或垂直弯折段的长度不宜小于 $20d$ 和 150 mm；钢筋的搭接长度不宜小于 $55d$。 (3)在隔皮或错缝搭接的灰缝中为 $50d+2h$（d 为灰缝受力钢筋直径，h 为水平灰缝的间距）

续上表

项目	内　　容
钢筋的最小保护层厚度	(1)灰缝中钢筋外露砂浆保护层不宜小于 15 mm; (2)位于砌块孔槽中的钢筋保护层,在室内正常环境不宜小于 20 mm;在室外或潮湿环境中不宜小于 30 mm。 (3)对安全等级为一级或设计使用年限大于 50 年的配筋砌体,钢筋保护层厚度应比上述规定至少增加 5 mm
钢筋的弯钩	钢筋骨架中的受力光面钢筋,应在钢筋末端作弯钩,在焊接骨架、焊接网以及受压构件中,可不作弯钩;绑扎骨架中的受力带肋钢筋,在钢筋的末端可不作弯钩。弯钩应为 180°弯钩
钢筋的间距	(1)两平行钢筋间的净距不应小于 25 mm。 (2)柱和壁柱中的竖向钢筋的净距不宜小于 40 mm(包括接头处钢筋间的净距)

第五节　填充墙砌体工程

一、验收条文

填充墙砌体工程验收标准见表 1－167。

表 1－167　填充墙砌体工程验收标准

项目	内　　容
一般规定	(1)适用于烧结空心砖、蒸压加气混凝土砌块、轻骨料混凝土小型空心砌块等填充墙砌体工程。 (2)砌筑填充墙时,轻骨料混凝土小型空心砌块和蒸压加气混凝土砌块的产品龄期不应小于 28 d,蒸压加气混凝土砌块的含水率宜小于 30%。 (3)烧结空心砖、蒸压加气混凝土砌块、轻骨料混凝土小型空心砌块等的运输、装卸过程中,严禁抛掷和倾倒;进场后应按品种、规格堆放整齐,堆置高度不宜超过 2 m。蒸压加气混凝土砌块在运输及堆放中应防止雨淋。 (4)吸水率较小的轻骨料混凝土小型空心砌块及采用薄灰砌筑法施工的蒸压加气混凝土砌块,砌筑前不应对其浇(喷)水湿润;在气候干燥炎热的情况下,对吸水率较小的轻骨料混凝土小型空心砌块宜在砌筑前喷水湿润。 (5)采用普通砌筑砂浆砌筑填充墙时,烧结空心砖、吸水率较大的轻骨料混凝土小型空心砌块应提前 1 至 2 d 浇(喷)水湿润。蒸压加气混凝土砌块采用蒸压加气混凝土砌块砌筑砂浆或普通砌筑砂浆砌筑时,应在砌筑当天对砌块砌筑面喷水湿润。块体湿润程度宜符合下列规定: 1)烧结空心砖的相对含水率 60%～70%; 2)吸水率较大的轻骨料混凝土小型空心砌块、蒸压加气混凝土砌块的相对含水率 40%～50%。 (6)在厨房、卫生间、浴室等处采用轻骨料混凝土小型空心砌块、蒸压加气混凝土砌块砌筑墙体时,墙底部宜现浇混凝土坎台,其高度宜为 150 mm。

续上表

项目	内　容
一般规定	(7)填充墙拉结筋处的下皮小砌块宜采用半盲孔小砌块或用混凝土灌实孔洞的小砌块；薄灰砌筑法施工的蒸压加气混凝土砌块砌体，拉结筋应放置在砌块上表面设置的沟槽内。 (8)蒸压加气混凝土砌块、轻骨料混凝土小型空心砌块不应与其他块体混砌，不同强度等级的同类块体也不得混砌。 注：窗台处和因安装门窗需要，在门窗洞口处两侧填充墙上、中、下部可采用其他块体局部嵌砌；对与框架柱、梁不脱开方法的填充墙，填塞填充墙顶部与梁之间缝隙可采用其他块体。 (9)填充墙砌体砌筑，应待承重主体结构检验批验收合格后进行。填充墙与承重主体结构间的空(缝)隙部位施工，应在填充墙砌筑 14 d 后进行。
主控项目	(1)烧结空心砖、小砌块和砌筑砂浆的强度等级应符合设计要求。 抽检数量：烧结空心砖每 10 万块为一验收批，小砌块每 1 万块为一验收批，不足上述数量时按一批计，抽检数量为 1 组。混凝土砌块专用砂浆砂浆试块的抽检数量为：每一检验批且不超过 250 m^3 砌体的各类、各强度等级的普通砌筑砂浆，每台搅拌机应至少抽检一次。验收批的预拌砂浆、蒸压加气混凝土砌块专用砂浆，抽检可为 3 组。 检验方法：查砖、小砌块进场复验报告和砂浆试块试验报告。 (2)填充墙砌体应与主体结构可靠连接，其连接构造应符合设计要求，未经设计同意，不得随意改变连接构造方法。每一填充墙与柱的拉结筋的位置超过一皮块体高度的数量不得多于一处。 抽检数量：每检验批抽查不应少于 5 处。 检验方法：观察检查。 (3)填充墙与承重墙、柱、梁的连接钢筋，当采用化学植筋的连接方式时，应进行实体检测。锚固钢筋拉拔试验的轴向受拉非破坏承载力检验值应为 6.0 kN。抽检钢筋在检验值作用下应基材无裂缝、钢筋无滑移宏观裂损现象；持荷 2 min 期间荷载值 降低不大于 5%。 抽检数量：按表 1—168 确定。 检验方法：原位试验检查
一般项目	(1)填充墙砌体尺寸、位置的允许偏差及检验方法应符合表 1—169 的规定。 抽检数量：每检验批抽查不应少于 5 处 (2)填充墙砌体的砂浆饱满度及检验方法应符合表 1—170 的规定 抽检数量：每检验批抽查不应少于 5 处。 (3)填筑墙留置的拉结钢筋或网片的位置应与块体皮数相符合。拉结钢筋或网片应置于灰缝中，埋置长度应符合设计要求，竖向位置偏差不应超过一皮高度。 抽检数量：每检验批抽查不应少于 5 处。 检验方法：观察和用尺量检查。 (4)砌筑填充墙时应错缝搭砌，蒸压加气混凝土砌块搭砌长度不应小于砌块长度的 1/3；轻骨料混凝土小型空心砌块搭砌长度不应小于 90 mm；竖向通缝不应大于 2 皮。 抽检数量：每检验批抽查不应少于 5 处。

续上表

项目	内　容
一般项目	检验方法：观察检查。 (5)填充墙的水平灰缝厚度和竖向灰缝宽度应正确，烧结空心砖、轻骨料混凝土小型空心砌块砌体的灰缝应为8～12 mm；蒸压加气混凝土砌块砌体当采用水泥砂浆、水泥混合砂浆或蒸压加气混凝土砌块砌筑砂浆时，水平灰缝厚度和竖向灰缝宽度不应超过15 mm；当蒸压加气混凝土砌块砌体采用蒸压加气混凝土砌块黏结砂浆时，水平灰缝厚度和竖向灰缝宽度宜为3～4 mm。 抽检数量：每检验批抽查不应少于5处。 检验方法：水平灰缝厚度用尺量5皮小砌块的高度折算；竖向灰缝宽度用尺量2 m砌体长度折算

表1－168　检验批抽检锚固钢筋样本最小容量

检验批的容量	样本最小容量	检验批的容量	样本最小容量
≤90	5	281～500	20
91～150	8	501～1 200	32
151～280	13	1 201～3 200	50

表1－169　填充墙砌体一般尺寸允许偏差

项次	项目		允许偏差(mm)	检验方法
1	轴线位移		10	用尺检查
	垂直度(每层)	≤3 m	5	用2 m托线板或吊线、尺检查
		>3 m	10	
2	表面平整度		8	用2 m靠尺和楔形塞尺检查
3	门窗洞口高、宽(后塞口)		±10	用尺检查
4	外墙上、下窗口偏移		20	用经纬仪或吊线检查

表1－170　填充墙砌体的砂浆饱满度及检验方法

砌体分类	灰缝	饱满度及要求	检验方法
空心砖砌体	水平	≥80%	采用百格网检查块材底面砂浆的黏结痕迹面积
	垂直	填满砂浆，不得有透明缝、瞎缝、假缝	
蒸压加气混凝土砌块、轻骨料混凝土小型空心砌块砌体	水平	≥80%	
	垂直	≥80%	

二、施工材料要求

1.烧结空心砖和空心砌块

烧结空心砖和空心砌块的材料见表1－171。

表1－171　烧结空心砖和空心砌块的材料

项目	内　容
类别	(1)类别：按主要原料分为黏土砖和砌块(N)、页岩砖和砌块(Y)、煤矸石砖和砌块(M)、粉煤灰砖和砌块(F)。 (2)规格：砖和砌块的外形为直角六面体，如图1－49所示。其长度、宽度、高度尺寸应符合下列要求，单位为毫米(mm)： 390,290,240,190,180(175),140,115,90。 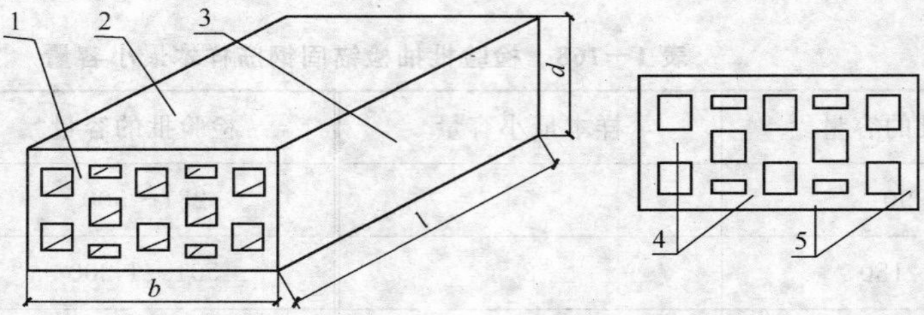 图1－49　烧结空心砖和空心砌块示意图 1—顶面；2—大面；3—条面；4—肋；5—壁； l—长度；b—宽度；d—高度 其他规格尺寸由供需双方协商确定。 (3)等级。 ①抗压强度分为MU10.0、MU7.5、MU5.0、MU3.5、MU2.5。 ②体积密度分为800级、900级、1000级、1100级。 ③强度、密度、抗风化性能和放射性物质合格的砖和砌块，根据尺寸偏差、外观质量、孔洞排列及其结构、泛霜、石灰爆裂、吸水率分为优等品(A)、一等品(B)和合格品(C)三个质量等级
技术要求	(1)尺寸允许偏差应符合表1－24的规定。 (2)砖和砌块的外观质量应符合表1－25的规定。 (3)强度等级应符合表1－26的规定。 (4)密度等级应符合表1－27的规定。 (5)孔洞排列及其结构：孔洞率和孔洞排数应符合表1－128的规定。 (6)每块砖和砌块泛霜应符合下列规定。 ①优等品：无泛霜。 ②一等品：不允许出现中等泛霜。 ③合格品：不允许出现严重泛霜。 (7)每组砖和砌块石灰爆裂应符合下列规定。 ①优等品：不允许出现最大破坏尺寸大于2 mm的爆裂区域。

续上表

项目	内　　容
技术要求	②一等品： a. 最大破坏尺寸大于 2 mm 且小于等于 10 mm 的爆裂区域，每组砖和砌块不得多于 15 处； b. 不允许出现最大破坏尺寸大于 10 mm 的爆裂区域。 ③合格品： a. 最大破坏尺寸大于 2 mm 且小于等于 15 mm 的爆裂区域，每组砖和砌块不得多于 15 处。其中大于 10 mm 的不得多于 7 处； b. 不允许出现最大破坏尺寸大于 15 mm 的爆裂区域。 (8)每组砖和砌块的吸水率平均值应符合表 1－30 的规定。 (9)抗风化性能应符合表 1－172 规定。 (10)产品中不允许有欠火砖、酥砖。 (11)放射性物质：原材料中掺入煤矸石、粉煤灰及其他工业废渣的砖和砌块，应进行放射性物质检测，放射性物质应符合《建筑材料放射性核数限量》(GB 6566－2010)的规定

表 1－172　抗风化性能

分类	饱和系数，≤			
	严重风化区		非严重风化区	
	平均值	单块最大值	平均值	单块最大值
黏土砖和砌块 粉煤灰砖和砌块	0.85	0.87	0.88	0.90
页岩砖和砌块 煤矸石砖和砌块	0.74	0.77	0.78	0.80

2. 蒸压灰砂空心砖

具体内容参见第一章第一节第二点“蒸压灰砂空心砖”的内容。

三、施工机械要求

具体内容参见第一章第二节第三点“施工机械要求”的内容。

四、施工工艺解析

填充墙砌体工程的施工工艺解析见表 1－173。

表 1－173　填充墙砌体工程的施工工艺解析

项目	内　　容
放线立皮数杆	根据设计图纸弹出轴线、墙边线、门窗洞口线；立皮数杆，皮数杆上注明门窗洞口、木砖、拉结筋、圈梁等的尺寸标高。皮数杆间距 15～20 m，转角处均应设立，一般距墙皮或墙角 50 mm 为宜

续上表

项目	内　　容
排砖撂底	根据设计图纸各部位尺寸，排砖撂底，使组砌方法合理，便于操作
拌制砂浆	参见第一章第一节第四点“砖基础施工”的内容
砌筑填充墙	(1)组砌方法应正确，上、下错缝，交接处咬槎搭砌，掉角严重的砖或砌块不宜使用。 (2)砌筑灰缝应横平竖直，砂浆饱满。空心砖、轻骨料混凝土小型空心砌块的砌体水平、竖向灰缝为8～12 mm；蒸压加气混凝土砌体水平灰缝宜为15 mm，竖向灰缝为20 mm。 (3)用轻骨料小型空心砌块或蒸压加气混凝土砌块砌筑墙体时，墙底部应砌烧结普通砖或普通混凝土小型砌块，或现浇混凝土坎台等，其高度不宜小于200 mm。 (4)有防水要求的房间楼板四周，除门洞口外，必须浇筑不低于120 mm高的混凝土坎台，混凝土强度等级不小于C20。 (5)空心砖的砌筑应上下错缝，砖孔方向应符合设计要求。当设计无具体要求时，宜将砖孔置于水平位置；当砖孔垂直砌筑时，水平铺灰应用套板。砖竖缝应先挂灰后砌筑。 (6)填充墙砌筑时应错缝搭砌，蒸压加气混凝土砌块搭砌长度不应小于砌块长度的1/3，并不小于150 mm；轻骨料混凝土小型空心砌块搭砌长度不应小于90 mm。 (7)按设计要求设置构造柱、圈梁、过梁或现浇混凝土带。各种预留洞、预埋件等，应按设计要求设置，避免后剔凿。 (8)空心砖砌筑时，管线留置方法。当设计无具体要求时，可采用穿砖孔预埋或弹线定位后用无齿锯开槽(用于加气混凝土砌块)的方法，不得留水平槽。管道安装后用混凝土堵填密实，外贴耐碱玻纤布，或按设计要求处理。 (9)墙体转角处和纵横墙交接处应同时砌筑。临时间断处应砌成斜槎，斜槎水平投影长度不应小于高度的2/3
填充墙与结构的拉结	(1)拉结方式：拉结钢筋的生根方式可采用预埋铁件、贴模箍、锚栓、植筋等连接方式，并符合以下要求。 ①锚栓或植筋施工：锚栓不得布置在混凝土的保护层中，有效锚固深度不得包括装饰层或抹灰层；锚孔应避开受力主筋，废孔应用锚固胶或高强度等级的树脂水泥砂浆填实。 ②锚栓和植筋施工方法应符合要求。 ③采用预埋铁件或贴模箍筋施工方法的，其生根数量、位置、规格应符合设计要求，焊接长度符合设计或规范要求。 (2) 填充墙与结构墙柱连接处，必须按设计要求设置拉结筋或通长混凝土配筋带，设计无要求时，墙与结构墙柱处及L形、T形墙交接处，设拉结筋，竖向间距不大于500 mm，埋压2根ϕ6钢筋。平铺在水平灰缝内，两端伸入墙内不小于1 000 mm，如图1－50所示。 墙长大于层高的2倍时，宜设构造柱，如图1－51所示。 墙高超过4 m时，半层高或门洞上皮宜设置与柱连接且沿墙全长贯通的混凝土现浇带，如图1－52所示。

续上表

<table>
<tr><th>项目</th><th>内　　容</th></tr>
<tr><td>填充墙与结构的拉结</td><td>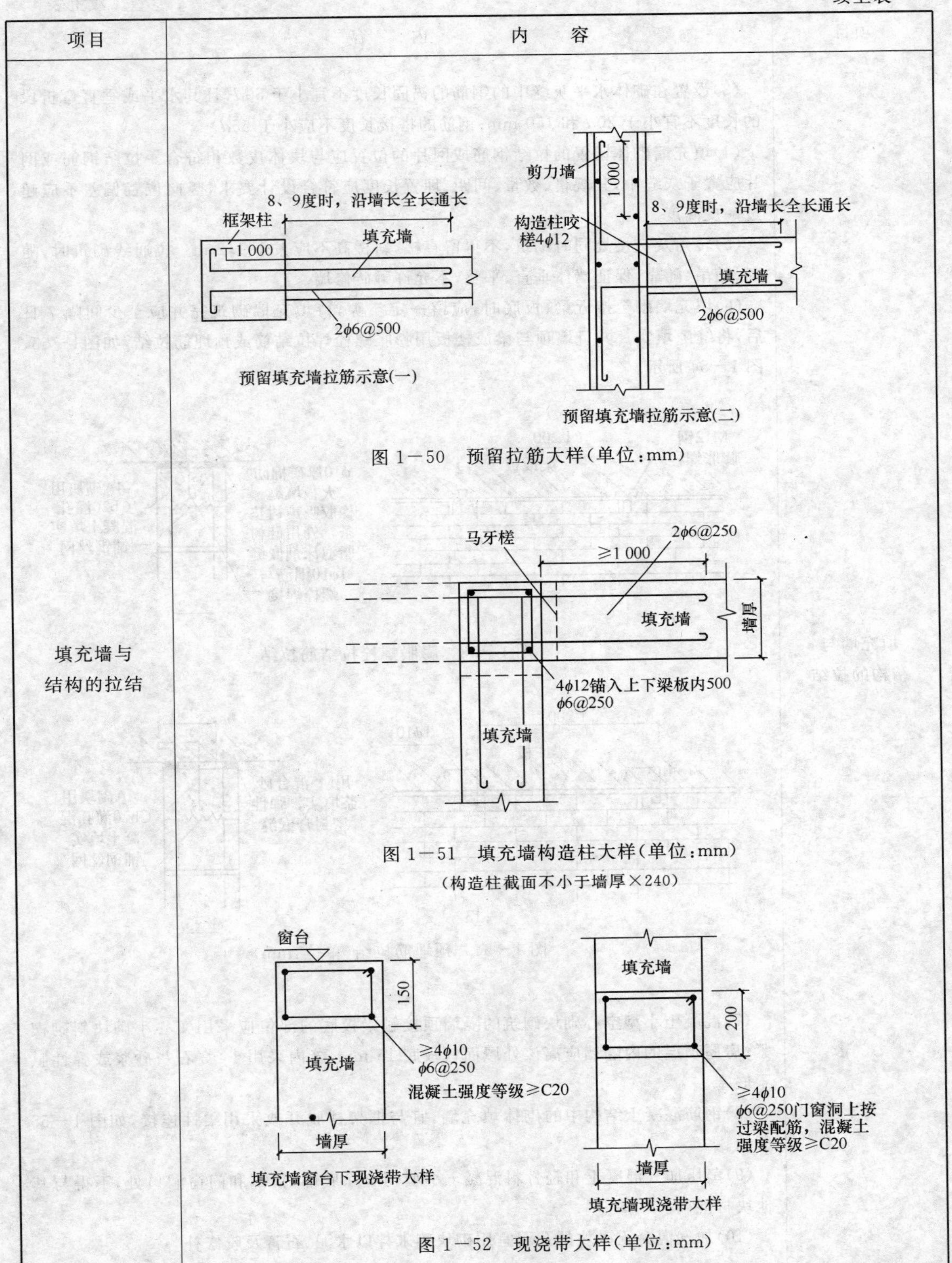

图 1－50　预留拉筋大样(单位:mm)
图 1－51　填充墙构造柱大样(单位:mm)
(构造柱截面不小于墙厚×240)
图 1－52　现浇带大样(单位:mm)</td></tr>
</table>

续上表

项目	内　容
填充墙与结构的拉结	(3)设置在砌体水平灰缝中的钢筋的锚固长度不宜小于 $50d$，且其水平或垂直弯折段的长度不宜小于 $20d$ 和 150 mm；钢筋的搭接长度不应小于 $55d$。 (4)填充墙砌体留置的拉结钢筋或网片的位置应与块体皮数相符合。拉结钢筋或网片应置于灰缝中，其规格、数量、间距、埋置长度应符合设计要求，竖向位置偏差不应超过一皮高度。 (5)转角及交接处同时砌筑，不得留直槎，斜槎高不应大于 1.2 m。拉通线砌筑时，随砌、随吊、随靠，保证墙体垂直、平整，不允许砸砖修墙。 (6)填充墙砌至接近梁、板底时，应留一定空隙，待填充墙砌筑完并应至少间隔 7 日后，将缝隙填实。并且墙顶与梁或楼板用膨胀螺栓焊拉结筋或预埋筋拉结，如图1－53、图 1－54 所示。 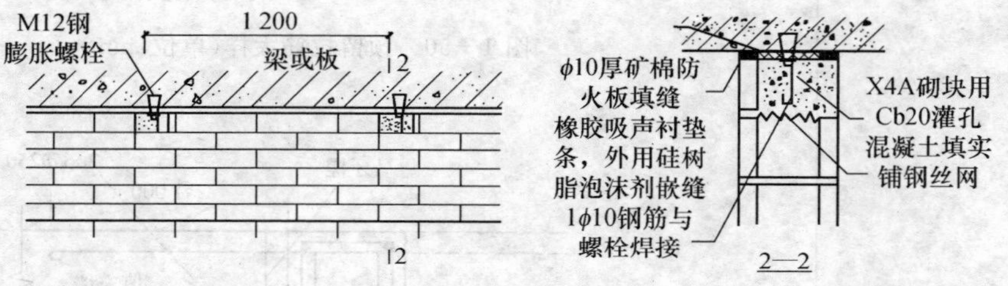 图 1－53　膨胀螺栓拉结筋拉结 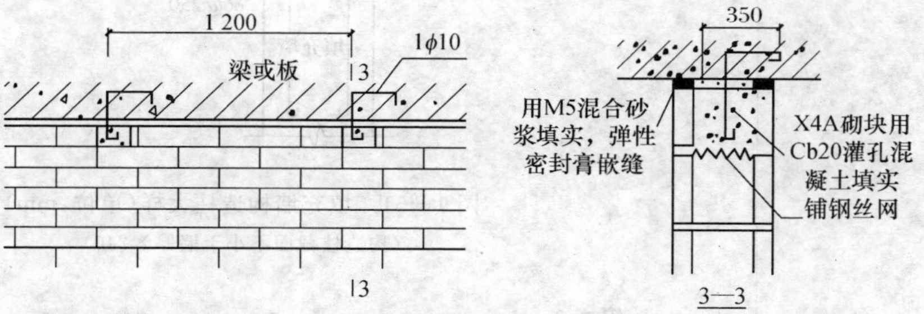 图 1－54　预埋筋拉结(单位:mm) (7)混凝土小型空心砌块砌筑的隔墙顶接触梁板底的部位应采用实心小砌块斜砌楔紧；房屋顶层的内隔墙应离该处屋面板板底 15 mm，缝内采用 1∶3 石灰砂浆或弹性腻子嵌塞。 (8)钢筋混凝土结构中的砌体填充墙，宜与框架柱脱开或采用柔性连接，如图 1－55 所示。 (9)蒸压加气混凝土和轻骨料混凝土小型砌块除底部、顶部和门窗洞口处，不得与其他块材混砌。 (10)加气混凝土砌块的孔洞宜用砌块碎末拌以水泥、石膏及胶修补

续上表

项目	内　　容
填充墙与结构的拉结	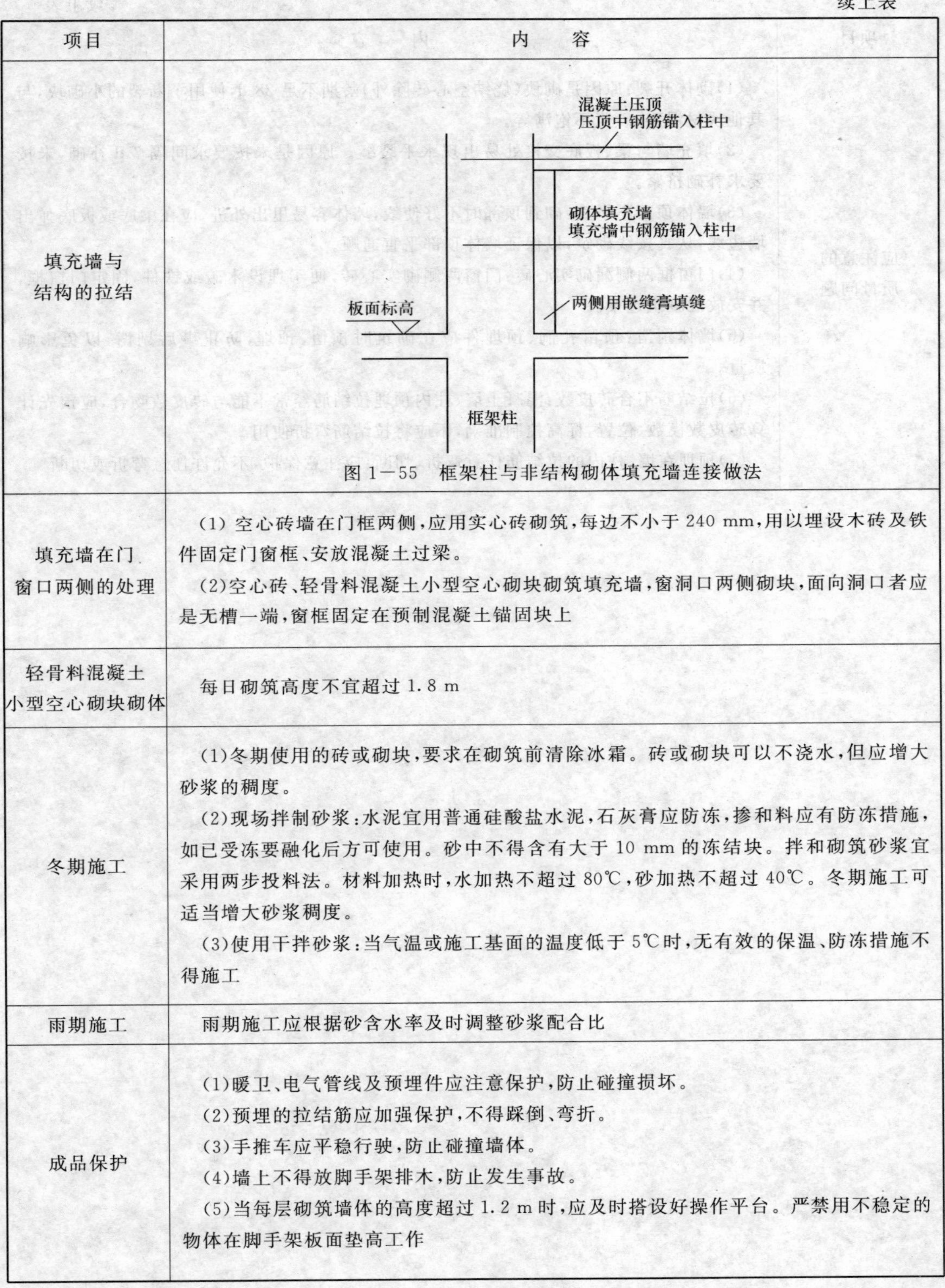 图1－55　框架柱与非结构砌体填充墙连接做法
填充墙在门窗口两侧的处理	(1) 空心砖墙在门框两侧，应用实心砖砌筑，每边不小于240 mm，用以埋设木砖及铁件固定门窗框、安放混凝土过梁。 (2)空心砖、轻骨料混凝土小型空心砌块砌筑填充墙，窗洞口两侧砌块，面向洞口者应是无槽一端，窗框固定在预制混凝土锚固块上
轻骨料混凝土小型空心砌块砌体	每日砌筑高度不宜超过1.8 m
冬期施工	(1)冬期使用的砖或砌块，要求在砌筑前清除冰霜。砖或砌块可以不浇水，但应增大砂浆的稠度。 (2)现场拌制砂浆：水泥宜用普通硅酸盐水泥，石灰膏应防冻，掺和料应有防冻措施，如已受冻要融化后方可使用。砂中不得含有大于10 mm的冻结块。拌和砌筑砂浆宜采用两步投料法。材料加热时，水加热不超过80℃，砂加热不超过40℃。冬期施工可适当增大砂浆稠度。 (3)使用干拌砂浆：当气温或施工基面的温度低于5℃时，无有效的保温、防冻措施不得施工
雨期施工	雨期施工应根据砂含水率及时调整砂浆配合比
成品保护	(1)暖卫、电气管线及预埋件应注意保护，防止碰撞损坏。 (2)预埋的拉结筋应加强保护，不得踩倒、弯折。 (3)手推车应平稳行驶，防止碰撞墙体。 (4)墙上不得放脚手架排木，防止发生事故。 (5)当每层砌筑墙体的高度超过1.2 m时，应及时搭设好操作平台。严禁用不稳定的物体在脚手架板面垫高工作

续上表

项目	内　　容
应注意的质量问题	(1)砌体开裂：原因是砌块(烧结空心砖除外)龄期不足 28 d，使用了断裂的小砌块，与其他块材混砌，砂浆不饱满等。 (2)填充墙与梁、板底交接处易出现水平裂缝。原因是未按要求间隔 7 d 补砌，未按要求补砌挤紧。 (3)墙体顶面不平直：砌到顶部时不好使线，墙体容易里出外进，应在梁底或板底弹出墙边线，认真按线砌筑，以保证墙体顶部平直通顺。 (4)门窗框两侧漏砌实心砖：门窗两侧砌实心砖，便于埋设木砖或铁件，固定门窗框，并安放混凝土过梁。 (5)墙体剔凿：预留孔洞、预埋件应在砌筑时预留、预埋，防止事后剔凿，以免影响质量。 (6)拉结筋不合砖皮数：混凝土墙、柱内预埋拉结筋经常不能与砖皮数吻合，应预先计算砖皮数模数、位置，标高控制准确，不应将拉结筋弯折使用。 (7)预埋在墙、柱内的拉结筋任意弯折、切断：应注意保护，不允许任意弯折或切断

第二章　木结构工程

第一节　方木和原木结构

一、验收条文

方木和原木结构验收条文见表2－1。

表2－1　方木和原木结构验收条文

项目	内　容
一般规定	(1)适用于方木和原木结构工程的质量检验。 (2)方木和原木结构包括齿连接的方木、板材或原木屋架，屋面木骨架及上弦横向支撑组成的木屋盖，支承在砖墙、砖柱或木柱上
主控项目	(1)应根据木构件的受力情况，按表2－2、表2－3、表2－4规定的等级检查方木、板材及原木构件的木材缺陷限值。 检查数量：每检验批分别按不同受力的构件全数检查。 检查方法：用钢尺或量角器量测。 注：检查裂缝时，木构件的含水率必须达到第(2)条的要求。 (2)应按下列规定检查木构件的含水率： ①原木或方木结构应不大于25%； ②板材结构及受拉构件的连接板应不大于18%； ③通风条件较差的木构件应不大于20%。 注：本条中规定的含水率为木构件全截面的平均值。 检查数量：每检验批检查全部构件。 检查方法：按国家标准《木材物理力学试材采集方法》(GB 1927－2009)和《木材横纹抗压弹性模量测定方法》(GB 1943—2009)的规定测定木构件全截面的平均含水率
一般项目	(1)木桁架、木梁(含檩条)及木柱制作的允许偏差应符合表2－5的规定。 (2)木桁架、梁、柱安装的允许偏差应符合表2－6的规定。 (3)屋面木骨架的安装允许偏差应符合表2－7的规定。 检查数量：检验批全数。 (4)木屋盖上弦平面横向支撑设置的完整性应按设计文件检查。 检查数量：整个横向支撑。 检查方法：按施工图检查

表 2—2　承重木结构方木材质标准

项次	缺陷名称	木材等级		
		$Ⅰ_a$	$Ⅱ_a$	$Ⅲ_a$
		受拉构件或拉弯构件	受弯构件或压弯构件	受压构件
1	腐朽	不允许	不允许	不允许
2	木节： 在构件任一面任何 150 mm 长度上所有木节尺寸的总和，不得大于所在面宽的	1/3(连接部位为 1/4)	2/5	1/2
3	斜纹：斜率不大于(%)	5	8	12
4	裂缝： (1)在连接的受剪面上 (2)在连接部位的受剪面附近，其裂缝深度(有对面裂缝时用两者之和)不得大于材宽的	不允许 1/4	不允许 1/3	不允许 不限
5	髓心	应避开受剪面	不限	不限

注：1. $Ⅰ_a$等材不允许有死节，$Ⅱ_a$、$Ⅲ_a$等材允许有死节(不包括发展中的腐朽节)，对于$Ⅱ_a$等材直径不应大于 20 mm，且每延米中不得多于 1 个，对于$Ⅲ_a$等材直径不应大于 50 mm，每延米中不得多于 2 个。

2. $Ⅰ_a$等材不允许有虫眼，$Ⅱ_a$、$Ⅲ_a$等材允许有表层的虫眼。

3. 木节尺寸按垂直于构件长度的方向测量。木节表现为条状时，在条状的一面不量，如图 2—1 所示。直径小于 10 mm 的木节不计。

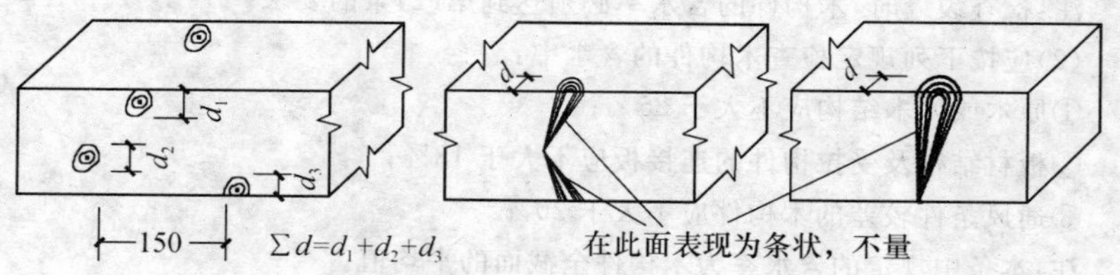

图 2—1　木节量法

表 2—3　承重木结构板材材质标准

项次	缺陷名称	木材等级		
		$Ⅰ_a$	$Ⅱ_a$	$Ⅲ_a$
		受拉构件或拉弯构件	受弯构件或压弯构件	受压构件
1	腐朽	不允许	不允许	不允许
2	木节： 在构件任一面任何 150 mm 长度上所有木节尺寸的总和，不得大于所在面宽的	1/4(连接部位为 1/5)	1/3	2/5

续上表

项次	缺陷名称	木材等级		
		I_a	II_a	III_a
		受拉构件或拉弯构件	受弯构件或压弯构件	受压构件
3	斜纹：斜率不大于(%)	5	8	12
4	裂缝： 连接部位的受剪面及其附近	不允许	不允许	不允许
5	髓心	不允许	不限	不限

注：同表2—2。

表2—4　承重木结构原木材质标准

项次	缺陷名称	木材等级		
		I_a	II_a	III_a
		受拉构件或拉弯构件	受弯构件或压弯构件	受压构件
1	腐朽	不允许	不允许	不允许
2	木节： (1)在构件任何150 mm长度上沿圆周所有木节尺寸的总和，不得大于所测部位原木周长的 (2)每个木节的最大尺寸，不得大于所测部位原木周长的	1/4 1/10(连接部位为1/12)	1/3 1/6	不限 1/6
3	扭纹：斜率不大于(%)	8	12	15
4	裂缝： (1)在连接的受剪面上 (2)在连接部位的受剪面附近，其裂缝深度(有对面裂缝时用两者之和)不得大于原木直径的	不允许 1/4	不允许 1/3	不允许 不限
5	髓心	应避开受剪面	不限	不限

注：1. I_a、II_a等材不允许有死节，III_a等材允许有死节(不包括发展中的腐朽节)，直径不应大于原木直径的1/5，且每2 m长度内不得多于1个。

2. 同表2—2注2。

3. 木节尺寸按垂直于构件长度方向测量。直径小于10 mm的木节不量。

表 2—5　木桁架、梁、柱制作的允许偏差

<table>
<tr><th>项次</th><th colspan="3">项目</th><th>允许偏差(mm)</th><th>检验方法</th></tr>
<tr><td>1</td><td>构件截面尺寸</td><td colspan="2">方木构件高度、宽度
板材厚度、宽度
原木构件梢径</td><td>−3
−2
−5</td><td>钢尺量</td></tr>
<tr><td>2</td><td>结构长度</td><td colspan="2">长度不大于 15 m
长度大于 15 m</td><td>±10
±15</td><td>钢尺量桁架支座节点中心间距,梁、柱全长(高)</td></tr>
<tr><td>3</td><td>桁架高度</td><td colspan="2">跨度不大于 15 m
跨度大于 15 m</td><td>±10
±15</td><td>钢尺量脊节点中心与下弦中心距离</td></tr>
<tr><td>4</td><td>受压或压弯构件纵向弯曲</td><td colspan="2">方木构件
原木构件</td><td>$L/500$
$L/200$</td><td>拉线钢尺量</td></tr>
<tr><td>5</td><td colspan="3">弦杆节点间距</td><td>±5</td><td rowspan="2">钢尺量</td></tr>
<tr><td>6</td><td colspan="3">齿连接刻槽深度</td><td>±2</td></tr>
<tr><td rowspan="3">7</td><td rowspan="3">支座节点受正面</td><td colspan="2">长度</td><td>−10</td><td rowspan="6">钢尺量</td></tr>
<tr><td rowspan="2">宽度</td><td>方木</td><td>−3</td></tr>
<tr><td>原木</td><td>−4</td></tr>
<tr><td rowspan="3">8</td><td rowspan="3">螺栓中心间距</td><td colspan="2">进孔处</td><td>$\pm 0.2d$</td></tr>
<tr><td rowspan="2">出孔处</td><td>垂直木纹方向</td><td>$\pm 0.5d$ 且不大于 $4B/100$</td></tr>
<tr><td>顺木纹方向</td><td>$\pm 1d$</td></tr>
<tr><td>9</td><td colspan="3">钉进孔处的中心间距</td><td>$\pm 1d$</td><td>—</td></tr>
<tr><td>10</td><td colspan="3">桁架起拱</td><td>+20
−10</td><td>以两支座节点下弦中心线为准,拉一水平线,用钢尺量跨中下弦中心线与拉线之间距离</td></tr>
</table>

注:d 为螺栓或钉的直径;L 为构件长度;B 为板束总厚度。

表 2—6　木桁架、梁、柱安装的允许偏差

项次	项目	允许偏差(mm)	检验方法
1	结构中心线的间距	±20	钢尺量
2	垂直度	$H/200$ 且不大于 15	吊线钢尺量
3	受压或压弯构件纵向弯曲	$L/300$	吊(拉)线钢尺量
4	支座轴线对支承面中心位移	10	钢尺量

续上表

项次	项目	允许偏差(mm)	检验方法
5	支座标高	±5	用水准仪

注：H 为桁架、柱的高度；L 为构件长度。

表 2—7 屋面木骨架的安装允许偏差

项次	项目		允许偏差(mm)	检验方法
1	檩条、椽条	方木截面	－2	钢尺量
		原木梢径	－5	钢尺量，椭圆时取大小径的平均值
		间距	－10	钢尺量
		方木上表面平直	4	沿坡拉线钢尺量
		原木上表面平直	7	
2	油毡搭接宽度		－10	钢尺量
3	挂瓦条间距		±5	
4	封山、封檐板平直	下边缘	5	拉 10 m 线，不足 10 m 拉通线，钢尺量
		表面	8	

二、施工材料要求

1. 木材的分类及特性

(1)常见木材的分类见表 2—8。

表 2—8 常见木材的分类

分类标准	分类名称	说 明
按树种分类	针叶树	树叶细长如针，多为常绿树。材质一般较软，有的含树脂，故又称软材。如红松、落叶松、云杉、冷杉、杉木、柏木等，都属此类
	阔叶树	树叶宽大，叶脉成网状，大都为落叶树，材质较坚硬，故称硬材。如樟木、榉木、水曲柳、青冈、柚木、山毛榉、色木等，都属此类。也有少数质地较软的，如桦木、椴木、山杨、青杨等也属于此类
按材种分类	原条	已经除去皮、根、树梢的木料，但尚未按一定尺寸加工成规定的木材
	原木	已经除去皮、根、树梢的木料，并已按一定尺寸加工成规定直径和长度的材料
	普通锯材	已经加工锯解成材的木料
	枕木	按枕木断面和长度加工而成的木材

(2)木材的种类和用途见表2—9。

表2—9 木材的种类和用途

木材种类	特征	品种	规格	用途
原木	伐倒后经过修枝并截成一定长度	直接使用原木	小头直径8～30 cm,长2～12 m	坑木、电杆、桩木
		加工使用原木	小头直径由20 cm起,长2～8 m	造船材、车辆材、胶合板材
杉原条	只经修枝剥皮,未经加工造材的杉木	—	梢径6 cm以上长度5 m以上	檩条、椽条、支柱、脚手架杆
板材	切面宽度为厚度的三倍或三倍以上的制材	薄板	厚18 mm以下	门芯板、木隔断、装修板
		中板	厚19～35 mm	屋面板、模型板、木装修、木地板
		厚板	厚36～65 mm	木门窗、脚手架板
		特厚板	厚66 mm以上	特殊用途
方材	切面宽度小于厚度三倍的制材	小方	切面积为54 cm^2以下	椽条、模型板带、隔断木筋、吊顶搁栅
		中方	切面积为55～100 cm^2	支撑、搁栅、檩条、木扶手
		大方	切面积为101～225 cm^2	木屋架、檩条
		特大方	切面积226 cm^2以上	木或钢木屋架

(3)常用木材主要特性见表2—10。

表2—10 常用木材主要特性

树种	主要特性
落叶松	干燥较慢,易开裂,早、晚材硬度及收缩差异均大,在干燥过程中容易轮裂,耐腐性强
陆均松(泪松)	干燥较慢,若干燥不当,可能翘曲,耐腐性较强,心材耐白蚁
云杉类木材	干燥易,干后不易变形,收缩较大,耐腐性中等
软木松	五针松类,如红松、华北松、广东松、中国台湾五针松、新疆红松等,一般干燥易,不易开裂或变形,收缩小,耐腐性中等,边材易呈蓝变色
硬木松	二针或三针松类,如马尾松、云南松、赤松、高山松、黄山松、樟子松、油松等。干燥时可能翘裂,不耐腐,最易受白蚁危害,边材蓝变色最常见

续上表

树种	主要特性
铁杉	干燥较易，较易开裂，可能劈裂，收缩颇大，质重且硬，耐腐性强
青冈(槠木)	干燥困难，较易开裂，可能劈裂，收缩颇大，质重且硬，耐腐性强
栎木(柞木)(桐木)	干燥困难，易开裂，收缩甚大，强度高，质重且硬，耐腐性强
水曲柳	干燥困难，易翘裂，耐腐性较强
桦木	干燥较易，不翘裂，但不耐腐

(4)板、方材的材质标准见表2－11。

表2－11 板、方材的材质标准 (单位:mm)

缺陷名称	检量方法	针叶树板方材				阔叶树板方材			
		允许限度(%)				允许限度(%)			
		特种锯材	普通锯材			特种锯材	普通锯材		
			一等	二等	三等		一等	二等	三等
活节	最大尺寸不得超过材宽的	10	20	40	不限	10	20	40	不限
死节	任意材长1 m范围内的个数不超过	3	5	10		2	4	6	
腐朽	面积不得超过所在材面面积的	不许有	不许有	10	25	不许有	不许有	10	25
裂纹夹皮	长度不得超过材长的	5	10	30	不限	10	15	40	不限
虫害	任意材长1 m范围内的个数不得超过	不许有	不许有	15	不限	不许有	不许有	8	不限
钝棱	最严重缺角尺寸不得超过材宽的	10	25	50	80	15	25	50	80
弯曲	横弯不得超过	0.3	0.5	2	3	0.5	1	2	4
	顺弯不得超过	1	2	3	不限	1	2	3	不限
斜纹	斜纹倾斜高不得超过水平长的	5	10	20	不限	5	10	20	不限

注:长度不足2 m的不分等级,其缺陷允许限度小,低于三等。

2.常见木材的辨别

常见木材的辨别见表2－12和表2－13。

表 2－12 常见针叶木材宏观结构的辨别

树种	树脂道	心边材区分	材色		年轮界线	早晚材过渡情况	纹理	结构	重量及硬度	气味	备注
			心材	边材							
银杏	无	略明显	黄褐色	淡黄褐色	略明显	渐变	直	细	轻，软	—	—
杉木	无	明显	淡褐色	淡黄白色	明显	渐变	直	中	轻，软	杉木味	—
柳杉	无	明显	淡红微褐色	淡黄褐色	明显	渐变	直	中	轻，软	—	—
柏木	无	明显	橘黄色	黄白色	明显	渐变	直或斜	细	重，硬	芳香味	—
冷杉	无	不明显	黄白色	黄白色	明显	急变	直	中	轻，软	—	无光泽
云杉	有	不明显	黄白微红色	黄白微红色	明显	急变	直	中	轻，软	—	具有明亮光泽，树脂道少而小
马尾松	有	略明显	窄，黄褐色	宽，黄白色	明显	急变	直	粗	较轻，软	松脂味	树脂道多而大
红松	有	明显	宽，黄红色	窄，黄白色	明显	渐变	直	中	轻，软	松脂味	树脂道多而大
樟子松	有	略明显	淡红黄褐色	淡黄褐白色	明显	急变	直	中	轻，软	松脂味	树脂道多而大
落叶松	有	甚明显	宽，红褐色	窄，黄白微褐色	甚明显	急变	直或斜	粗	重，硬	松脂味	具有明亮光泽，树脂道少而小

表 2－13 常见阔叶树种的宏观特征

树种	心边材区分	材色		年轮特征	管孔大小		纹理	结构	重量及硬度	备注
		心材	边材		早材	晚材				
麻栎	显心材	红褐色	淡黄褐色	波浪形	中	小	直	粗	重，硬	髓心呈芒星形
柞木	显心材	暗褐色微黄	黄白色带褐	波浪形	大	小	直斜	粗	重，硬	—
板栗	显心材	甚宽，栗褐色	窄，灰褐色	波浪形	中	小	直	粗	重，硬	—

续上表

树种	心边材区分	材色		年轮特征	管孔大小		纹理	结构	重量及硬度	备注
		心材	边材		早材	晚材				
檫木	显心材	红褐色	窄，淡黄褐色	较均匀	大	小	直	粗	中	髓心大，常呈空洞，有光泽
香椿	显心材	宽，红褐色	淡红色	不均匀	大	小	直	粗	中	髓心大
柚木	显心材	黄褐色	窄，淡褐色	均匀	中	甚小	直	中	中	髓心灰白色，近似方形
黄连木	显心材	黄褐色带灰	宽，淡黄灰色	不均匀	中	小	直斜	中	重，硬	—
桑木	显心材	宽，橘黄褐色	黄白色	不均匀	中	甚小	直	中	重，硬	有光泽
水曲柳	显心材	灰褐色	窄，灰白色	均匀	中	小	直	中	中	—
榆木	显心材	黄褐色	窄，淡黄色	不均匀	中	小	直	中	中	—
榔榆	显心材	甚宽，淡红色	淡黄褐色	不均匀	中	甚小	直	较细	重，硬	—
臭椿	显心材	淡黄褐色	黄白色	宽大	中	小	直	粗	中	髓心大，灰白色
苦楝	显心材	宽，淡红褐色	灰白带黄色	宽大	中	甚小	直	中	中	髓心大而柔软
泡桐	隐心材	淡灰褐色		特宽	中	小	直	粗	轻，软	髓心特别大，易中空
构木	隐心材	淡黄褐色		不均匀	中	甚小	斜	中	轻，软	髓心特别大，易中空

3. 木材的选用

根据建筑物的要求，常用木材选用见表 2—14。

表 2—14　木材的选用

使用部位	材质要求	建议选用的树种
桩木、坑木	要求抗剪、抗劈、抗压、抗冲击力好，耐久、纹理直，并具有高度天然抗害性能的木材	红豆杉、云杉、红皮云杉、细叶云杉、鱼鳞云杉、紫果云杉、冷杉、杉松、臭冷杉、铁杉、云南铁杉、黄杉、油杉、云南油杉、兴安落叶松、四川红杉、长白落叶松、红杉、华山松、白皮松、红松、广东松、黄山松、马尾松、樟子松、油松、云南松、杉木、桧木、柏木、包栎树、铁槠、面槠、槲栎、白栎、柞栎、麻栎、小叶栎、栓皮栎、栗、珍珠栗、春榆、大叶榆、大果榆、榔榆、白榆、光叶榉、金丝李、樟木、檫木、山合欢、大叶合欢、皂角、槐、刺槐、大叶桉等

续上表

使用部位	材质要求	建议选用的树种
屋架(包括木梁、搁栅、桁条、柱)	要求纹理直、有适当的强度、耐久性好、钉着力强、干缩小的木材	黄杉、铁杉、云南铁杉、云杉、红皮云杉、细叶云杉、鱼鳞云杉、紫果云杉、冷杉、杉松冷杉、臭冷杉、油杉、云南油杉、兴安落叶松、四川红杉、红杉、长白落叶松、金钱松、华山松、白皮松、红松、广东松、黄山松、马尾松、樟子松、油松、云南松、水杉、柳杉、杉木，福建柏、侧柏、柏木、桧木、响叶杨、青杨、辽杨、小叶杨、毛白杨、山杨、樟木、红楠、楠木、木荷、西南木荷、大叶桉等
墙板、镶板、天花板	要求具有一定强度、质较轻和有装饰价值花纹的木材	异叶罗汉松、红豆杉、野核桃、核桃楸、胡桃、山核桃、长柄山毛榉、栗、珍珠栗、木槠、红椎、栲树、苦槠、包栎树、铁槠、面槠、槲栎、白栎、柞栎、麻栎、小叶栎、白克木、悬铃木、皂角、香椿、刺楸、蚬木、金丝李、水曲柳、梣楸树、红楠、楠木等
门窗	要求容易干燥、干燥后不变形、材质较轻、易加工、油漆及胶黏性质良好并具有一定花纹和材色的木材	异叶罗汉松、黄杉、铁杉、云南铁杉、云杉、红边云杉、细叶云杉、鱼鳞云杉、紫果云杉、冷杉、杉松冷杉、臭冷杉、油杉、云南油杉、杉木、柏木、华山松、白皮松、红松、广东松、七裂槭、色木槭、青榨槭、满洲槭、紫椴、椴木、大叶桉、水曲柳、野核桃、核桃楸、胡桃、山核桃、枫杨、枫桦、红桦、黑桦、亮叶桦、香桦、白桦、长柄山毛榉、栗、珍珠栗、红楠、楠木等
地板	要求耐腐、耐磨、质硬和具有装饰花纹的木材	黄杉、铁杉、云南铁杉、油杉、云南油杉、兴安落叶松、四川红杉、长白落叶松、红杉、黄山松、马尾松、樟子松、油松、云南松、柏木、黄山桃、枫桦、红桦、黑桦、亮叶桦、香桦、白桦、长柄山毛榉、栗、珍珠栗、米槠、红椎、栲树、苦槠、包栎树、铁槠、槲栎、白栎、柞栎、麻栎、小叶栎、蚬木、花榈木、红豆木、梣、水曲柳、大叶桉、七裂槭、色木槭、青榨槭、满洲槭、金丝李、红松、杉木、红楠、楠木等
椽子、挂瓦条、平顶筋、灰板条、墙筋等	要求纹理直、无翘曲、钉钉时不劈裂的木材	通常利用制材中的废材，以松、杉树种为主

4.木材的缺陷

木材的缺陷见表 2—15。

表 2—15 木材的缺陷

缺陷	内　容
节子(节疤)	树木的枝条在生长过程中埋藏在树干内部的枝条基部称为节子或节疤。木材有节子是树木的一种正常生理现象。但是节子的存在，破坏了木材的纹理。靠近节子附近的年轮被挤弯，影响木材的物理和力学性质，所以在木材的利用上，通常都认为节子是一种缺陷。

续上表

缺陷	内 容
节子(节疤)	节子按其构造和性质可分为活节、死节和漏节。活节是树干中的活树枝形成的节子,节的纤维与周围木材相连生,节的质地坚硬、构造正常。死节是树木的枯枝形成的,它和周围木材部分或全部脱离,死节按材质情况又可分为死硬节、松软节、脱落节和腐朽节。 材质坚硬的死节称为死硬节。材质松软变质,但周围木材健全,称为松软节。干燥后死节脱落形成节孔称为脱落节。如节子已腐朽,但没有透入树干内部,称为腐朽节。如果节子腐朽严重,形成筛孔状或粉末状并且腐朽已深入树干内部,和树干的内部腐朽相连,这种节子就是漏节。漏节常成为树干或树木内部腐朽的外部标志
变色腐朽	变色菌侵入木材后,摄取木材细胞腔的养分,而不分解细胞壁的物质,在其全部活动过程中引起木材正常颜色的改变称为变色。腐朽菌侵入木材后,不仅使木材改变颜色,而且会使木材结构逐渐变得松软、脆弱、易碎,最后形成一种呈筛孔状或粉末状的软块,这种现象称为腐朽
虫眼	大都是树木伐倒(或枯死)后,遭受甲虫、蚁虫等的蛀食而成
开裂	树木在生长后期或伐倒后,受湿度和温度的影响,使木材纤维之间发生脱离的现象称为开裂。木材沿着长度方向开裂称为纵裂,围着年轮方向发生的裂纹称为环裂
树干形状的缺陷	木材形体的缺陷分为弯曲和尖削。树干的轴线不在一条直线上,向前后左右凸出的现象,称为弯曲。木材的弯曲影响木材的出材率和木材的强度。树干上下部直径相差悬殊的现象称为尖削
斜纹	树干纤维呈螺旋形生长,整个树干的纹理表现为扭转状,称为木材的斜纹或扭转纹
伤疤	树木的伤疤包括外伤、夹皮和树瘤等缺陷
木材加工缺陷	在原木加工和保管过程中,由于人为的原因造成的缺陷称为木材加工缺陷,主要有倒茬、钝棱和弯曲等

5. 常用木材的构造、性质和用途

常用木材的构造、性质和用途详见表2－16。

表2－16 常用木材的构造、性质和用途

序号	树种	主要产地	主要识别特征	一般性质	主要用途
1	红松(果松、海松、朝鲜松)	东北长白山、小兴安岭	树皮灰红褐色,皮沟不深,鳞片状开裂;内皮浅褐色,裂纹呈红褐色,在原木断面有明显的油脂圈;心材黄褐微带肉红。年轮窄而均匀,树脂道明显	材质轻软,纹理直,结构中等。干燥性能良好,易加工,切削面光滑,油漆和胶接甚易。耐久性比马尾松强	门窗、屋架、檩条、模板等

续上表

序号	树种	主要产地	主要识别特征	一般性质	主要用途
2	马尾松（本松、松树）	长江流域以南	外皮深红褐色微灰，纵裂，长方形剥落；内皮枣红色微黄。边材浅褐黄色。甚宽，常有青变；心材深黄褐色微红。树脂道大而多，呈针孔状。生节明显	材质硬度中，纹理直或斜不匀，结构中至粗。不耐腐，松脂气味显著，钉着力强	模板、门窗、椽条、地板及胶合板等
3	兴安落叶松（黄花松、内蒙落叶松、落叶松）	东北大、小兴安岭	树皮暗灰色，皮沟深，裂片内鲜紫红色，折断后断面深褐色；内皮淡肉红色。边材黄白色微带褐；心材黄褐至棕褐色。早、晚材急变，手摸感到不平。树脂道小而少	材质坚硬，不易干燥和防腐处理，干燥易开裂，不易加工，耐磨损、磨损后材面凹凸不平	檩条、地板、木桩等
4	华山松（马岱松、黄松、葫芦松）	陕西、甘肃	心材为浅红褐色至鹅黄色，边材为黄白色至浅黄色，年轮明显，不均匀；有正常树脂，在肉眼下明显至明晰或可见；木射线很细，肉眼不可见；木材不具光泽，具有松脂气味；材身多圆满，材表光滑	纹理直，易干燥，中等耐腐，加工容易，切削面光滑，胶合、油漆性质良好	模板、门窗、胶合板等
5	油松	陕西、甘肃	心材浅褐色，边材浅黄褐色，年轮显著，不均匀；树脂道正常；木射线很细，肉眼不可见；具有松脂气味；材身圆满，材表光滑	纹理直，易气干，干燥性质较好，中等耐腐，材质良好易加工，因含油脂油漆不易干	模板、屋架等
6	云杉	东北	心边材区别不明显，材色乳白色、米色略带褐色；年轮明晰，有树脂道分布于晚材附近；木射线很细，纹理通直，木材具有光泽，材身圆满，材表平滑	木材易气干，少见干裂现象，易腐，质量轻，强重比大，无节木材加工容易，但大节易使刀具变钝，握钉力弱，胶合、油漆性能良好	木模、胶合板、门窗、室内装饰等

续上表

序号	树种	主要产地	主要识别特征	一般性质	主要用途
7	冷杉（蒲木）	陕西、四川	树皮浅褐色至黄褐色；心边材区别不明显，木材为黄白色至浅黄色，年轮明晰、略均匀；木射线很细；无正常树脂道；纹理通直，材身圆满，材表平滑	易气干，较少干裂，易腐，力学强度低，加工容易，钉着容易但握钉力较差，油漆、胶合性能良好	门窗、胶合板、室内装修等
8	卜氏杨（冬瓜杨、水冬瓜）	陕西、四川、甘肃	树皮呈灰黄色至黄褐色，呈片状层剥离；木材为浅褐黄色而略带微红色；年轮略明晰，管孔极小，肉眼不见，纹理通直，材身常圆满，材表平滑	气干容易，常见干裂与翘曲，木材易腐，力学强度低，易于加工，但表面不光滑，钉着容易但握钉力弱，胶合、油漆性能中等	家具、模板等
9	红桦（纸皮桦）	陕西、甘肃	树皮光滑，为浅红褐色或略带紫色，具有灰色粉状，外皮作纸片状剥落；木材为浅红色或浅褐红色，年轮明晰、不很均匀，管孔小，木射线细；纹理常通直，有时倾斜，材身圆满，材表光滑	气干速度中等，有干裂和变形情况，原材多两端开裂；易腐朽，力学强度中等，加工容易至中等难度，材质良好，加工表面光滑，打光、胶合、钉着、油漆等性能良好	胶合板、家具等
10	枫杨（麻柳、柳木）	甘肃、陕西、山东、长江流域	外皮灰褐色、浅裂；内皮黄白色。木材褐色至灰白色，呈半散孔状。髓心呈隔膜状	材质轻柔，纹理交错，结构中等；易加工，干燥易翘曲	家具、胶合板、建筑模板
11	青冈栎（铁槠、青栲树）	长江流域以南	外皮深灰色，薄而光滑，无皮沟；内皮似菊花状。木材灰褐色至红褐色，边材色较浅。辐射孔材	材质坚硬。富有弹性，纹理直。不易加工，切削面光滑。耐磨性强，油漆或胶合性能良好	楼梯扶手等
12	香樟（樟木、小叶樟、乌樟）	长江流域以南	树皮黄褐色略带暗灰，柔软，石细胞层环状排列。有樟脑气味。边材宽、黄褐色至灰褐色；心材红褐色。散孔材。木材有显著樟脑气味	纹理交错，结构细。易加工，切削后光滑，干燥后不易变形，耐久性强	家具、雕刻、细木工贴面等

续上表

序号	树种	主要产地	主要识别特征	一般性质	主要用途
13	紫椴（椴木）	东北、山东、山西、河北	树皮土黄色，一般平滑，纵裂，裂沟浅，表面单层翘离，内皮粉黄色较厚，剥落成纸条状。木材黄白色略带褐，有腻子气味，与杨树区别，表面不规则，弦面波痕略显明，显微镜下导管具螺纹加厚。与本种近似的有糠椴，但较松软，旋切易起毛，质稍差。散孔材。加工后易与杨木混淆	材质略轻软，纹理直，结构细，手摸感光滑。易加工，易雕刻，不耐磨	胶合板、仿古门窗及家具、绘图板等
14	水曲柳	东北	树皮灰白色微黄，皮沟纺锤形；内皮淡黄色，味苦，干后浅褐色，浸入水中半小时，溶液绿蓝色。边材窄、黄白色；心材褐色略黄。环孔材。与水曲柳近似的还有花曲柳，但心边材区别不明显，材色较浅，黄白色。加工后易与榆木混淆	材质光滑，纹理直，结构中等。易加工，不易干燥，耐久，油漆和胶合均易	胶合板面板、家具、栏杆扶手、室内装饰、木地板等
15	泡桐（桐树）	北起辽宁、南止广东	树皮灰色，平滑，皮孔显著。木材浅灰褐色。环孔材。年轮甚宽。髓心大而中空	材质轻柔，纹理直或斜，结构粗。易加工，但切面不光滑，易干燥，不翘裂。钉着力弱	胶合板的心板、绝热和电的绝缘材料、家具的背板
16	柳桉（红柳桉）	国外产于菲律宾	树皮较厚，皮沟深，边材淡灰色至红褐色；心材淡红色至暗红褐色。心材管孔内常含有褐色树胶或白色沉积物，散孔材，此外尚有白柳桉，材色灰白，树胶道小，在放大镜下可见	材质轻重适中，纹理交错，形成带状花纹，结构略粗。易加工，易干燥，稍有翘曲和开裂，胶合性良好	胶合板、家具、船舶和建筑内部装修

6. 木结构材质等级

(1)普通木结构构件的材质等级见表 2－17。

表 2—17 普通木结构构件的材质等级

项次	主要用途	材质等级
1	受拉或拉弯构件	$Ⅰ_a$
2	受弯或压弯构件	$Ⅱ_a$
3	受压构件及次要受弯构件(如吊顶小龙骨等)	$Ⅲ_a$

(2)轻型木结构用规格材的材质标准见表 2—18。

表 2—18 轻型木结构用规格材的材质标准

项次	缺陷名称	材质等级		
		$Ⅰ_c$	$Ⅱ_c$	$Ⅲ_c$
1	振裂和干裂	允许个别长度不超过 600 mm,不贯通,如贯通,参见劈裂要求		贯通:600 mm 长。 不贯通:900 mm 长或不超过 1/4 构件长。 干裂:无限制贯通干裂参见劈裂要求
2	漏刨	构件的 10%轻度漏刨[①]		轻度漏刨不超过构件的 5%,包含长达 600 mm的散布漏刨[①],或重度漏刨[②]
3	劈裂	$B/6$		1.5b
4	斜纹: 斜率(%)	≤8	≤10	≤12
5	钝棱[④]	$h/4$ 和 $b/4$,全长或等效,如果每边的钝棱不超过 $h/2$ 或 $b/3$,$L/4$		$h/3$ 和 $b/3$,全长或等效,如果每边的钝棱不超过 $2h/3$ 或 $b/2$,$L/4$
6	针孔虫眼	每 25 mm 的节孔允许 48 个针孔虫眼,以最差材面为准		
7	大虫眼	每 25 mm 的节孔允许 12 个 6 mm 的大虫眼,以最差材面为准		
8	腐朽—— 材心[⑮a]	不允许		当 h>40 mm 时不允许,否则 $h/3$ 或 $b/3$
9	腐朽—— 白腐[⑮b]	不允许		1/3 体积
10	腐朽—— 蜂窝腐[⑮c]	不允许		1/6 材宽但坚实[⑪]
11	腐朽—— 局部片状腐[⑮d]	不允许		1/6 材宽[⑪,⑫]
12	腐朽—— 不健全材	不允许		最大尺寸 $b/12$ 和 50 mm 长,或等效的多个小尺寸[⑪]

续上表

项次	缺陷名称	材质等级								
		$Ⅰ_c$			$Ⅱ_c$			$Ⅲ_c$		
13	扭曲、横弯和顺弯⑤		1/2 中度			轻度				
14	木节和节孔⑭高度(mm)	健全节、卷入节和均布节⑥		非健全节、松节和节孔⑦	健全节、卷入节和均布节		非健全节、松节和节孔⑧	任何木节		节孔⑨
		材边	材心		材边	材心		材边	材心	
	40	10	10	10	13	13	13	16	16	16
	65	13	13	13	19	19	19	22	22	22
	90	19	22	19	25	38	25	32	51	32
	115	25	38	22	32	48	29	41	60	35
	140	29	48	25	38	57	32	48	73	38
	185	38	57	32	51	70	38	64	89	51
	235	48	67	32	64	93	38	83	108	64
	285	57	76	32	76	95	38	95	121	76

项次	缺陷名称	材质等级	
		$Ⅳ_c$	$Ⅴ_c$
1	振裂和干裂	贯通:$L/3$。 不贯通:全长。 三面振裂:$L/6$。 干裂无限制,贯通干裂参见劈裂要求	不贯通:全长。 贯通和三面振裂:$L/3$
2	漏刨	散布漏刨伴有不超过构件10%的重要漏刨⑫	任何面的散布漏刨中,宽面含不超过10%的重度漏刨②
3	劈裂	$L/6$	$2b$
4	斜纹:斜率(%)	≤25	≤25

续上表

<table>
<tr><th rowspan="2">项次</th><th rowspan="2">缺陷名称</th><th colspan="6">材质等级</th></tr>
<tr><th colspan="3">IV_c</th><th colspan="3">V_c</th></tr>
<tr><td>5</td><td>钝棱[4]</td><td colspan="3">$h/2$ 和 $b/2$，全长或等效，如果每边的钝棱不超过 $7h/8$ 或 $3b/4$，$L/4$</td><td colspan="3">$h/3$ 和 $b/3$，全长或等效，如果每边的钝棱不超过 $h/2$ 或 $3b/4$，$\leqslant L/4$</td></tr>
<tr><td>6</td><td>针孔虫眼</td><td colspan="6">每 25 mm 的节孔允许 48 个针孔虫眼，以最差材面为准</td></tr>
<tr><td>7</td><td>大虫眼</td><td colspan="6">每 25 mm 的节孔允许 12 个 6 mm 的大虫眼，以最差材面为准</td></tr>
<tr><td>8</td><td>腐朽——
材心[15a]</td><td colspan="3">1/3 截面[11]</td><td colspan="3">1/3 截面[11]</td></tr>
<tr><td>9</td><td>腐朽——
白腐[15b]</td><td colspan="3">无限制</td><td colspan="3">无限制</td></tr>
<tr><td>10</td><td>腐朽——
蜂窝腐[15c]</td><td colspan="3">100%坚实</td><td colspan="3">100%坚实</td></tr>
<tr><td>11</td><td>腐朽——
局部片状腐[15d]</td><td colspan="3">1/3 截面</td><td colspan="3">1/3 截面</td></tr>
<tr><td>12</td><td>腐朽——
不健全材</td><td colspan="3">1/3 截面，深入部分 1/6 长度[13]</td><td colspan="3">1/3 截面，深入部分 1/6 长度[13]</td></tr>
<tr><td>13</td><td>扭曲、横弯和顺弯[5]</td><td colspan="3">中度</td><td colspan="3">1/2 中度</td></tr>
<tr><td rowspan="10">14</td><td rowspan="2">木节和节孔[14]
高度(mm)</td><td colspan="2">任何木节</td><td rowspan="2">节孔[10]</td><td colspan="2" rowspan="2">任何木节</td><td rowspan="2">节孔[10]</td></tr>
<tr><td>材边</td><td>材心</td></tr>
<tr><td>40</td><td>19</td><td>19</td><td>19</td><td>19</td><td>19</td><td>19</td></tr>
<tr><td>65</td><td>32</td><td>32</td><td>32</td><td>32</td><td>32</td><td>32</td></tr>
<tr><td>90</td><td>44</td><td>64</td><td>44</td><td>44</td><td>64</td><td>38</td></tr>
<tr><td>115</td><td>57</td><td>76</td><td>48</td><td>57</td><td>76</td><td>44</td></tr>
<tr><td>140</td><td>70</td><td>95</td><td>51</td><td>70</td><td>95</td><td>51</td></tr>
<tr><td>185</td><td>89</td><td>114</td><td>64</td><td>89</td><td>114</td><td>64</td></tr>
<tr><td>235</td><td>114</td><td>140</td><td>76</td><td>114</td><td>140</td><td>76</td></tr>
<tr><td>285</td><td>140</td><td>165</td><td>89</td><td>140</td><td>165</td><td>89</td></tr>
</table>

续上表

项次	缺陷名称	材质等级	
		Ⅵ$_c$	Ⅶ$_c$
1	振裂和干裂	材面上的振裂和干裂不长于600 mm,贯通干裂同劈裂	贯通:600 mm 长 不贯通:900 mm 长或不大于 $L/4$
2	漏刨	构件的10%轻度漏刨[①]	轻度漏刨不超过构件的5%,包含长达600 mm的散布漏刨[③]或重度漏刨[②]
3	劈裂	b	1.5b
4	斜纹:斜率(%)	≤17	≤25
5	钝棱[④]	$h/4$ 和 $b/4$,全长或等效,如果每边的钝棱不超过 $h/2$ 或 $b/3$,$L/4$	$h/3$ 和 $b/3$,全长或等效,如果每边的钝棱不超过 $2h/3$ 或 $h/2$,$\leqslant L/4$
6	针孔虫眼	每25 mm的节孔允许48个针孔虫眼,以最差材面为准	
7	大虫眼	每25 mm的节孔允许12个6 mm的大虫眼,以最差材面为准	
8	腐朽——材心[⑮a]	不允许	$h/3$ 或 $b/3$
9	腐朽——白腐[⑮b]	不允许	1/3体积
10	腐朽——蜂窝腐[⑮c]	不允许	$b/6$
11	腐朽——局部片状腐[⑮d]	不允许	$b/6$[⑫]
12	腐朽——不健全材	不允许	最大尺寸 $h/12$ 和50 mm长,或等效的小尺寸[⑪]
13	扭曲、横弯和顺弯[⑤]	1/2中度	轻度

项次	木节和节孔[⑭]高度(mm)	健全分卷入节和均布节	非健全节松节和节孔[⑧]	任何木节	节孔[⑨]
14	40	—	—	—	—
	65	19	16	25	19
	90	32	19	38	25
	115	38	25	51	32
	140	—	—	—	—

续上表

项次	缺陷名称	材质等级			
		Ⅵc		Ⅶc	
14	185	—	—	—	—
	235	—	—	—	—
	285	—	—	—	—

①一系列深度不超过 1.6 mm 的漏刨，介于刨光的表面之间。

②全长深度为 3.2 mm 的漏刨(仅在宽面)。

③全面散布漏刨或局部有刨光面或全为糙面。

④距离材端全面或部分占据材面的钝棱，当表面要求满足允许漏刨规定，窄面上损坏要求满足允许节孔的规定(长度不超过同一等级允许最大节孔直径的二倍)，钝棱的长度可为 305 mm，每根构件允许出现一次。含有该缺陷的构件不得超过总数的 5%。

⑤顺弯允许值是横弯的 2 倍。

⑥卷入节是指被树脂或树皮包围不与周围木材连生的木节，均布节是指在构件任何 150 mm 长度上所有木节尺寸的总和必须小于容许最大木节尺寸的 2 倍。

⑦每 1.2 m 有一个或数个小节孔，小节孔直径之和与单个节孔直径相等。非健全节是指腐朽节，但不包括发展中的腐朽节。

⑧每 0.9 m 有一个或数个小节孔，小节孔直径之和与单个节孔直径相等。

⑨每 0.6 m 有一个或数个小节孔，小节孔直径之和与单个节孔直径相等。

⑩每 0.3 m 有一个或数个小节孔，小节孔直径之和与单个节孔直径相等。

⑪仅允许厚度为 40 mm。

⑫假如构件窄面均有局部片状腐，长度限制为节孔尺寸的 2 倍。

⑬不得破坏钉入边。

⑭节孔可以全部或部分贯通构件。除非特别说明，节孔的测量方法同节子。

⑮腐朽(不健全材)。

⑮a 材心腐朽是指某些树种沿髓心发展的局部腐朽，用目测鉴定。心材腐朽存在于活树中，在被砍伐的木材中不会发展。

⑮b 白腐是指木材中白色或棕色的小壁孔或斑点，由白腐菌引起。白腐存在于活树中，在使用时不会发展。

⑮c 蜂窝腐与白腐相似但囊孔更大。含有蜂窝腐的构件较未含蜂窝腐的构件不易腐朽。

⑮d 局部片状腐是柏树中槽状或壁孔状的区域。所有引起局部片状腐的木腐菌在树砍伐后不再生长。

注：1. 目测分等应考虑构件所有材面以及两端，b 为构件宽度；h 为构件厚度；L 为构件长度。

2. 除本注解中已说明，缺陷定义详见国家标准《锯材缺陷》(GB/T 4823—1995)。

7. 结构用胶及木工常用胶黏剂

结构用胶及木工常用胶黏剂见表 2－19。

表 2－19　结构用胶及木工常用胶黏剂

项目				内　　容
常用胶黏剂	耐水性胶黏剂	间苯二酚甲醇胶黏剂	特点	黏结强度高，黏结性能优良，可在常温或中温下固化，故操作方便，黏结层整而不脆，可在－40℃～100℃的温度条件下使用，但价格较高，且对木材污染严重
			用途	多用于承受较重荷载的木结构，以及在露天等条件下使用的木结构。如建筑用的层合梁、弓形屋架等
		酚醇树脂胶黏剂	特点	黏结强度、耐水性、耐候性优异，耐老化、耐热性好，价格适中，但对木材有明显污染，是我国用于经常受潮结构的主要胶料
			用途	适用于建筑木结构的黏结、木工装配黏合及胶合板等木制品的生产
	半耐水性胶黏剂	聚醋酸乙烯胶黏剂	特点	耐潮湿，较耐冷水，不耐热水，黏结件不能在露天条件下使用，温度在60℃～80℃条件下软化，黏结强度降低，在长期受连续荷载下，黏结层会产生较大的塑性变形
			用途	用于木板拼合，木装修黏结，以及碎木层压材、人造板材生产等，应用极为广泛
		脲醇酸乙烯胶黏剂	特点	能溶于水，不需要有机溶剂，常温或加热条件下均能自行固化，故使用方便，固化后无色，不污染木材。黏结强度比动物胶高，黏结层耐热、耐潮湿、耐微生物，但其耐热性、耐沸水性、耐老化性均低于酚醛胶黏剂
			用途	主要用于大批量的木材黏结生产，制造胶合板、夹芯板和木层压材，也可用于一般木作工程的结构
		酪素胶黏剂	特点	无毒，抗震性好，可在低温条件下操作固化，黏结强度较好，但耐水性、抗腐性差，固化时间较长
			用途	是一种非结构性胶黏剂，可用于黏结木材
		三聚氰胺脲醛树脂胶黏剂	特点	是一种改善了的脲醛树脂胶黏剂，显著提高了耐水性能和耐热性能
			用途	可用于使用期较短的露天木结构和一些非永久性结构
结构用胶				(1)承重结构使用的胶，应保证其胶合强度不低于木材顺纹抗剪和横纹抗拉的强度。胶黏剂的耐水性和耐久性，应与结构的用途和使用相适应。 (2)对于在使用中有可能受潮的结构以及重要的建筑物，应采用耐水胶(如苯酚甲醛树脂胶等)；对于在室内正常温、湿度环境中使用的一般胶合木结构，可采用中等耐水性胶(如脲醛合树脂或尿素甲醛树脂等)

三、施工机械要求

1. 锯割机械

(1)圆锯机的分类见表 2－20。

表 2－20　圆锯机的分类

项目	内　容
纵解圆锯机	纵解圆锯机主要用于纵向锯割板材、板皮和方材，适用于建筑工地和木材加工厂配料。通常，由机身（工作台）、锯轴、锯片和防护装置等部分组成
横截圆锯机	横截圆锯机用以将长料截短，适用于工地制作门窗和截配模板，工厂主要用于截配门窗和家具的毛构件。横截圆锯机又有推车截锯机和吊截锯机两种形式

（2）圆锯机的操作及圆锯操作事故分析见表 2－21。

表 2－21　圆锯机的操作及圆锯操作事故分析

项目	内　容
纵解圆锯机	（1）操作前应检查锯片有无断齿或裂纹现象，然后安装锯片，并装好防护罩和安全装置。 （2）安装锯片应与主轴同心，其内孔与轴的间隙不应大于 0.15～0.2 mm，否则会产生离心惯性力，使锯片在旋转中摆动。 （3）法兰盘的夹紧面必须平整，要严格垂直于主轴的旋转中心，同时保持锯片安装牢固。 （4）先检查被锯割的木材表面或裂缝中是否有钉子或石子等坚硬物，以免损伤锯齿，甚至发生伤人事故。 （5）手动进料纵解木工圆锯机要由两人配合操作，上手推料入锯，下手接拉割完。上手抱着木料一端，将前端靠着锯片入锯，推料时目视锯片照直前进，等料锯出后台面时，下手方可接拉后退，两人要步调一致紧密配合。 （6）上手推料至锯片 300 mm 就要撒手，站在锯片侧面，防止木片或锯片破裂射出伤人。下手接拉锯完回送木料时一定要将木料摆离锯片，以防止锯片将木料打回伤人。 （7）锯割速度要灵活掌握，进料过快会增大电机负荷，使电机温升过高甚至烧毁电机。 （8）木料夹住锯片时，要停止进料，待锯片恢复到最高转速后再继续锯割。夹锯严重时应关机处理，在分离刀后，打入木楔撑开锯路后，再继续锯完。 （9）锯台上锯片周围的劈柴边皮应用木棒及时清除，下手在向外甩边皮时严防接触锯片射出伤人。 （10）锯到木节处要放慢速度，并注意防止木节弹出伤人
推车圆锯机	（1）截长料时，需要多人配合，1 人上料推送，1 人推车横截，1 人扶尺接料，1 人码板。 （2）截短料时，可在推尺靠山上刻尺寸线，或在扶尺台上安限位挡块，1 人进行操作。 （3）截料头时，按工件长度和斜度在推车上钉一木块，将工件支撑到一定斜度推截即可。 （4）在截料过程中，禁止与锯片站在一条直线上，锯片两边夹有木块木屑，应用木棍清除，禁止直接用手拨弄
调截圆锯机	（1）操作时，将木料放在锯台上，紧靠靠板，对好长度，用左手按住木料，右手拉动手把，待锯片运转正常时，即可截断木料。 （2）锯毕放手，锯片靠平衡锤作用回复原位，再继续截料。 （3）如锯弯曲原木，应将其弯拱向上。 （4）遇有较大节子或腐朽时应予截除。 （5）余料短于 250 mm 的不得使用截锯来截断。

续上表

项目	内　容
调截圆锯机	(6)截料时应注意:人要站在锯片的侧面,防止锯片破裂飞出伤人。 (7)按料时手必须离锯片 300 mm 以上,进料要慢、要稳,不要猛拉以免卡锯。 (8)遇到卡锯时应立即停锯,退出锯片,然后再缓慢进行锯截
圆锯操作事故分析	(1)锯口太窄,木屑排除不畅;木料含油质较多,或木纤维质地坚韧;锯口处加水不足,锯片局部受热变形等,造成夹锯。防止木料夹锯的方法是:整修锯片,加宽锯路,解决锯口太窄的问题,使锯路宽度等于锯片厚度的 1.4～1.9 倍(但是不应超过锯片厚度的 2 倍),锯软料、湿料时取较大值,锯硬料、干料时取较小值,锯割薄板的锯路要更小些。锯片的锯路要均匀、整齐、对称地向两侧倾斜。 在锯片后面安装比锯路宽度稍厚的分离刀,或在夹锯时关闭电机,在锯口处打入木楔,再开机锯割,也可以防止夹锯。 (2)锯齿的齿尖用久了以后就会有磨损,出现高低不平、不在同一个圆周线上的现象。锯硬质木料时,容易引起木料上下跳动,甚至木料突然射出。齿尖高低不平的原因是,修磨锯片时,事先没有将锯片的正圆找出,单纯按照齿刃的磨损程度进行磨砺。 修磨锯片是安全使用圆锯的关键。首先,要保证锯片有一个合适的张度。一般情况下,锯片直径大,张力就要适当加大,锯割硬料或锯割薄板进料速度快;直径小、锯片厚时,可以不要张力,只要平整就可以了。其次,锯片的齿型要锐利,尽量减少断齿。锯片的边缘开裂时,可以在裂口处用 2～3 mm 钻头或钢铳在裂口终点两面钻孔或冲孔,经过修整处理后才能再用。 (3)当木纹扭曲或木料锯割路线产生偏斜时,可以把木料退出、翻转后再重新锯割。但是,一定要防止木料突然反弹射出。锯割路线偏斜时,硬拽或猛推更危险。 (4)当木料锯至尾部时,特别是纹理顺直、易破开的木料,可能会未经锯割而突然飞出木片。所以,在不影响操作的情况下,操作者应该站在锯片平面的侧面,不应该与锯片站在同一直线上。同时,锯片上方要设防护罩及保险装置。锯片周围的木片、木块要用木棒及时清除,以防发生操作事故。 (5)木料过短,易上下跳动、反弹飞出,而且操作不便,操作者应该使用推料杆推料。锯割小于锯片直径的短料时,危险性极大,操作人员要加倍小心。锯割短料应由一人操作,有助手时也不得依靠助手。 操作者经验不足、缺乏安全操作常识和助手配合不当等,都是发生圆锯操作事故的原因。为了防止发生操作事故,应该针对这些原因做好防护工作。同时,必须大力开展安全宣传教育,注意严格执行安全操作规程

2. 刨削机械

刨削机械见表 2－22。

表 2－22　刨削机械

项目	内　容
平刨机的构造	平刨又名手压刨,它主要由机座、前后台面、刀轴、导板、台面升降机构、防护罩、电动机等组成的

续上表

<table>
<tr><th colspan="2">项目</th><th>内　　容</th></tr>
<tr><td rowspan="3">平刨准备</td><td>装对刀</td><td>正确安装和固定刀片的原则是，刀片夹紧必须牢固，并紧贴刀轴的断屑棱边，刀片刃口伸出量约 1 mm，所有刀片刃口切削圆半径应相等。
对刀方法是将一硬木条或钢板尺平放在后台面上，反向转动刀轴，使刀刃刚好接触硬木条或钢板尺，在刀片长度上分左、中、右三点将刀刃调到同一切削半径上。其他刀片按上述方法调好。这时刀轴上所有刀片刃口就都处于同一切削圆柱面上。刀对好后，逐片拧紧紧刀螺钉</td></tr>
<tr><td>台面调整</td><td>后台面作为已刨削平面的导轨，理论上应与刀刃切削圆柱的水平切面相重合，但考虑到木材切面的回弹，可使后台面略高于切削圆柱面的水平切面。
前台面应低于后台面，差距大小应视木料的具体情况随时变动，一般为 1～2 mm，粗刨时取大值，精刨时取小值。
调整方法是在后台面上平放一刨光木方，以钢板尺垂直于前台面量取前后台面高低差。如果高低差不足或较大，应松开前台面锁紧装置，扳动调节手把下降或上升前台面，调合适后锁定台面即可</td></tr>
<tr><td>靠山调整</td><td>靠山调整，一是要使靠山固定于台面上的合适位置，二是要将靠山平面调整到适合工件两基准面的角度。位置调整，松开靠山上水平轴的锁定螺栓，双手推拉靠山到需要的位置后拧紧锁定螺栓。靠山的角度调整，是把角尺平放在台面上，转动靠山，使其位于所需角度上，加以固定即可。以上准备工作完成后即可开机生产</td></tr>
<tr><td colspan="2">平刨操作</td><td>(1)操作时，人要站在工作台的左侧中间，左脚在前，右脚在后，左手按压木料，右手均匀推送，如图 2－2 所示。当右手离刨口 150 mm 时即应脱离料面，靠左手推送。 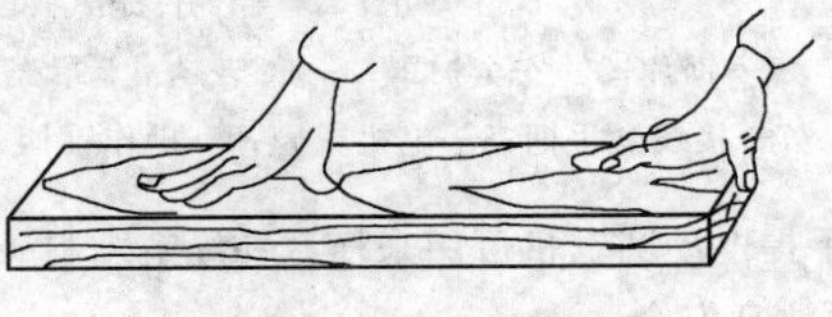

图 2－2　刨料手势
(2)刨削时，要先刨大面，后刨小面。刨小面时，左手既要按压木料，又要使大面紧靠导板，右手在后稳妥推送。当木料快刨完时，要使木料平稳地推刨过去，遇到节子或戗槎处，木质较硬或纹理不顺，推送速度要放慢，思想要集中。两人操作时，应互相密切配合，上手台前送料要稳准，下手台后接料要慢拉，待木料过刨口 300 mm 后方可去接拉。木料进出要始终紧靠导板，不要偏斜。
(3)刨削长 400 mm、厚 30 mm 以下的短料要用推棍推送；刨削长 400 mm、厚 30 mm 以下的薄板要用推板推送，如图 2－3 所示。长 300 mm、厚 20 mm 以下的木料，不要在平刨上刨削，以免发生伤手事故。 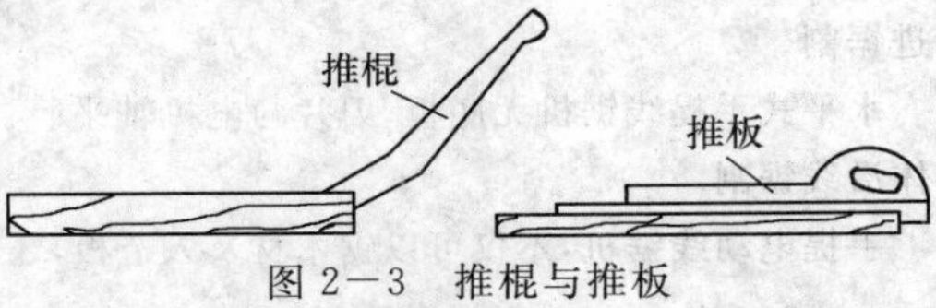

推棍
推板
图 2－3　推棍与推板</td></tr>
</table>

续上表

项目	内　容
平刨操作	(4)在平刨床上可以同时刨削几个工件，以提高工效，但工件厚度应基本一致，以防薄工件压不住，被刨刀打回发生意外。刨薄板的小面时，为了提高工效，允许成叠进行刨削，但必须将几块板夹紧。刨削开始时，应将工件的两个基准面在角尺上检查一下，看其是否符合要求，确认无误后方可批量进行加工

3.手提轻便机具

手提轻便机具见表2—23。

表2—23　手提轻便机具

项目	内　容
手提电动圆锯机	手提电动圆锯机由小型电机直接带动锯片旋转，由电动机、锯片、机架、手柄及防护罩等部分组成，如图2—4所示。 图2—4　手提式木工电动圆锯 1—锯片；2—安全护罩；3—底架；4—上罩壳；5—锯切深度调整装置；6—开关；7—接线盒手柄；8—电机罩壳；9—操作手柄；10—锯切角度调整装置；11—靠山 手提电动圆锯机可用来横截和纵解木料。锯割时锯片高速旋转并部分外露，操作时必须注意安全。 开锯前先在木料上画线，并将其夹稳。双手提起锯机按动手柄上的启动按钮，对准墨线切入木材，把稳锯机沿线向前推进。操作时要戴防护眼镜，以免木屑飞出伤眼
手提电动线锯机	手提电动线锯机主要用来锯较薄的木板和人造板，因其锯条较窄，既可作直线锯割，也可锯曲线。 手提电动线锯机有垂直式和水平式两种。 垂直式手提电动线锯机的底板可以与锯条之间作45°～90°的任意调节。锯直边时，底板与锯条垂直，锯斜边时，把底板在45°范围内作调整。操作时在木料上画线或安装临时导轨，底板沿临时导轨推进锯割。曲线锯割时必先画线，双手握住手把沿线慢慢推进锯割。 水平式手提线锯机无底板，刀片与电机轴平行。操作时，右手握住手柄，左手扶着机体沿线锯割。 手提电动线锯机，不仅可以锯木材及人造板，还可锯软钢板、塑料板等其他材料

续上表

<table>
<tr><th>项目</th><th>内　容</th></tr>
<tr><td>手提木工电刨</td><td>手提木工电刨是以高速回转的刀头来刨削木材的，它类似倒置的小型平刨床。操作时，左手握住刨体前面的圆柄，右手握住机身后的手把，向前平稳地推进刨削。往回退时应将刨身提起，以免损坏工件表面。
手提电刨不仅可以刨平面，还可倒楞、裁口和刨削夹板门的侧面，如图 2—5 所示。 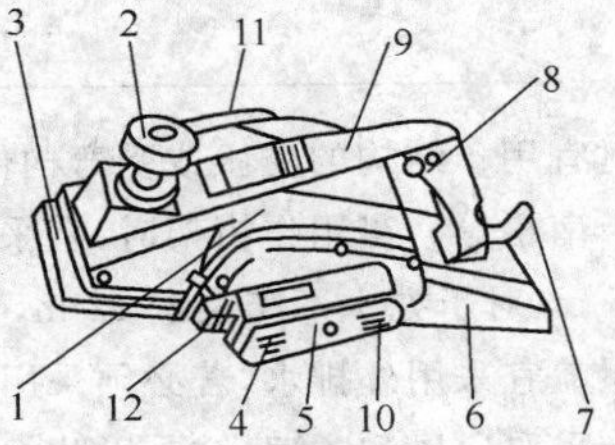
3 2 11 9 8 1 12 4 5 10 6 7
图 2—5　手提木工电刨
1—罩壳；2—调节螺母；3—前座板；4—主轴；5—带罩壳；6—后座板；7—接线头；8—开关；9—手柄；10—电机轴；11—木屑出口；12—炭刷</td></tr>
<tr><td>电钻</td><td>木工常用的电钻有用于打螺钉孔的手提电钻和手电钻，以及装修时在墙上打洞的冲击钻。
冲击钻和手提电钻的外形没有多大差别。冲击钻可在无冲击状态下在木材和钢板上钻孔，也可以在冲击状态下在砖墙或混凝土上打洞。由无冲击到有冲击的转换，是通过转动钻体前部的一个板销来实现的。
操作电钻时，应注意使钻头直线平稳进给，防止弹动和歪斜，以免扭断钻头。加工大孔时，可先钻一小孔，然后换钻头扩大。钻深孔时，钻削中途可将钻头拉出，排除钻屑继续向里钻进。
使用冲击钻在木材或钢铁上钻孔时，不要忘记把钻调到无冲击状态</td></tr>
<tr><td>电动螺丝刀</td><td>木工，特别是家具安装木工，过去拧木螺钉既费力又费时，电动螺丝刀的出现，大大减轻了木工的劳动强度。
电动螺丝刀的外形同手枪电钻相似，只是夹持部分有所不同。电动螺丝刀夹持机构内装有弹簧及离合器，不工作时弹簧将离合器顶离，电机转动而螺丝刀不转。当把螺丝刀压向木螺钉时，弹簧被压缩，离合器合上，螺丝刀转动从而拧紧木螺钉。
更换螺丝刀可以完成平口木螺钉、十字头螺钉、内六角螺钉、外六角螺钉、自攻螺钉等的拧紧工作</td></tr>
<tr><td>手提磨光机</td><td>磨光机是用来磨平、抛光木制产品的电动工具。它有带式、盘式和平板式等几种。常用带式砂磨机由电动机、砂带、手柄及吸尘袋等部件组成。操作时，右手握住磨机后部的手柄，左手抓住侧面的手把，平放在木制产品的表面上顺木纹推进，转动的砂带将表面磨平，磨屑收进吸尘袋，积满后拆下倒掉。
磨光机砂磨时，一定要顺木纹方向推拉，切忌原地停留不动，以免磨出凹坑，损坏产品表面。用羊毛轮抛光时，压力要掌握适度，以免将漆膜磨透</td></tr>
</table>

四、施工工艺解析

1.屋面木基层、木梁及一般规定

屋面木基层、木梁及一般规定见表2—24。

表2—24 屋面木基层、木梁及一般规定

<table>
<tr><th>项目</th><th>内容</th></tr>
<tr><td>一般规定</td><td>(1)木材宜用于结构的受压或受弯构件,对于在干燥过程中容易翘裂的树种木材(如落叶松、云南松等),当用作桁架时,宜采用钢下弦;若采用木下弦,对于原木,其跨度不宜大于15 m,对于方木不应大于12 m,且应采取有效防止裂缝危害的措施。
(2)木屋盖宜采用外排水,若必须采用内排水时,不应采用木制天沟。
(3)必须采取通风和防潮措施,以防木材腐朽和虫蛀。
(4)合理地减少构件截面的规格,以符合工业化生产的要求。
(5)应保证木结构特别是钢木桁架在运输和安装过程中的强度、刚度和稳定性,必要时应在施工图中提出注意事项。
(6)地震区设计木结构,在构造上应加强构件之间、结构与支承物之间的连接,特别是刚度差别较大的两部分或两个构件(如屋架与柱、檩条与屋架、木柱与基础等)之间的连接必须安全可靠。
(7)在可能造成风灾的台风地区和山区风口地段,木结构应采取有效措施,以加强建筑物的抗风能力。尽量减小天窗的高度和跨度;采用短出檐或封闭出檐;瓦面(特别在檐口处)宜加压砖或坐灰;山墙采用硬山;檩条与桁架(或山墙)、桁架与墙(或柱)、门窗框与墙体等的连接均应采取可靠锚固措施。
(8)圆钢拉杆和拉力螺栓的直径,应按计算确定,但不宜小于12 mm。圆钢拉杆和拉力螺栓的方形钢垫板尺寸,可按下列公式计算。
①垫板面积:
$$A=\frac{N}{f_{ca}}(\text{mm}^2)$$
②垫板厚度:
$$t=\frac{N}{2f}(\text{mm})$$
式中 N——轴心拉力设计值(N);
f_{ca}——木材斜纹承压强度设计值(N/mm²);
f——钢材抗弯强度设计值(N/mm²)。
系紧螺栓的钢垫板尺寸可按构造要求确定,其厚度不宜小于0.3倍螺栓直径,其边长不应小于3.5倍螺栓直径。当为圆形垫板时,其直径不应小于4倍螺栓直径。
(9)桁架的圆钢下弦、三角形桁架跨中竖向钢拉杆、受震动荷载影响的钢拉杆以及直径不小于20 mm的钢拉杆和拉力螺栓,都必须采用双螺帽。
木结构的钢材部分,应有防锈措施</td></tr>
<tr><td>屋面木基层和木梁</td><td>(1)对设有锻锤或其他较大振动设备的房屋,屋面宜设置屋面板。
(2)方木檩条宜正放,其截面高宽比不宜大于2.5。当方木檩条斜放时,其截面高宽</td></tr>
</table>

续上表

项目	内　　容
屋面木基层和木梁	比不宜大于 2,并应按双向受弯构件进行计算。若有可靠措施以消除或减少沿屋面方向的弯矩和挠度时,可根据采取措施后的情况进行计算。 当采用钢木檩条时,应采取措施保证受拉钢筋下弦折点处的侧向稳定。 椽条在屋脊处应相互连接牢固。 (3)抗震设防烈度为 8 度和 9 度地区屋面木基层抗震构造,应符合下列规定。 ①采用斜放檩条并设置密铺屋面板,檐口瓦应与挂瓦条扎牢。 ②檩条必须与屋架连牢,双脊檩应相互拉结,上弦节点处的檩条应与屋架上弦用螺栓连接。 ③支承在山墙上的檩条,其搁置长度不应小于 120 mm,节点处檩条应与山墙卧梁用螺栓锚固。 (4)木梁宜采用原木、方木或胶合木制作。若有设计经验,也可采用其他木基材制作。 木梁在支座处应设置防止其侧倾的侧向支撑和防止其侧向位移的可靠锚固。 当采用方木梁时,其截面高宽比一般不宜大于 4,高宽比大于 4 的木梁应采取保证侧向稳定的必要措施。当采用胶合木梁时,应符合胶合木梁的有关要求

2. 桁架

桁架见表 2—25。

表 2—25　桁　　架

项目	内　　容
桁架最小高度比	桁架中央高度与跨度之比不应小于表 2—26 规定的数值
木桁架构造应符合的要求	(1)受拉下弦接头应保证轴心传递拉力;下弦接头不宜多于两个;接头应锯平对正,宜采用螺栓和木夹板连接。 采用螺栓夹板(木夹板或钢夹板)连接时,接头每端的螺栓数由计算确定,但不宜少于 6 个,且不应排成单行;当采用木夹板时,应选用优质的气干木材制作,其厚度不应小于下弦宽度的1/2;若桁架跨度较大,木夹板的厚度不宜小于 100 mm;当采用钢夹板时,其厚度不应小于 6 mm。 (2)桁架上弦的受压接头应设在节点附近,并不宜设在支座节间和脊节间内;受压接头应锯平,可用木夹板连接,但接缝每侧至少应有两个螺栓系紧;木夹板的厚度宜取上弦宽度的 1/2,长度宜取上弦宽度的 5 倍。 (3)支座节点采用齿连接时,应使下弦的受剪面避开髓心,如图 2—6 所示,并应在施工图中注明此要求抗震设防烈度为 8 度和 9 度地区的物价抗震构造应符合的规定 受剪面 髓心 图 2—6　受剪面避开髓心示意图

表 2－26　桁架最小高跨比

序号	桁架类型	h/l
1	三角形木桁架	1/5
2	三角形钢木桁架；平行弦木桁架；弧形、多边形和梯形木桁架	1/6
3	弧形、多边形和梯形钢木桁架	1/7

注：h—桁架中央高度；l—桁架跨度。

3．木屋架的分类

（1）屋架的分类。

屋架的分类见表 2－27。

表 2－27　屋架的分类

项目	内　容
屋架的分类	屋架有木屋架、钢木屋架和胶合梁的钢木混合屋架等
屋架的构造形式	其构造形式有三角形桁架、梯形桁架、弧形桁架等形式，如图 2－7～图 2－9 所示。 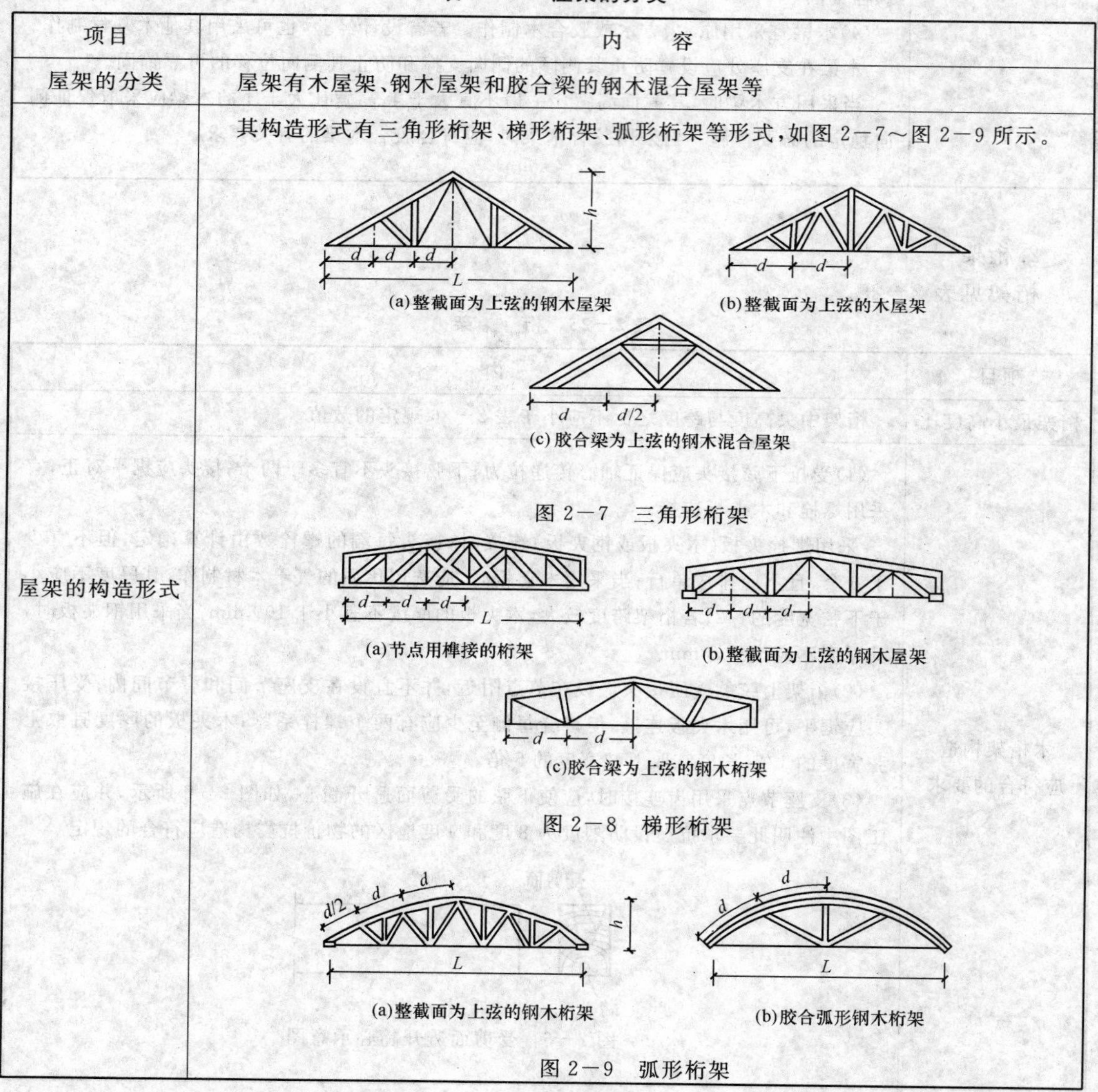 (a)整截面为上弦的钢木屋架　(b)整截面为上弦的木屋架 (c)胶合梁为上弦的钢木混合屋架 图 2－7　三角形桁架 (a)节点用榫接的桁架　(b)整截面为上弦的钢木屋架 (c)胶合梁为上弦的钢木桁架 图 2－8　梯形桁架 (a)整截面为上弦的钢木桁架　(b)胶合弧形钢木桁架 图 2－9　弧形桁架

(2)以三角形屋架为例介绍木屋架的制作与安装。

①屋架的基本组成、屋架各杆件受力情况、木屋架各节点的构造、弦杆的接长及天窗见表 2—28。

表 2—28　屋架的基本组成、屋架各杆件受力情况、木屋架各节点的构造、弦杆的接长及天窗

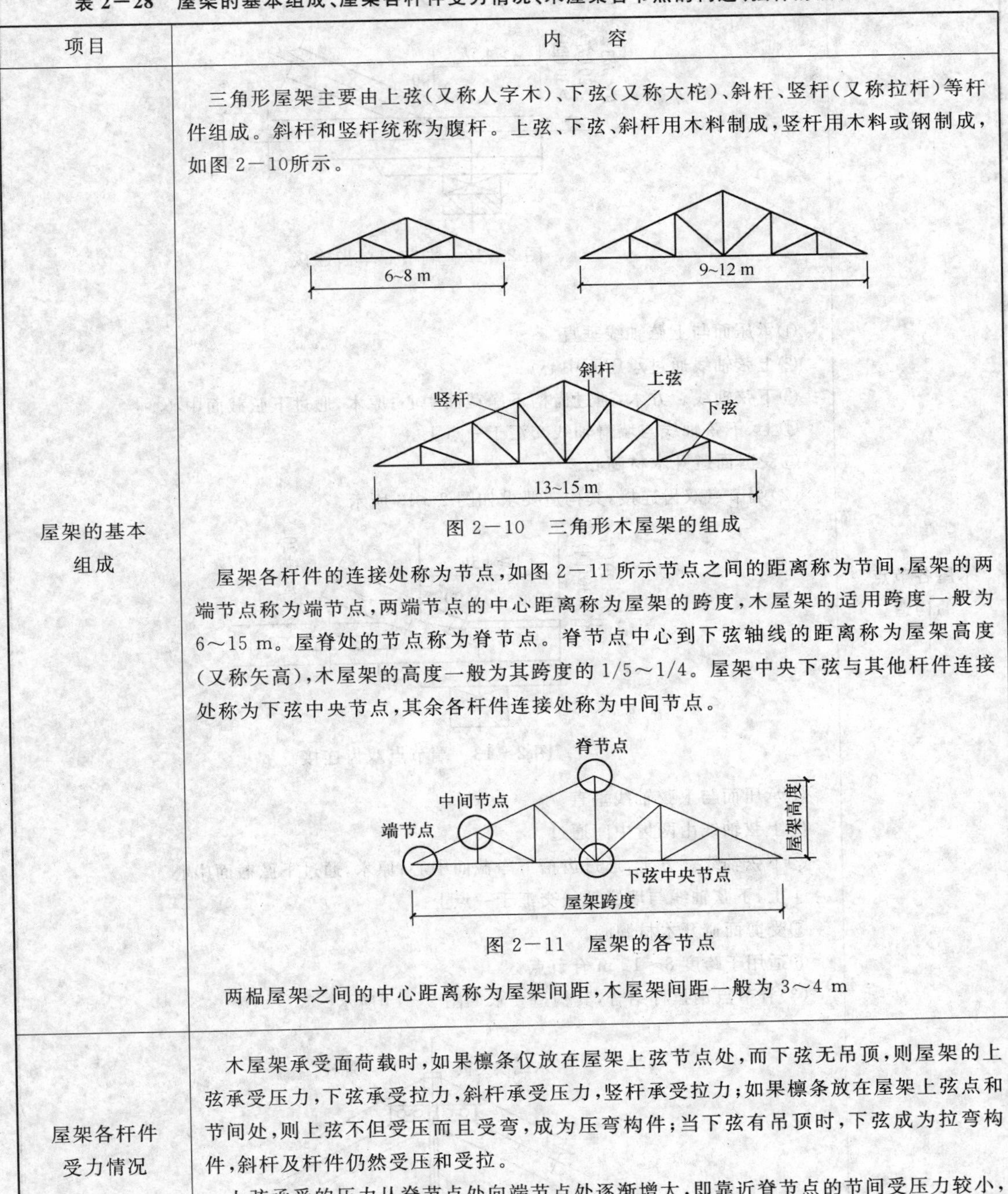

项目	内　容
屋架的基本组成	三角形屋架主要由上弦(又称人字木)、下弦(又称大柁)、斜杆、竖杆(又称拉杆)等杆件组成。斜杆和竖杆统称为腹杆。上弦、下弦、斜杆用木料制成,竖杆用木料或钢制成,如图 2—10所示。 图 2—10　三角形木屋架的组成 屋架各杆件的连接处称为节点,如图 2—11 所示节点之间的距离称为节间,屋架的两端节点称为端节点,两端节点的中心距离称为屋架的跨度,木屋架的适用跨度一般为 6～15 m。屋脊处的节点称为脊节点。脊节点中心到下弦轴线的距离称为屋架高度(又称矢高),木屋架的高度一般为其跨度的 1/5～1/4。屋架中央下弦与其他杆件连接处称为下弦中央节点,其余各杆件连接处称为中间节点。 图 2—11　屋架的各节点 两榀屋架之间的中心距离称为屋架间距,木屋架间距一般为 3～4 m
屋架各杆件受力情况	木屋架承受面荷载时,如果檩条仅放在屋架上弦节点处,而下弦无吊顶,则屋架的上弦承受压力,下弦承受拉力,斜杆承受压力,竖杆承受拉力;如果檩条放在屋架上弦点和节间处,则上弦不但受压而且受弯,成为压弯构件;当下弦有吊顶时,下弦成为拉弯构件,斜杆及杆件仍然受压和受拉。 上弦承受的压力从脊节点处向端节点处逐渐增大,即靠近脊节点的节间受压力较小,靠近端节点的节间受压力较大。因此,当用原木做上弦时,原木大头应置于端节点处

续上表

项目	内容
木屋各节点的构造	(1)端节点单齿连接，其构造要求如图 2—12 所示。 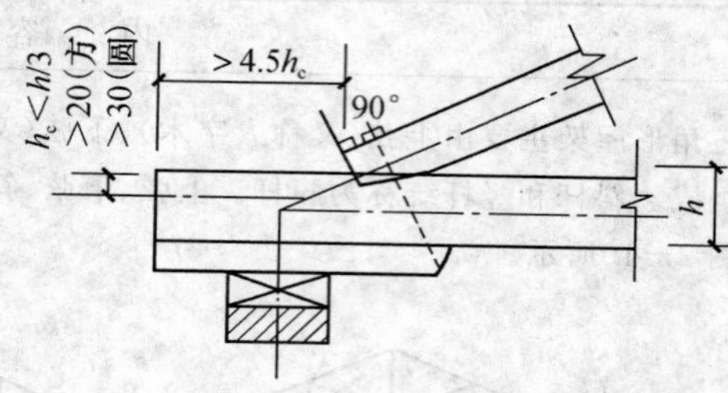 图 2—12　端节点单齿连接 ①承压面与上弦轴线垂直。 ②上弦轴线通过承压面中心。 ③下弦轴线。方木，通过齿槽下净截面中心；原木，通过下弦截面中心。 ④上、下弦轴线与墙身轴线交汇于一点上。 ⑤受剪面避开木材髓心。 (2)端节点双齿连接，其构造要求如图 2—13 所示。 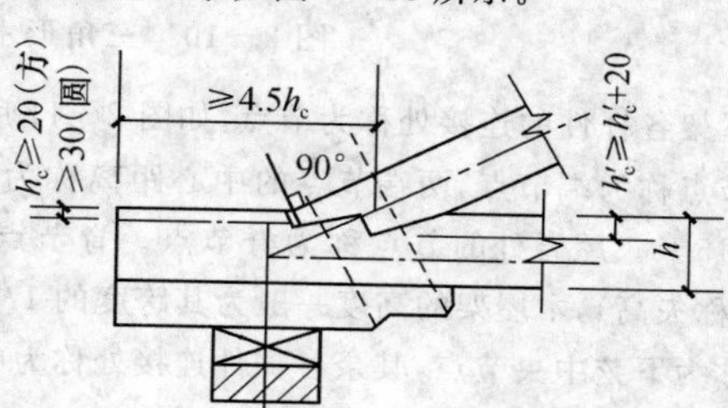 图 2—13　端节点双齿连接 ①承压面与上弦轴线垂直。 ②上弦轴线由两齿中间通过。 ③下弦轴线。方木，通过齿槽下净截面中心；原木，通过下弦截面中心。 ④上、下弦轴线与墙身轴线交汇于一点上。 ⑤受剪面避开木材髓心。 ⑥适用于跨度 8～12 m 脊节点。 (3)脊节点钢拉杆结合，其构造要求如图 2—14 所示。 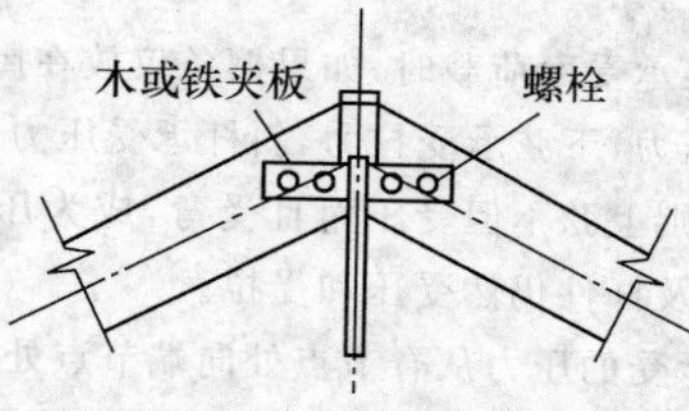 图 2—14　脊节点钢拉杆结合

续上表

<table>
<tr><th>项目</th><th>内　容</th></tr>
<tr><td>木屋各节点的构造</td><td>①三轴线必须交汇于一点。
②承压面紧密结合。
③夹板螺栓必须拧紧。
(4)脊节点木拉杆结合，其构造要求如图 2—15 所示。
①上弦轴线与承压面垂直。
②两边加“个”字形铁件锚固。
③一般用于小跨度屋架下弦中央节点。
(5)下弦中央节点钢拉杆结合，其构造要求如图 2—16 所示。 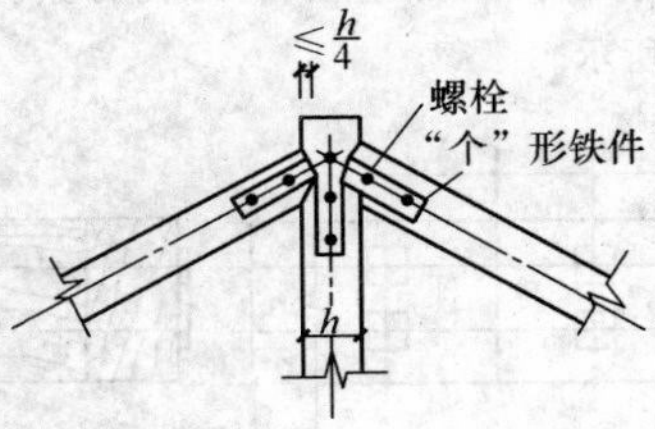
$\leqslant\frac{h}{4}$　螺栓　“个”形铁件　h
垫木　90°　$\leqslant\frac{h}{4}$　≥20(方)　≥30(圆)
图 2—15　脊节点木拉杆结合 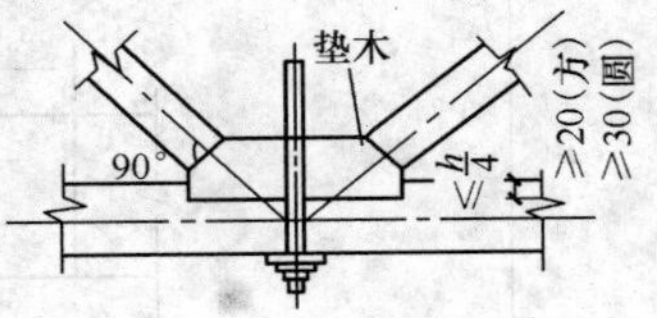　　图 2—16　下弦中央节点钢拉杆结合
①五轴线必须交汇于一点。
②斜杆轴线与斜杆和垫木的结合面垂直。
③钢拉杆应用两个螺母下弦中央节点。
(6)下弦中央节点木拉杆结合，其构造要求如图 2—17 所示。
①承压面与斜杆轴线垂直。
②立木刻入下弦 2 cm。
③立木与下弦用 U 形兜铁加螺栓连接。
④一般用于小跨度屋架上弦中央节点。
(7)上弦中央节点单齿连接，其构造要求如图 2—18 所示。 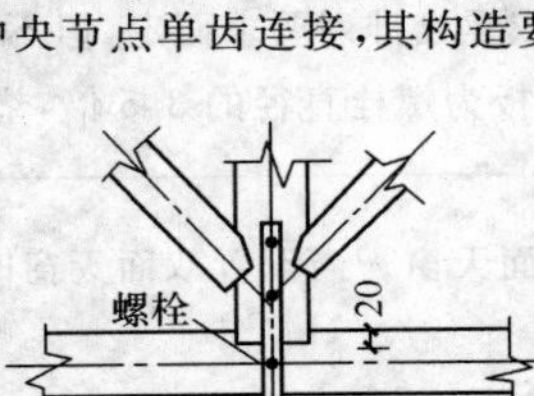
螺栓　20　兜铁
$\leqslant\frac{h}{4}$　>20　90°
图 2—17　下弦中央节点木拉杆结合 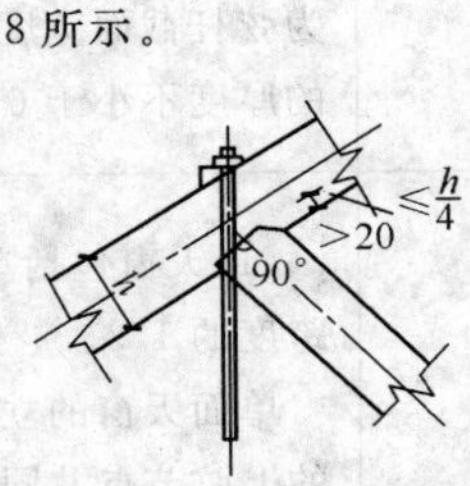　图 2—18　上弦中央节点单齿连接
①斜杆轴线与节点承压面垂直。
②斜杆与上弦接触面紧密。
(8)下弦中央节点单齿连接，其构造要求如图 2—19 所示。
①承压面与斜杆轴线垂直。
②斜杆轴线通过承压面中心。
③三轴线交汇于一点</td></tr>
</table>

续上表

项目	内　　容
木屋各节点的构造	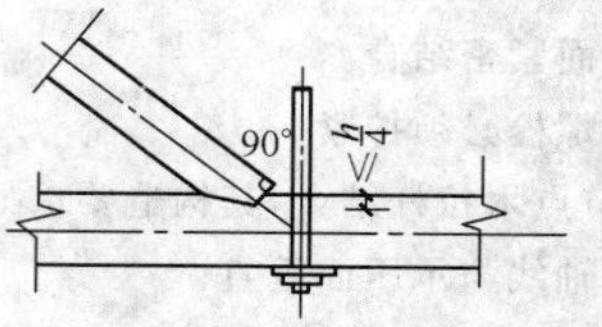 图 2－19　下弦中央节点单齿连接
弦杆的接长	弦杆的木料如不够长，可将其接长，常用的接长方法是螺栓连接，即在接头处弦杆两侧用硬木夹板(或钢夹板)夹住，穿上螺栓，加垫板，将螺栓拧紧。螺栓的排列可按两纵行齐列或错列布置，如图 2－20 所示。 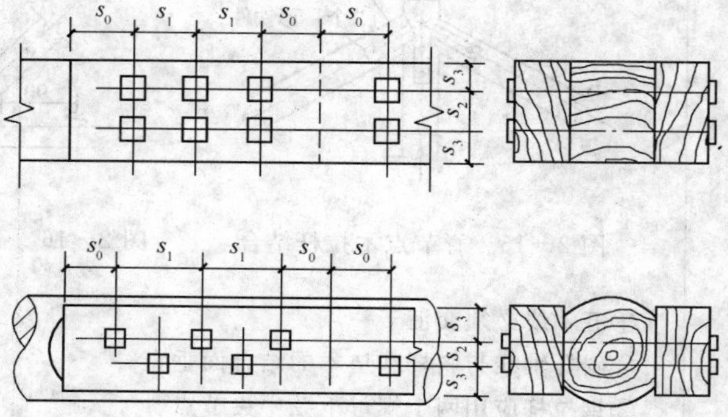 图 2－20　螺栓的排列 螺栓的数量及直径要根据接头处弦杆受力大小计算或构造要求而定，其直径应不小于 12 mm。对于上弦接头，每侧螺栓至少 2 个，对于下弦接头，每侧螺栓至少 4 只。螺栓排列的最小间距见表 2－29。 一般情况下，木夹板的宽度等于弦杆截面的高度(原木弦杆则略小于弦杆直径)，厚度为弦杆截面宽度的 1/2，长度依螺栓排列要求而定，但不小于弦杆宽度的 5 倍。钢夹板的厚度不小于 6 mm。螺栓垫板为螺栓直径的 3.5 倍，垫板厚度为螺栓直径的 1/4
天窗	(1)天窗包括单面天窗和双面天窗。当设置双面天窗时，天窗架的跨度不应大于屋架跨度的 1/3。 单面天窗的立柱应设置在屋架的节点部位；双面天窗的荷载宜由屋脊节点及其相邻的上弦节点共同承担，并应设置斜杆与屋架上弦连接，以保证其平面内的稳定。在房屋两端开间内不宜设置天窗。 天窗的立柱，应与桁架上弦牢固连接。当采用通长木夹板时，夹板不宜与桁架下弦直接连接，如图 2－21 所示。 (2)为防止天窗边柱受潮腐朽，边柱处屋架的檩条宜放在边柱内侧，如图 2－22 所示。其窗樘和窗扇宜放在边柱外侧，并加设有效的挡雨设施。开敞式天窗应加设有效的挡雨板，并应做好泛水处理。 (3)抗震设防烈度为 8 度和 9 度地区，不宜设置天窗

续上表

项目	内容
天窗	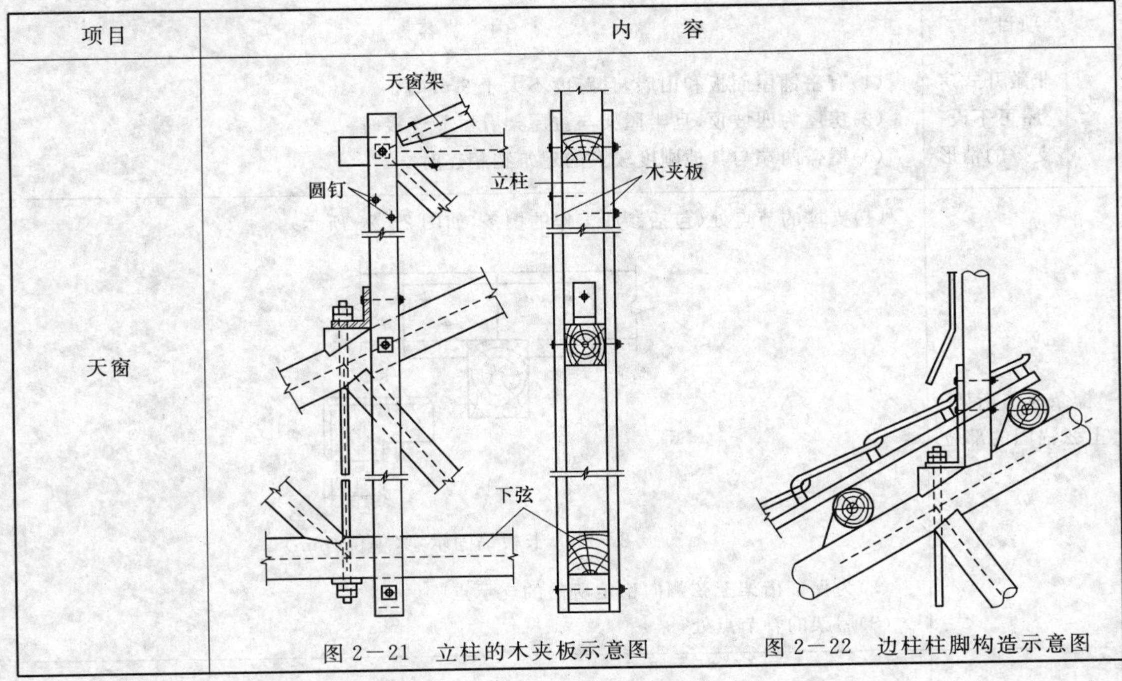 图 2－21　立柱的木夹板示意图　　图 2－22　边柱柱脚构造示意图

表 2－29　螺栓排列的最小间距

构造特点	顺纹		横纹	
	端距	中距	边距	中距
	S_0 和 S'_0	S_1	S_3	S_2
两纵行齐列	$7d$	$7d$	$3d$	$3.5d$
两纵行		$10d$		$2.5d$

注：1. d 为螺栓直径。配合图 2－20 使用。

2. 用湿材制作时，顺纹端距 S'_0 应加大 7 cm。

3. 用钢夹板时，钢板上的端距 S'_0 为 $2d$，边距 S_3 为 $5d$。

4. 弦杆的接头不要布置在临近端节点或脊节点的节间内，可放在其他节间内，并尽量靠近节点处，上弦杆最多只能有一处接头，下弦杆接头最多可有两处。

②支撑、锚固及放大样见表 2－30。

表 2－30　支撑、锚固及放大样

项目		内容
支撑	均应设置垂直支撑的部位	(1)梯形屋架的支座竖杆处。 (2)下弦低于支座的下沉式屋架的折点处。 (3)设有悬挂吊车的吊轨处。 (4)杆系拱、框架结构的受压部位处。 (5)胶合木大梁的支座处

续上表

<table>
<tr><th colspan="2">项目</th><th>内　　容</th></tr>
<tr><td>支撑</td><td>非敞开式房屋可不设支撑的情形</td><td>(1)有密铺屋面板和山墙,且跨度不大于 9 m 时。
(2)房屋为四坡顶,且半屋架与主屋架有可靠连接时。
(3)屋盖两端与其他刚度较大的建筑物相连时</td></tr>
<tr><td colspan="2">檩条应与桁架上弦锚固的部位</td><td>(1)支撑的节点处(包括参加工作的檩条,如图 2－23 所示)。
檩条　卡板　≥150　≥25
2－23　卡板锚固示意(单位:mm)
(2)为保证桁架上弦侧向稳定所需的支承点。
(3)屋架的脊节点处</td></tr>
<tr><td>放大样</td><td>放大样基本方法</td><td>为使屋架放样顺利,不出差错,首先要看懂、掌握设计图纸内容和要求。如屋架的跨度、高度,各弦杆的截面尺寸,节间长度,各节点的构造及齿深等。同时,根据屋架的跨度计算屋架的起拱值。
放大样时,先画出一条水平线,在水平线一端定出端节点中心,从此点开始在水平线上量取屋架跨度之半,定出一点,通过此点作垂直线,此线即为中竖杆的中线。在中竖杆中线上,量取屋架下弦起拱高度(起拱高度一般取屋架跨度的 1/200)及屋架高度,定出脊点中心。连接脊点中心和端节点中心,即为上弦中线。再从端节点中心开始,在水平线上量取各节点长度,并作相应的垂直线,这些垂直线即为各竖杆的中线。竖杆中线与上弦中线相交点即为上弦中间节点中心。连接端节点中心和起拱点,即为下弦轴线(用原木时,下弦轴线即为下弦中线;用方木时,下弦轴线是端节点处下弦净截面中线,不是下弦中线)。下弦轴线与各竖杆中线相交点即为下弦中间节点中心。连接对应的上、下弦中间节点中心,即为斜杆中线,如图 2－24 所示。
脊点中心　上弦中线　中竖杆中线　斜杆中线　屋架高度　斜杆中线　竖杆中线　端节点中心　竖杆中线　下弦轴线　水平线　1/2屋架跨度　起拱高
图 2－24　屋架各杆件中线</td></tr>
</table>

续上表

项目		内容
放大样	弹杆件轴线	先弹出一水平线，截取 1/2 跨度长为 CB，作 AB 垂直 CB，量取屋架高 $AD+DB$（拱高），弹 CD 线为下弦轴线。在 CD 线上分出节间长度作垂线弹出竖杆轴线（图 2－25）和斜杆轴线 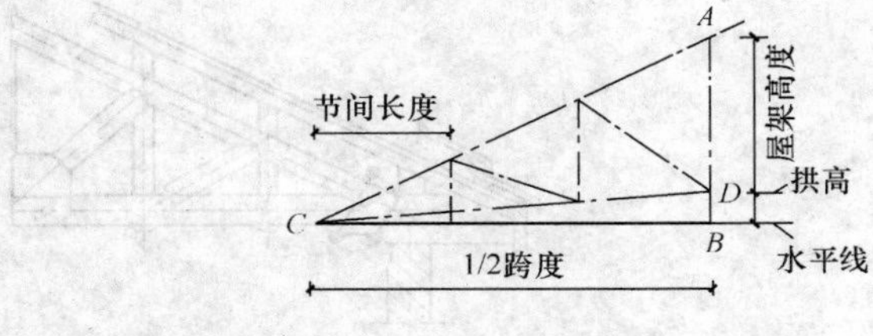 图 2－25　弹杆件轴线
	弹杆件边线	按上弦杆、斜腹杆和竖钢拉杆分中，分别弹出各杆件边线。再按下弦断面高减去端节点槽齿深 h_c 后的净截面高分中得下弦件上下边线，如图 2－26 所示 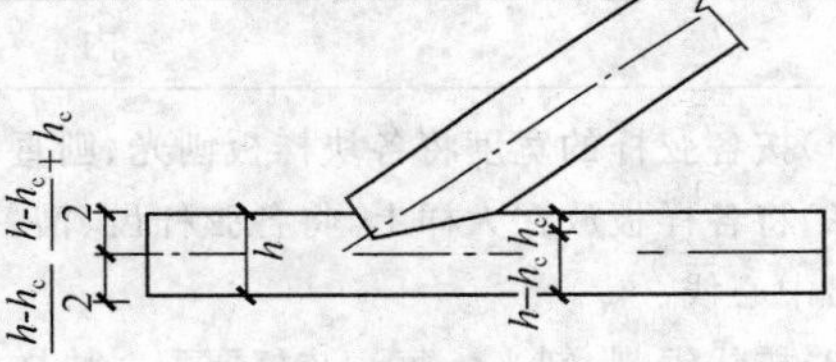 图 2－26　弹杆件边线
	画下弦中央节点	画垫木齿深及高度、长度线，并在左右角上割角，使其垂直于斜腹杆，并与其同宽，如图2－27所示 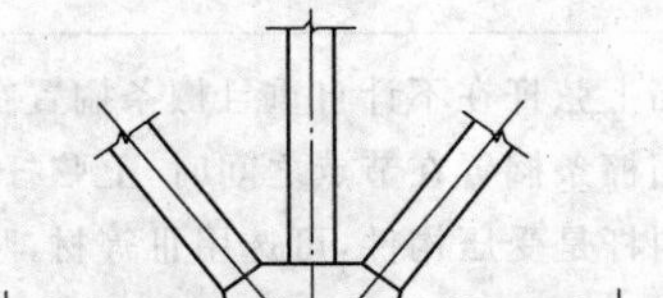 图 2－27　中央节点
	画出各节点	先在上、下弦上画出中间腹杆节点齿槽深线，然后作垂直于斜腹杆的承压面线，且使承压面在轴线两边各为 1/2，即 $ab=bc=1/2$ 承压面长，如图 2－28 所示 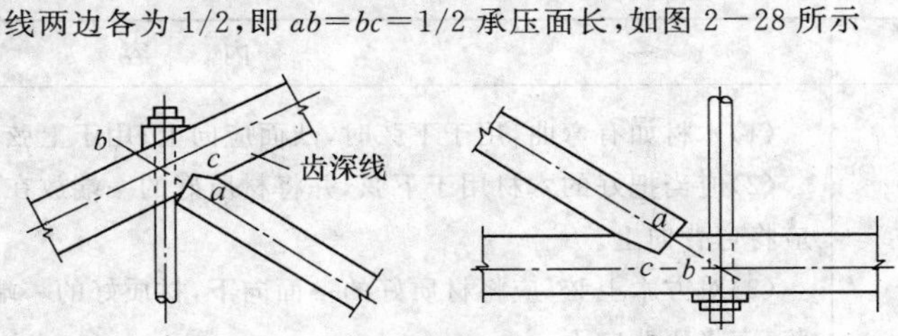 图 2－28　腹杆在上、下弦节点

续上表

项目		内　　容
放大样	画出檐头大样	按檩条摆放方法，檩条断面及上面椽条、草泥、瓦的厚度，弹出平行于上弦的斜线，并按设计要求的出檐长度及形式，画出檐头大样，如图 2—29 所示。 图 2—29　檐头大样

③出样板及选料见表 2—31。

表 2—31　出样板及选料

项目	内　　容
出样板	(1)按各弦杆的宽度将各块样板刨光、刨直。 (2)将各样板放在大样上，将各弦杆齿、槽、孔等形状和位置画在样板上，并在样板上弹出中心线。 (3)按线锯割、刨光。每一弦杆要配一块样板。 (4)全部样板配好后，需放在大样上拼起来，检查样板与大样图是否相符。 (5)样板对大样的允许偏差不应大于±1 mm。 (6)样板在使用过程中要注意防潮、防晒、妥善保管
选料	(1)当上弦杆在不计自重且檩条搁置在节点上时，上弦杆为受压构件，可选用Ⅲ等材。 (2)当檩条搁置在节点之间时，上弦杆为压管构件，可选用Ⅱ等材。 (3)斜杆是受压构件，可选用Ⅲ等材，竖杆是受拉构件，应选用Ⅰ等材。 (4)下弦杆在不计自重且无吊顶的情况下，是受拉构件，若有吊顶或计自重，下弦杆是拉弯构件。下弦杆不论是受拉还是拉弯构件，均应选用Ⅰ等材

④配料与画线见表 2—32。

表 2—32　配料与画线

项目	内　　容
配料	(1)木材如有弯曲，用于下弦时，凸面应向上；用于上弦时，凸面应向下。 (2)应当把好的木材用于下弦，并将材质好的一端放在下弦端节点，用原木作下弦时，应将弯背向上。 (3)对方木上弦，应将材质好的一面向下，材质好的一端放在下端；对有微弯的原木上弦，应将弯背向下。

续上表

项目	内　　容
配料	(4)上弦和下弦杆件的接头位置应错开,下弦接头最好设在中部。如用原木时,大头应放在端节头一端。 (5)木材裂缝处不得用于受剪部位(如端节点处)。 (6)木材的节子及斜纹不得用于齿槽部位。 (7)木材的髓心应避开齿槽及螺栓排列部位
画线	(1)采用样板画线时,对方木杆件,应先弹出杆件轴线;对原木杆件,先砍平找正后端头,弹十字线及四面中心线。 (2)将已套好样板上的轴线与杆件上的轴线对准,然后按样板画出长度、齿及齿槽等。 (3)上弦、斜杆断料长度要比样板实长多 30～50 mm。 (4)若弦杆需接长,各榀屋架的各段长度应尽可能一致,以免混淆,造成接错

⑤加工制作及拼装见表 2－33。

表 2－33　加工制作与拼装

项目	内　　容
加工制作	(1)齿槽结合面力求平整,贴合严密。结合面凹凸倾斜不大于 1 mm。弦杆接头处要锯齐、锯平。 (2)榫肩应长出 5 mm,以备拼装时修整。 (3)上、下弦杆之间在支座节点处(非承压面)宜留空隙,一般约为 10 mm;腹杆与上下弦杆结合处(非承压面)亦宜留 10 mm 的空隙。 (4)作榫断肩需留半线,不得走锯、过线。作双齿时,第一槽齿应留一线锯割,第二槽齿留半线锯割。 (5)钻螺栓孔的钻头要直,其直径应比螺栓直径大 10 mm。每钻入 50～60 mm 后,需要提出钻头,加以清理,眼内不得留有木渣。 (6)在钻孔时,先将所要结合的杆件按正确位置叠合起来,并加以临时固定,然后用钻子一气钻透,以提高结合的紧密性。 (7)受剪螺栓(例如连接受拉木构件接头的螺栓)的孔径不应大于螺栓直径 1 mm;系紧螺栓(例如系紧受压木构件接头的螺栓)的孔径可大于螺栓直径 2 mm。 (8)按样板制作的各弦杆,其长度的允许偏差不应大于±2 mm
拼装	(1)在下弦杆端部底面,钉上附木。根据屋架跨度,在其两端头和中央位置分别放置垫木。 (2)将下弦杆放在垫木上,在两端端节点中心上拉通长麻线。然后调整中央位置垫木下的木楔(对拔榫),并用尺量取起拱高度,直至起拱高度符合要求为止。最后用钉将木楔固定(不要钉死)。 (3)安装两根上弦杆。脊节点位置对准,两侧用临时支撑固定。然后画出脊节点钢板的螺栓孔位置。钻孔后,用钢板、螺栓将脊节点固定。 (4)把各竖杆串装进去,初步拧紧螺帽。 (5)将斜杆逐根装进去,齿槽互相抵紧,经检查无误后,再把竖杆两端的螺母进一步拧紧。

续上表

<table>
<tr><th>项目</th><th>内容</th></tr>
<tr><td>拼装</td><td>(6)在中间节点处两面钉上扒钉(端节点若无保险螺栓、脊节点若无连接螺栓,也应钉扒钉),扒钉装钉要保证弦、腹杆连接牢固,且不开裂。对于易裂的木材,钉扒钉时,应预先钻孔,孔径取钉径的0.8～0.9倍,孔深应不小于钉入深度的0.6倍。
(7)受压接头的承压面应与构件的轴线垂直锯平,如图2－30(a)所示,不应采用斜搭接头,如图2－30(b)所示。
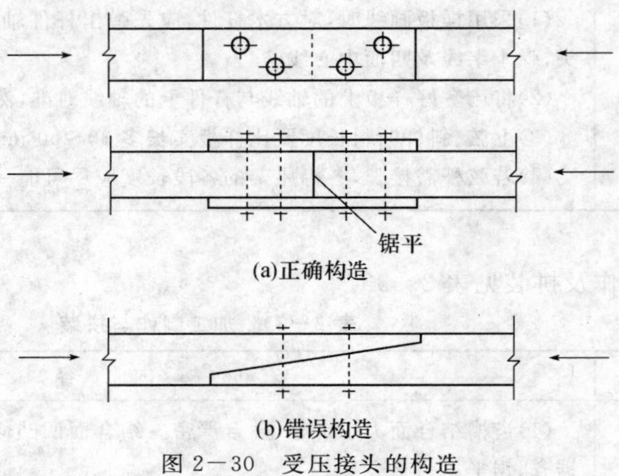

(a)正确构造
(b)错误构造
图2－30 受压接头的构造
(8)在端节点处钻保险螺栓孔,保险螺栓孔应垂直于上弦轴线。钻孔前,应先用曲尺在屋架侧面画出孔的位置线,作为钻孔时的引导,确保孔位准确。钻孔后,即穿入保险螺栓并拧紧螺母。
受拉、受剪和系紧螺栓的垫板尺寸,应符合设计要求,不得用两块或多块垫板来达到设计要求的厚度。各竖钢杆装配完毕后,螺杆伸出螺母的长度不应小于螺栓直径的0.8倍,不得将螺母与螺杆焊接或砸坏螺栓端头的螺纹。中竖杆直径不小于20 mm的拉杆,必须戴双螺母以防其退扣。
(9)圆钢拉杆应平直,用双帮条焊连接,不应采用搭接焊。帮条直径应不小于拉杆直径的0.75倍,帮条在接头一侧的长度宜为拉杆直径的4倍。当采用闪光对焊时,对焊接头应经冷拉检验。
(10)钉连接施工应符合下列规定。
①钉的直径、长度和排列间距应符合设计要求。
②当钉的直径大于6 mm时,或当采用易劈裂的树种木材时,均应预先钻孔,孔径取钉径的0.8～0.9倍,深度应不小于钉入深度的0.6倍。
③扒钉直径宜取6～10 mm。
(11)受拉螺栓、圆钢拉杆的钢垫板尺寸应符合设计规定,如设计无规定,可参见表2－34。
(12)在拼装过程中,如有不符合要求的地方,应随时调整或修改。
(13)在加工厂加工试拼的桁架,应在各杆件上用油漆或墨编号,以便拆卸后运至工地,在正式安装时不致搞错。在工地直接拼装的桁架,应在支点处用垫木垫起,垂直竖立,并用临时支撑支住,不宜平放在地面上</td></tr>
</table>

表 2－34　受拉螺栓、圆钢拉杆的钢垫板尺寸

螺栓直径(mm)	正方形垫板尺寸(mm)			
	木材容许横纹承压应力(MPa)			
	3.8	3.4	3.0	2.8
12	60×6	60×6	60×6	60×6
14	70×7	70×7	70×7	70×7
16	80×8	80×8	90×8	90×8
18	80×9	90×9	90×9	90×9
20	90×10	100×10	100×10	110×10
22	100×11	110×11	120×11	120×11
25	120×12	120×12	130×12	130×12
28	130×15	140×15	150×15	150×15
30	140×15	150×15	160×15	160×15
32	150×16	160×16	170×16	170×16
36	170×18	180×18	190×18	190×18
38	180×20	190×20	200×20	200×20

⑥屋架安装见表 2－35。

表 2－35　屋架安装

项目	内　容
安装作业条件	(1)安装及组合桁架所用的钢材及焊条应符合设计要求，其材质应符合设计要求。 (2)承重的墙体或柱应验收合格，有锚固的部位必须锚固牢靠，强度达到吊装需要数值。 (3)木结构制作、装配完毕后，应根据设计要求进行进场检查，验收合格后方准吊装
吊装准备	(1)墙顶上如果是木垫块，则应用焦油沥青涂刷其表面，以作防腐。 (2)清除保险螺栓上的脏物，检查其位置是否准确，如有弯曲要进行校直。 (3)将已拼好的屋架进行吊装就位。 (4)放线。在墙上测出标高，然后找平，并弹出中心线位置。 (5)检查吊装用的一切机具、绳、钩，必须合格后方可使用。 (6)根据结构的形式和跨度，合理地确定吊点，并按翻转和提升时的受力情况进行加固。对木屋架吊点，吊索要兜住屋架下弦，避免单绑在上弦节点上。为保证吊装过程中的侧向刚度和稳定性，应在上弦两侧绑上水平撑杆。当屋架跨度超过 15 m 时，还需在下弦两侧加设横撑。起吊前必须用木杆将上弦水平加固，以保证其在垂直平面内的刚度，如图2－31所示。 (7)对跨度大于 15 m 采用圆钢下弦的钢木屋架，应采取措施防止就位后对墙、柱产生推力。

续上表

<table>
<tr><th>项目</th><th>内　容</th></tr>
<tr><td>吊装准备</td><td>(8)修整运输过程中造成的缺陷，并拧紧所有螺栓(包括圆钢拉杆)的螺母 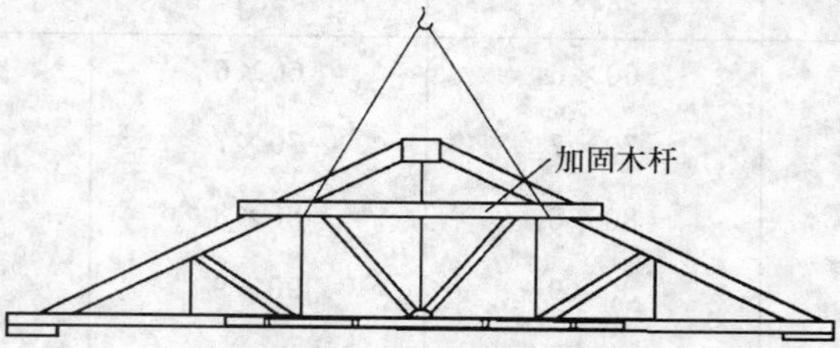

图 2－31　木屋架的加固</td></tr>
<tr><td>吊装与校正</td><td>(1)开始应试吊，即当屋架吊离地面 300 mm 后，应停车进行结构、吊装机具、缆风绳、地锚坑等的检查，没有问题方可继续施工。
(2)第一榀屋架吊上后，立即对中、找直、找平，用事前绑在上弦杆上的两侧拉绳调整屋架，垂直合格后，用临时拉杆(或支撑)将其固定，待第二榀屋架吊上后，找直找平合格，立即装钉上脊檩，作为水平连系杆件，并装上剪刀撑，接着再继续吊装。支撑与屋架应用螺栓连接，不得采用钉连接或抵承连接，如图 2－32 所示。 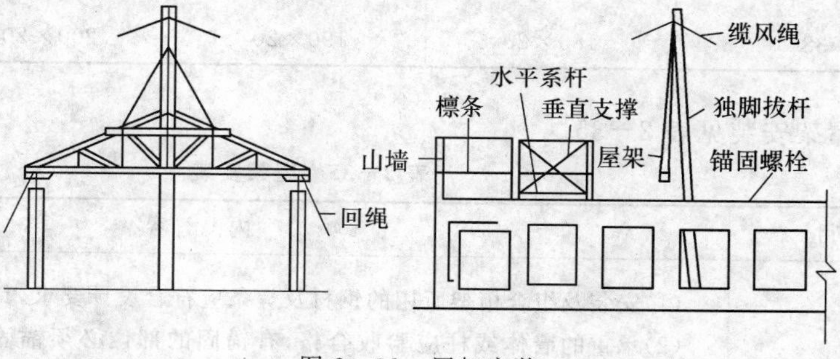

图 2－32　屋架安装
(3)所有屋架铁件、垫木以及屋架和砖石砌体、混凝土的接触处，均需在吊装前涂刷防腐剂；有虫害(指白蚁、长蠹虫、粉蠹虫及家天牛等)地区应做防虫处理。
(4)屋架的支座节点、下弦及梁的端部不应封闭在墙保温层或其他通风不良处，构件的周边(除支撑面外)及端部均应留出不小于 50 mm 的空隙。构件与烟囱、壁炉的防火间距应符合设计要求，支撑在防火墙上时，不应穿过防火墙，应将端面隔断。
(5)屋架吊装校正完毕后，应将锚固螺栓上的螺母拧紧</td></tr>
</table>

⑦檩条施工要求及放置方式见表 2－36。

表 2－36　檩条施工要求及放置方式

项目	内　容
檩条施工要求	(1)檩条截面的允许偏差，方材宽或高为±2 mm，原木直径为±5 mm。 (2)简支檩条的接头应设在桁架上，并应保证支承面的长度。

续上表

项目	内　容
檩条施工要求	(3)弓曲的檩条应将弓背朝上。 (4)檩条在桁架上应用檩托支承，每个檩托至少用 2 个钉子固定，檩托高度不得小于檩条高度的 2/3，不应在桁架上刻槽承托
檩条放置方式	方檩条有斜放和正放两种形式，正放者不用檩托，另用垫块垫平，如图 2－33 所示。 檩条　檩托　垫块　屋架上弦 (a)圆檩　(b)方檩斜放　(c)方檩正放 图 2－33　檩条搁置方式

⑧檩条的装钉见表 2－37。

表 2－37　檩条的装钉

项目	内　容
檩条的类别和构造	(1)简支檩构造如图 2－34 所示。 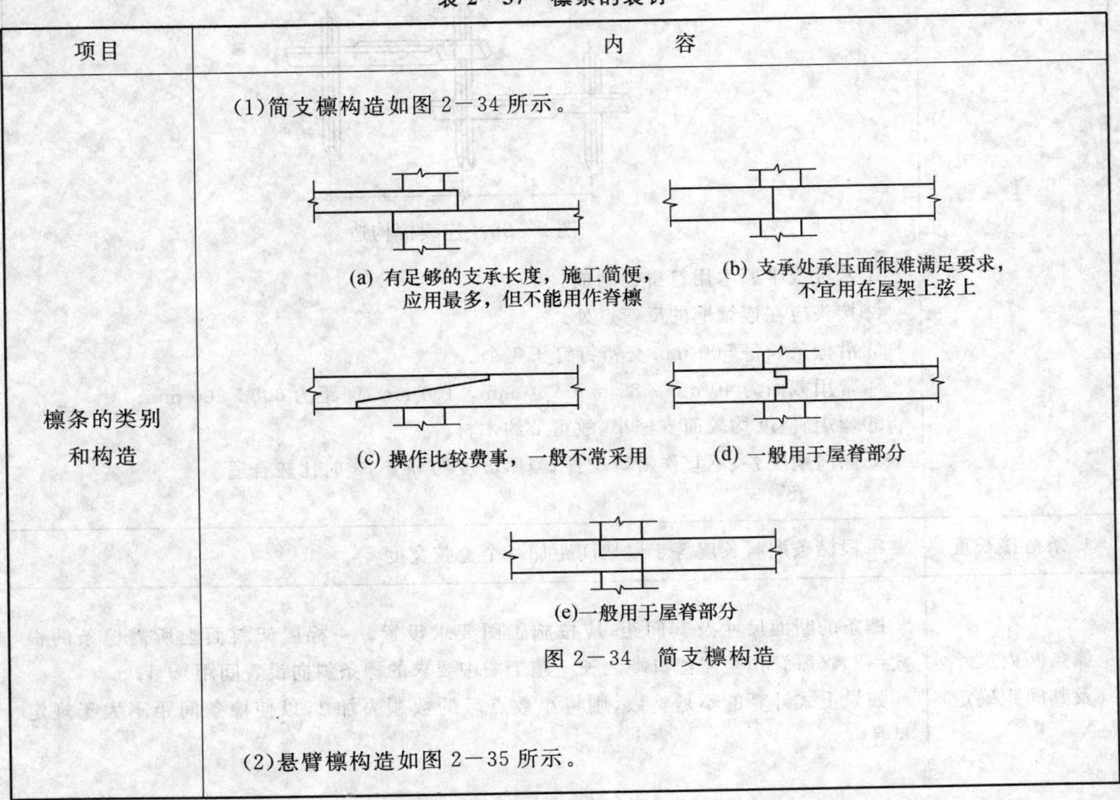 图 2－34　简支檩构造 (2)悬臂檩构造如图 2－35 所示。

续上表

项目	内　　容
檩条的类别和构造	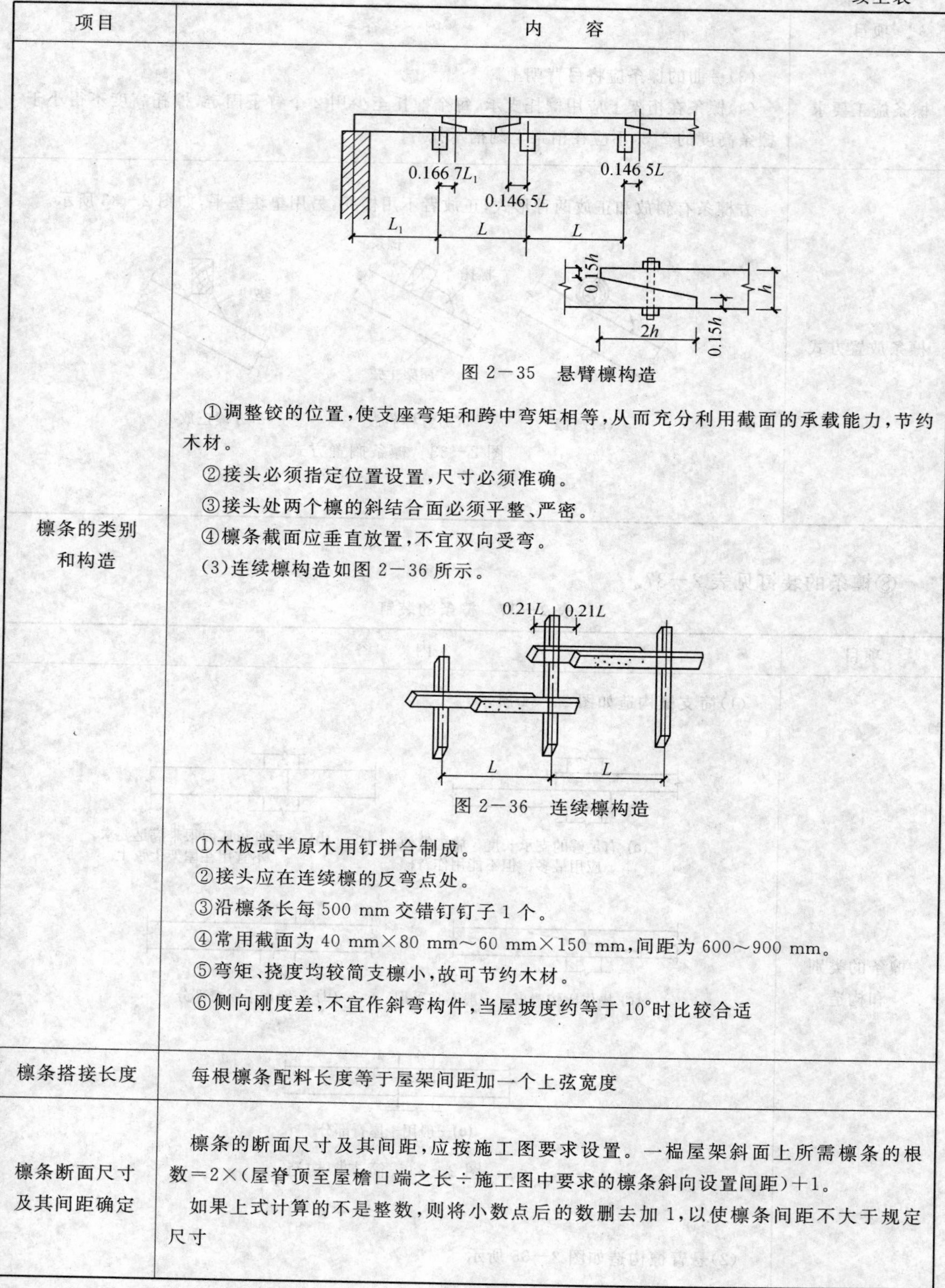 图 2－35　悬臂檩构造 ①调整铰的位置，使支座弯矩和跨中弯矩相等，从而充分利用截面的承载能力，节约木材。 ②接头必须指定位置设置，尺寸必须准确。 ③接头处两个檩的斜结合面必须平整、严密。 ④檩条截面应垂直放置，不宜双向受弯。 (3)连续檩构造如图 2－36 所示。 图 2－36　连续檩构造 ①木板或半原木用钉拼合制成。 ②接头应在连续檩的反弯点处。 ③沿檩条长每 500 mm 交错钉钉子 1 个。 ④常用截面为 40 mm×80 mm～60 mm×150 mm，间距为 600～900 mm。 ⑤弯矩、挠度均较简支檩小，故可节约木材。 ⑥侧向刚度差，不宜作斜弯构件，当屋坡度约等于 10°时比较合适
檩条搭接长度	每根檩条配料长度等于屋架间距加一个上弦宽度
檩条断面尺寸及其间距确定	檩条的断面尺寸及其间距，应按施工图要求设置。一榀屋架斜面上所需檩条的根数＝2×(屋脊顶至屋檐口端之长÷施工图中要求的檩条斜向设置间距)＋1。 如果上式计算的不是整数，则将小数点后的数删去加 1，以使檩条间距不大于规定尺寸

续上表

项目	内容
檩条装钉施工要点	(1)檩条的选择,必须符合承重木结构的材质标准。 (2)屋脊檩条必须选用好料,带疤楞等缺陷的檩条,且缺陷在允许范围内时,一般用于檐檩。 (3)料挑选好后,进行找平、找直,加工开榫,分类堆放。 (4)檩条与屋架交接处,需用三角托木(爬山虎)托住,每个托木至少用两个 100 mm 长的钉子钉牢在上弦上。 (5)有挑檐木者,必须在砌墙时将挑檐木放上,并用砖压砌稳固。 (6)安好后的檐檩条,所有上表面应在同一平面上。如设计有特殊要求者,应按设计画出曲度。 (7)檩条距离烟囱不得小于 300 mm,必要时可做拐子,防火墙上的檩条不得整根跨越通过。 (8)檩条必须按设计要求正放(单向弯曲)或斜放(双向弯曲)
檩条需用量参考	每间每行檩条木材需用量参考见表 2－38

表 2－38　每间每行檩条木材需用量参考

类别	檩条断面宽×高(cm)	断面面积(cm^2)	房屋开间(m)			
			3.0	3.3	3.6	3.9
方檩	6×10	60	0.020 6	0.022 5	0.024 4	0.026 2
	6×12	72	0.024 7	0.026 9	0.029 2	0.031 4
	7×10	70	0.024 0	0.026 2	0.028 4	0.030 0
	7×12	84	0.028 8	0.031 4	0.034 1	0.036 7
	7×14	98	0.033 6	0.036 7	0.039 7	0.042 8
	8×12	96	0.032 9	0.035 9	0.038 9	0.041 9
	8×14	112	0.038 5	0.041 9	0.045 4	0.048 9
	8×16	128	0.043 9	0.047 9	0.052 0	0.055 8
	9×14	126	0.043 3	0.047 2	0.051 2	0.055 0
	9×16	144	0.049 5	0.053 8	0.058 4	0.062 8
	9×18	162	0.055 6	0.060 6	0.065 6	0.070 7
	10×16	160	0.054 9	0.059 8	0.064 8	0.069 8
	10×18	180	0.061 7	0.067 4	0.073 0	0.078 6
	10×20	200	0.068 6	0.074 8	0.081 2	0.087 3

续上表

类别	檩条断面宽×高(cm)	断面面积(cm²)	房屋开间(m)			
			3.0	3.3	3.6	3.9
圆檩	ϕ10	—	0.032 7	0.035 7	0.039 9	0.045 0
	ϕ12		0.046 6	0.053 0	0.056 2	0.063 6
	ϕ14		0.062 5	0.071 0	0.075 2	0.084 8
	ϕ16		0.080 5	0.092 2	0.097 5	0.109 0
	ϕ18		0.102 0	0.115 5	0.123 0	0.138 0
	ϕ20		0.125 0	0.143 0	0.151 5	0.168 5

⑨椽条见表 2－39。

表 2－39　椽　　条

项目	内　　容
一般规定	(1)椽条应按设计要求选用方椽或圆椽，其间距应按设计规定放置。 (2)椽条应连续通过两跨檩距，并用钉子与檩条钉牢。 (3)椽条端头在檩条上应互相错开，不得采用斜搭接的形式。 (4)采用圆椽或半圆椽时，檩条的小头应朝向屋脊
椽条配料	椽条的配料长度至少为檩条间距的 2 倍
椽条间距控制	椽条装钉前，可做几个尺棍，尺棍的长度为椽条间的净距，这样控制椽条间距比较方便。也可以在檩条上画线，控制椽条间距
椽条装钉操作	椽条装钉应从房屋一端开始，每根椽条与檩条要保持垂直，与檩条相交处必须用钉子钉住，椽条的接头应在檩条的上口位置，不能将接头悬空。椽条间距应均匀一致。椽条在屋脊处及檐口处应弹线锯齐。椽条装钉后，要求坡面平整，间距符合要求
椽条需用量参考	每 100 m² 屋面面积椽条木材需用量见表 2－40

表 2－40　每 100 m² 屋面面积椽条木材需用量参考

名称	椽条断面(cm)	断面面积(cm²)	椽条间距(cm)					
			25	30	35	40	45	50
方椽	4×6	24	1.10	0.91	0.78	0.69	—	—
	5×6	30	1.37	1.14	0.98	0.86	—	—
	6×6	36	1.66	1.38	1.18	1.03	—	—
	5×7	35	1.61	1.33	1.14	1.00	0.89	0.81
	6×7	42	1.92	1.60	1.47	1.20	1.06	0.96
	5×8	40	1.83	1.52	1.31	1.14	1.01	0.92
	6×8	48	2.19	1.82	1.56	1.37	1.22	1.10
	6×9	54	2.47	2.05	1.76	1.54	1.37	1.24
	6×10	60	2.74	2.28	1.96	1.72	1.52	1.37

续上表

名称	椽条断面(cm)	断面面积(cm²)	椽条间距(cm)					
			25	30	35	40	45	50
圆椽	$\phi6$	—	1.64	1.37	1.18	1.03	0.92	0.82
	$\phi7$		2.16	1.82	1.56	1.37	1.22	1.08
	$\phi8$		2.69	2.26	1.94	1.70	1.52	1.35
	$\phi9$		3.28	2.84	2.44	2.14	1.90	1.69
	$\phi10$		4.05	3.41	2.93	2.57	2.29	2.02

⑩屋面板的铺钉见表2－41。

表2－41　屋面板的铺钉

项目	内　容
一般规定	(1)屋面板应按设计要求密铺或稀铺。 (2)屋面板接头不得全部钉于一根檩条上，每一段接头的长度不得超过1.5 m，板子要与檩条(或椽条)钉牢。 (3)钉屋面板的钉子长应为板厚的2倍，板在檩条上至少钉2个钉子。 (4)全部屋面板铺完后，应顺檐口弹线，待钉完三角条后锯齐。 (5)防潮油毡应由檐口向屋脊铺设，搭接长度不小于100 mm
板料要求	屋面板所采用的木板宽度不宜大于150 mm，过宽容易使木板发生翘曲。如果是密铺屋面板，则每块木板的边棱要锯齐，开成平缝、高低缝或斜缝；稀铺屋面板，则木板的边棱不必锯齐，留毛边即可
屋面板铺钉要点	(1)屋面板的铺钉可从屋面一端开始，也可从屋面中央开始向两端同时进行。 (2)屋面板要与檩条相互垂直，其接头应在檩条位置，各段接头应相互错开。 (3)屋面板与檩条相交处应用2个钉子钉住。密铺屋面板接缝要排紧；稀铺屋面板板间空隙应不大于板宽的1/2，也应不大于75 mm。 (4)屋面板在屋脊处要弹线锯齐，檐口部分屋面板应沿檐口檩条外侧锯齐。 (5)屋面板的铺钉要求板面平整
屋面板材需用量参考	屋面板材需用量见表2－42

表2－42　屋面板材需用量参考

檩椽条距离(m)	屋面板厚度(mm)	每100 m² 屋面板钢材(m³)
0.5	15	1.659
0.7	16	1.770
0.75	17	1.882

续上表

檩椽条距离(m)	屋面板厚度(mm)	每 100 m^2 屋面板钢材(m^3)
0.8	18	1.992
0.85	19	2.104
0.9	20	2.213
0.95	21	2.325
1.00	22	2.434

⑪顺水条、挂瓦条及其封檐板、封山板的铺钉见表 2—43。

表 2—43　顺水条、挂瓦条及其封檐板、封山板的铺钉

<table>
<tr><th colspan="2">项目</th><th>内　容</th></tr>
<tr><td colspan="2">顺水条与挂瓦条的铺钉</td><td>(1)屋面顺水条应垂直于屋脊钉在油毡上，一般间距为 400～500 mm，在油毡接头处应增加一根顺水条予以压实，钉子应钉在板上。
(2)挂瓦条应根据瓦的长度及屋面坡度进行分档，再弹线。屋脊处不许留半块瓦，檐口的三角木，应钉在顺水条上面。
(3)檐口第一根瓦条应较一般高出一片瓦的厚度，第一排瓦应探出檐口 50～60 mm。
(4)挂瓦条须用 50 mm 长的钉子钉在顺水条上，不能直接钉在油毡上。如赶不上顺水条档棱时，在接头处加顺水条一根，接头须锯齐。斜沟、斜脊的瓦条弹出线后，应先钉两边的边口</td></tr>
<tr><td>封檐板与封山板的铺钉</td><td>封檐板与封山板的构造</td><td>在平瓦屋面的檐口部分，往往是将附木挑出，各附木端头之间钉上檐口檩条，在檐口檩条外侧钉有通长的封檐板，封檐板可用宽 200～250 mm、厚 20 mm 的木板制作，如图 2—37 所示。 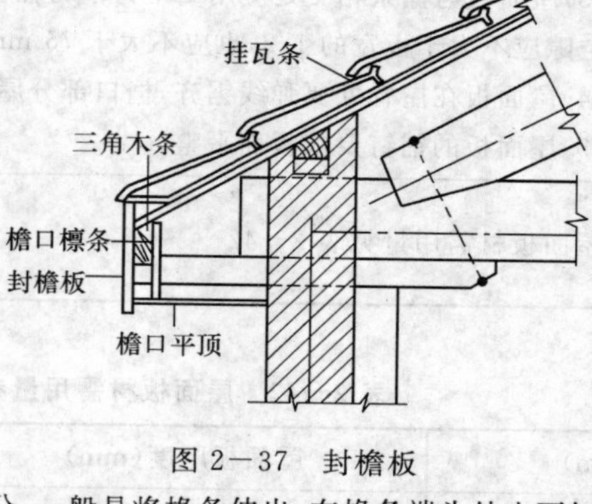

图 2—37　封檐板
青瓦屋面的檐口部分，一般是将椽条伸出，在椽条端头处也可钉通长的封檐板。
在房屋端部，有些是将檩条端部挑出山墙，为了美观，可在檩条端头外钉通长的封山板，封山板的规格与封檐板相同，如图 2—38 所示。</td></tr>
</table>

续上表

<table>
<tr><th colspan="2">项目</th><th>内　容</th></tr>
<tr><td rowspan="2">封檐板与封山板的铺钉</td><td>封檐板与封山板的构造</td><td> 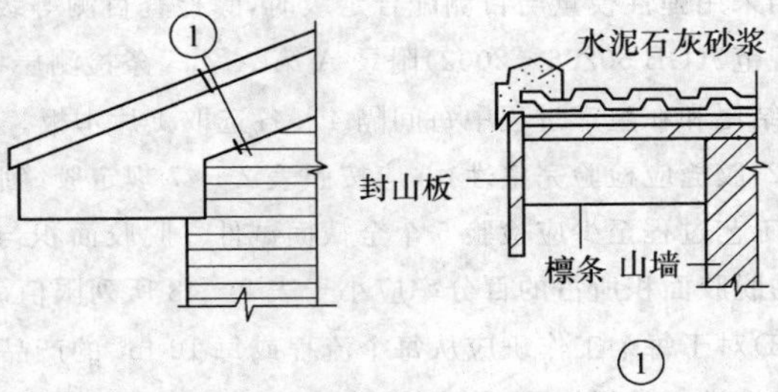
图 2－38　封山板</td></tr>
<tr><td>装钉要点</td><td>(1)封檐板的宽度大于 300 mm 时，背面应穿木带，宽度小于 300 mm 时，背面刻槽两道，以防扭翘。接头应做成楔形企口榫或燕尾缝，下端留出 30 mm 以免下面露榫。
(2)钉封檐板时，在两头的挑檐木上确定位置，拉上通线再钉板，钉子长度应大于板厚的两倍，钉帽要砸扁，并钉入板内 3 mm。
(3)封檐板用明钉钉住檐口檩条外侧，板的上边与三角木条顶面相平，钉帽砸扁冲入板内。封山板钉于檩条端头，板的上边与挂瓦条顶面相平。
(4)如檐口处有吊顶，应使封檐板或封山板的下边低于檐口吊顶下 25 mm，以防雨水浸湿吊顶。封山板接头应在檩条端头中央。
(5)封檐板要求钉得平整，板面通直。封山板的斜度要与屋面坡度相一致，板面通直</td></tr>
</table>

第二节　胶合木结构

一、验收条文

胶合木结构验收条文见表 2－44。

表 2－44　胶合木结构验收条文

项目	内　容
一般规定	适用于按《木结构工程施工质量验收规范》(GB 50206－2002)附录 A 层板胶合木制作技术生产的胶合木结构的质量验收
主控项目	(1)应根据胶合木构件对层板目测等级的要求，按表 2－45 和表 2－46 的规定检查木材缺陷的限值。 检查数量：在层板接长前应根据每一树种，截面尺寸按等级随机取样 100 片木板。 检查方法：用钢尺或量角器量测。

续上表

项目	内 容
主控项目	当采用弹性模量与目测配合定级时，除检查目测等级外，尚应按《木结构工程施工质量验收规范》(GB 50206－2002)附录 A 第 A.4.1 条检测层板的弹性模量。应在每个工作班的开始、结尾和在生产过程中每间隔 4 h 各选取 1 片木板。目测定级合格后测定弹性模量。 (2)胶缝应检验完整性，并应按照表 2－47 规定胶缝脱胶试验方法进行。对于每个树种胶种、工艺过程至少应检验 5 个全截面试件。脱胶面积与试验方法及循环次数有关。每个试件的脱胶面积所占的百分率应小于表 2－48 所列限值。 (3)对于每个工作班应从每个流程或每 10 m^3 的产品中随机抽取 1 个全截面试件，对胶缝完整性进行常规检验，并应按照表 2－49 规定胶缝完整性试验方法进行。结构胶的型号与使用条件应满足表 2－48 的要求。脱胶面积与试验方法及循环次数有关，每个试件的脱胶面积所占的百分率应小于表 2－48 和表 2－50 所列限值。 每个全截面试件胶缝抗剪试验所求得的抗剪强度和木材破坏百分率应符合下列要求。 ①每条胶缝的抗剪强度平均值应不小于 6.0 N/mm^2，对于针叶材和杨木，当木材破坏达到 100%时，其抗剪强度达到 4.0 N/mm^2 也被认可。 ②与全截面试件平均抗剪强度相应的最小木材破坏百分率及与某些抗剪强度相应的木材破坏百分率列于表 2－51。 (4)应按下列规定检查指接范围内的木材缺陷和加工缺陷。 ①不允许存在裂缝、涡纹及树脂条纹； ②木节距指端的净距不应小于木节直径的 3 倍； ③ I_{c} 和 I_{ct} 级木板不允许有缺指或坏指，II_{c} 和 III_{c} 级木板的缺指或坏指的宽度不得超过允许木节尺寸的 1/3。 ④在指长范围内及离指根 75 mm 的距离内，允许存在钝棱或边缘缺损，但不得超过两个角，且任一角的钝棱面积不得大于木板正常截面面积的 1%。 检查数量：应在每个工作班的开始、结尾和在生产过程中每间隔 4 h 各选取 1 块木板。 检查方法：用钢尺量和辨认。 (5)层板接长的指接弯曲强度应符合规定。 ①见证试验：当新的指接生产线试运转或生产线发生显著的变化(包括指形接头更换剖面)时，应进行弯曲强度试验。 试件应取生产中指接的最大截面。 根据所用树种、指接几何尺寸、胶种、防腐剂或阻燃剂处理等不同的情况，分别取至少 30 个试件。 凡属因木材缺陷引起破坏的试验结果应剔除，并补充试件进行试验，以取得至少 30 个有效试验数据，据此进行统计分析求得指接弯曲强度标准值 f_{mk}。 ②常规试验：从一个生产工作班至少取 3 个试件，尽可能在工作班内按时间和截面尺寸均匀分布。从每一生产批料中至少选一个试件，试件的含水率应与生产的构件一致，并应在试件制成后 24 h 内进行试验。其他要求与见证试验相同。 常规试验合格的条件是 15 个有效指接试件的弯曲强度标准值大于等于 f_{mk}

续上表

项目	内容
一般项目	(1)胶合时木板宽度方向的厚度允许偏差应不超过±0.2 mm,每块木板长度方向的厚度允许偏差应不超过±0.3 mm。 检查数量:每检验批100块。 检查方法:用钢尺量。 (2)表面加工的截面允许偏差。 ①宽度:±2.0 mm。 ②高度:±6.0 mm。 ③规方:以承载处的截面为准,最大的偏离为1/200。 检查数量:每检验批10个。 检查方法:用钢尺量。 (3)胶合木构件的外观质量。 ①A级——构件的外观要求很重要而需油漆,所有表面空隙均需封填或用木料修补。表面需用砂纸打磨达到粒度为60的要求。下列空隙应用木料修补。 a.直径超过30 mm的孔洞。 b.尺寸超过40 mm×20 mm的长方形孔洞。 c.宽度超过3 mm的侧边裂缝长度为40～100 mm。 注:填料应为不收缩的材料,且符合构件表面加工的要求。 ②B级——构件的外观要求表面用机具刨光并加油漆。表面加工应达到第(2)条的要求。表面允许有偶尔的漏刨,允许有细小的缺陷、空隙及生产中的缺损。最外的层板不允许有松软节和空隙。 ③C级——构件的外观要求不重要,允许有缺陷和空隙,构件胶合后无须表面加工。构件的允许偏差和层板左右错位限值示于图2－39及表2－52之中。 检查数量:每检验批当要求为A级时,应全数检查,当要求为B或C级时,要求检查10个。 检查方法:用钢尺量

表2－45 层板材质标准

项次	缺陷名称	材质等级		
		I_b与I_{bt}	II_b	III_b
1	腐朽,压损,严重的压应木,大量含树脂的木板,宽面上的漏刨	不允许	不允许	不允许
2	木节: (1)突出于板面的木节 (2)在层板较差的宽面任何200 mm长度上所有木节尺寸的总和不得大于构件面宽的	 不允许 1/3	 不允许 2/5	 不允许 1/2
3	斜纹:斜率不大于(%)	5	8	15

续上表

项次	缺陷名称	材质等级		
		I_b与I_{bt}	$Ⅱ_b$	$Ⅲ_b$
4	裂缝： (1)含树脂的振裂 (2)窄面的裂缝(有对面裂缝时，用两者之和)深度不得大于构件面宽的 (3)宽面上的裂缝(含劈裂、振裂)深 $b/8$，长 $2b$，若贯穿板厚而平行于板边长 $l/2$	不允许 1/4 允许	不允许 1/3 允许	不允许 不限 允许
5	髓心	不允许	不限	不限
6	翘曲、顺弯或扭曲≤4/1 000，横弯≤2/1 000，树脂条纹宽≤$b/12$，长≤$l/6$，干树脂囊宽 3 mm，长<b，木板侧边漏刨长 3 mm，刃具撕伤木纹，变色但不变质，偶尔的小虫眼或分散的针孔状虫眼，最后加工能修整的微小损棱	允许	允许	允许

注：1. 木节是指活节、健康节、紧节、松节及节孔。

2. b——木板(或拼合木板)的宽度；l——木板的长度。

3. I_{bt}级层板位于梁受拉区外层时在较差的宽面任何 200 mm 长度上所有木节尺寸的总和不得大于构件面宽的 1/4，在表面加工后距板边 13 mm 的范围内，不允许存在尺寸大于 10 mm 的木节及撕伤木纹。

4. 构件截面宽度方向由两块木板拼合时，应按拼合后的宽度定级。

表 2－46　边翘材横向翘曲的限值

木板厚度(mm)	木板宽度(mm)		
	≤100	150	≥200
20	1.0	2.0	3.0
30	0.5	1.5	2.5
40	0	1.0	2.0
45	0	0	1.0

表 2－47　胶缝脱胶试验方法

使用条件类别①	1		2		3
胶的型号②	Ⅰ	Ⅱ	Ⅰ	Ⅱ	Ⅰ
试验方法	A	C	A	C	A

①层板胶合木的使用条件根据气候环境分为 3 类：

1 类——空气温度达到 20℃，相对湿度每年有 2～3 周超过 65％，大部分软质树种木材的平均平衡含水率不超过 12％；

2 类——空气温度达到 20℃，相对湿度每年有 2～3 周超过 85％，大部分软质树种木材的平均平衡含水率不超过 20％；

3类——导致木材的平均平衡含水率超过20%的气候环境,或木材处于室外无遮盖的环境中。

②胶的型号有Ⅰ型和Ⅱ型两种:

Ⅰ型可用于各类使用条件下的结构构件(当选用间苯二酚树脂胶或酚醛间苯二酚树脂胶时,结构构件温度应低于85℃);

Ⅱ型只能用于1类或2类使用条件下。结构构件温度应经常低于50℃(可选用三聚氰胺脲醛树脂胶)。

表2—48 脱缝脱胶率 (%)

试验方法	胶的型号	循环次数		
		1	2	3
A	Ⅰ	—	5	10
C	Ⅱ	—	—	—

表2—49 常规检验的胶缝完整性试验方法

使用条件类别[①]	1	2	3
胶的型号[②]	Ⅰ和Ⅱ	Ⅰ和Ⅱ	Ⅰ
试验方法	脱胶试验方法C或胶缝抗剪试验	脱胶试验方法C或脱缝抗剪试验	脱胶试验方法A或B

注:同表2—47。

表2—50 脱缝脱胶率 (%)

试验方法	胶的类型	循环次数	
		1	2
B	Ⅰ	4	8

表2—51 与抗剪强度相应的最小木材破坏百分率 (%)

	平均值			个别数值		
抗剪强度 f_v(N/mm²)	6	8	≥11	4~6	6	≥10
最小木材破坏百分率	90	70	45	100	75	20

注:中间值可用插入法求得。

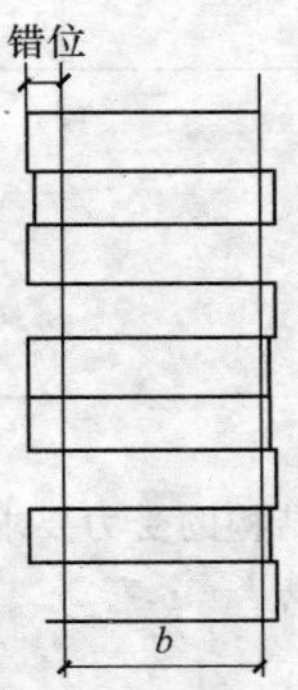

图2—39 构件的允许偏差和层板左右错位

表 2－52　胶合木构件外观 C 级的允许偏差和错位限值

截面的高度或宽度(mm)	截面高度或宽度的允许偏差(mm)	错位的最大值(mm)
h(或 b)＜100	±2	4
100≤h(或 b)＜300	±3	5
h(或 b)≥300	±6	6

二、施工材料要求

1.胶合木结构构件的材质等级

胶合木结构构件的材质等级见表 2－53。

表 2－53　胶合木结构构件的材质等级

项次	主要用途	材质等级	木材等级配置图
1	受拉或拉弯构件	I_b	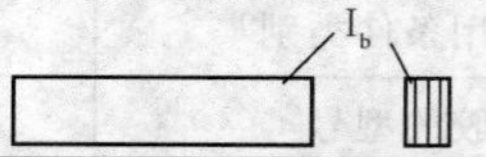 I_b
2	受压构件(不包括桁架上弦和拱)	III_b	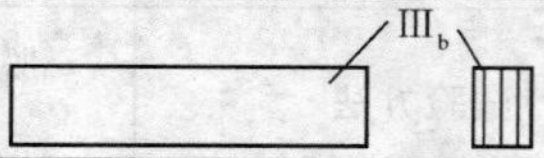 III_b
3	桁架上弦或拱，高度不大于 500 mm 的胶合梁： (1)构件上、下边缘各 0.1h 区域，且不少于两层板； (2)其余部分	 II_b III_b	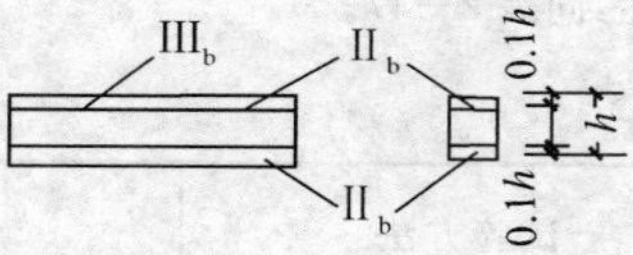 III_b II_b II_b 0.1h h 0.1h
4	高度大于 500 mm 的胶合梁： (1)梁的受拉边缘 0.1h 区域，且不少于两层板； (2)距受拉边缘 0.1h～0.2h 区域； (3)受压边缘 0.1h 区域，且不少于两层板； (4)其余部分	 I_b II_b II_b III_b	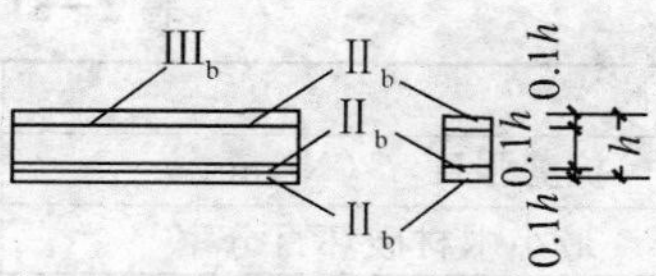 III_b II_b II_b II_b 0.1h 0.1h h 0.1h
5	侧立腹板工字梁： (1)受拉翼缘板； (2)受压翼缘板； (3)腹板	 I_b II_b III_b	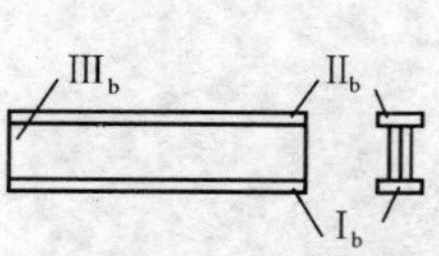 III_b II_b I_b

注：1. h 为截面高度。

2. 本表中木材材质等级是按承重结构的受力要求分级，其选材应符合承重结构木材的材质标准，不得用一般商品材的等级标准代替。

2.胶合板

(1)胶合板的标定规格见表 2－54。

表 2－54　胶合板的标定规格　（单位：mm）

<table>
<tr><th>种类</th><th>厚度</th><th>宽度</th><th colspan="6">长度</th></tr>
<tr><td>阔叶树材胶合板</td><td>2.5，2.7，3，3.5，4，5，6……（自 4 mm 起，按 1 mm 递增）</td><td rowspan="2">915
1 220
1 525</td><td rowspan="2">915
—
—</td><td rowspan="2">—
1 220
—</td><td rowspan="2">—
—
1 525</td><td rowspan="2">1 830
1 830
1 830</td><td rowspan="2">2 135
2 135
—</td><td rowspan="2">—
2 440
—</td></tr>
<tr><td>针叶树材胶合板</td><td>3，3.5，4，5，6，…（自 4 mm 起，按 1 mm 递增）</td></tr>
</table>

注：1. 阔叶树材胶合板以 3 mm 厚为常用规格，针叶树材胶合板以 3.5 mm 厚为常用规格，其他厚度的胶合板可通过协议生产。

2. 胶合板表板的木材纹理方向与胶合板的长度方向平行的，称为顺纹胶合板。

3. 经供需双方协商同意，胶合板的幅面尺寸可不受本规定的限制。

胶合板的分类、特性及适用范围见表 2－55。

表 2－55　胶合板的分类、特性及适用范围

种类	分类	名称	胶种	特性	使用范围
阔叶树材胶合板	Ⅰ类	NQF（耐气候耐沸水胶合板）	酚醛树脂胶或其他性能相当的胶	耐久、耐煮或蒸汽处理、耐干热、抗菌	室外工程
	Ⅱ类	NS（耐水胶合板）	脲醛树脂胶或其他性能相当的胶	耐冷水浸泡及短时间热水浸泡、抗菌、不耐煮沸	室外工程
	Ⅲ类	NC（耐潮胶合板）	血胶、带有多量填料的脲醛树脂胶或其他性能相当的胶	耐短期冷水浸泡	室内工程（常态下使用）
	Ⅳ类	BNS（不耐水胶合板）	豆胶或其他性能相当的胶	有一定的胶合强度但不耐水	室内工程（常态下使用）
松木普通胶合板	Ⅰ类	Ⅰ类胶合板	酚醛树脂胶其他性能相当的胶	耐水、抗真菌	室外长期工程
	Ⅱ类	Ⅱ类胶合板	胶水脲醛树脂胶、改性脲醛树脂胶或其他性能相当的合成树脂胶	耐水、抗真菌	潮湿环境用的工程
	Ⅲ类	Ⅲ类胶合板	血胶和加少量填料的脲醛树脂胶	耐湿	室内工程
	Ⅳ类	Ⅳ类胶合板	豆胶和加多量填料的脲醛树脂胶	不耐水湿	室内工程（干燥环境下使用）

(2)各等级胶合板的主要用途见表2—56。

表2—56　各等级胶合板的主要用途

项目	内　容
特等	适用于高级建筑装饰、高级家具及其他特殊需要的制品
一等	适用于较高级建筑装饰、中高级家具、各种电器外壳等制品
二等	适用于普通建筑装饰、普通家具、车辆和船舶装修等
三等	适用于低级建筑装修及包装材料等

三、施工机械要求

具体内容参见第二章第一节第三点“施工机械要求”。

四、施工工艺解析

1. 木吊顶的施工

(1)木吊顶的基本形式见表2—57。

表2—57　木吊顶的基本形式

项目	内　容
桁架下板条吊顶	装于桁架下的板条吊顶主要由主龙骨、次龙骨、吊筋和板条等部分组成如图2—40所示 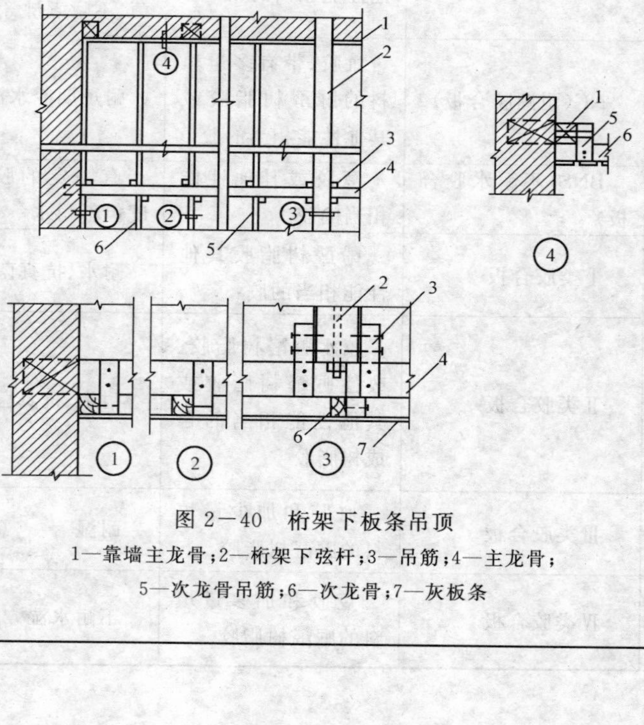 图2—40　桁架下板条吊顶 1—靠墙主龙骨；2—桁架下弦杆；3—吊筋；4—主龙骨； 5—次龙骨吊筋；6—次龙骨；7—灰板条

续上表

<table>
<tr><th>项目</th><th>内　容</th></tr>
<tr><td>桁架下人造吊顶</td><td>桁架下人造板吊顶的吊顶骨架布置与固定方法和板条吊顶基本相似。只是次龙骨的间距应根据人造板幅面尺寸来定，以尽量减小裁板损耗。同时还要布置加钉与次龙骨相垂直的横撑，以便于板的横边有所依托和将板钉平。如图 2－41 所示为桁架下人造板吊顶。 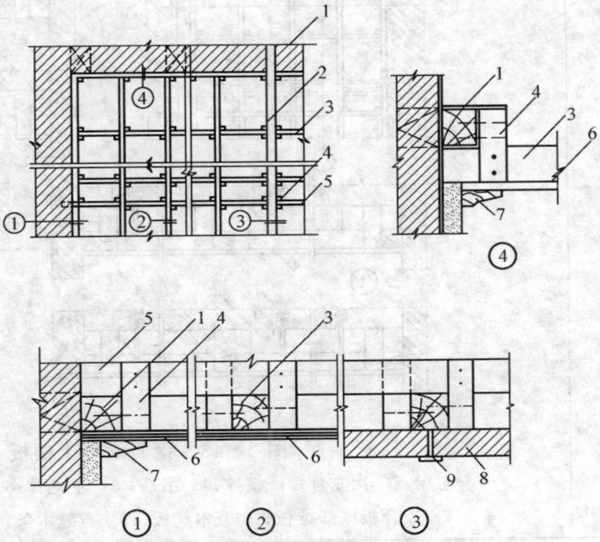
图 2－41　桁架下人造板吊顶
1—主龙骨；2—桁架下弦；3，5—次龙骨；4—吊筋；6—胶合板或纤维板；7—装饰木条；8—木丝板；9—木压条</td></tr>
<tr><td>槽形楼板下吊顶</td><td>在槽形楼板下吊顶的骨架布置及固定方法如图 2－42 所示 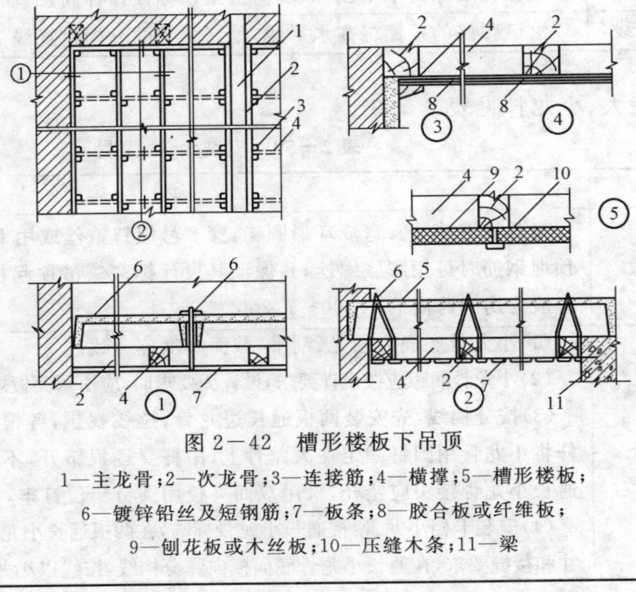
图 2－42　槽形楼板下吊顶
1—主龙骨；2—次龙骨；3—连接筋；4—横撑；5—槽形楼板；6—镀锌铅丝及短钢筋；7—板条；8—胶合板或纤维板；9—刨花板或木丝板；10—压缝木条；11—梁</td></tr>
</table>

续上表

项目	内　容
钢筋混凝土楼板下吊顶	钢筋混凝土楼板下吊顶如图 2—43 所示。它由主龙骨、次龙骨、吊筋、撑木和板条(或人造板材)等部分组成。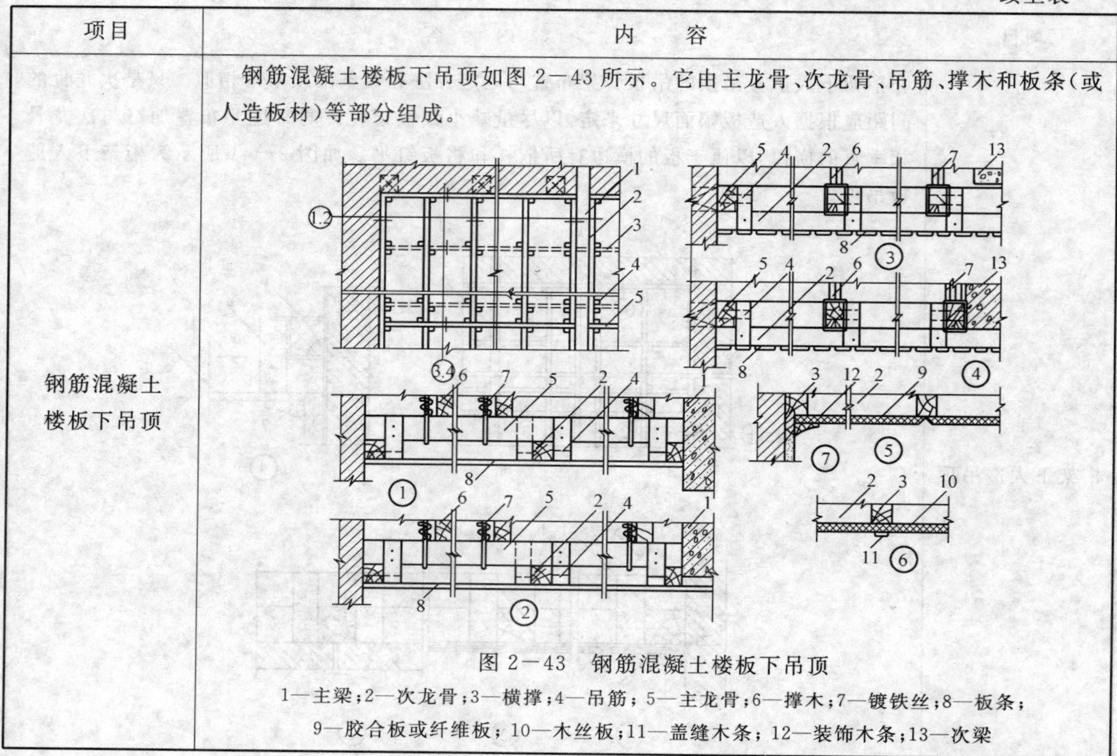图 2—43　钢筋混凝土楼板下吊顶 1—主梁；2—次龙骨；3—横撑；4—吊筋；5—主龙骨；6—撑木；7—镀铁丝；8—板条；9—胶合板或纤维板；10—木丝板；11—盖缝木条；12—装饰木条；13—次梁

(2)弹线定位见表 2—58。

表 2—58　弹线定位

项目	内　容
弹标高水平线	根据楼层标高水平线，顺墙高量至顶棚设计标高，沿墙四周弹顶棚标高水平线
划龙骨分档线	沿已弹好的顶棚标高水平线，划好龙骨的分档位置线

(3)安装大、小龙骨见表 2—59。

表 2—59　安装大、小龙骨

项目	内　容
安装大龙骨	将预埋钢筋端头弯成环形圆钩，穿 8 号镀锌铁丝或用 M6、M8 螺栓将大龙骨固定，未预埋钢筋时可用膨胀螺栓，并保证其设计标高。吊顶起拱按设计要求，设计无要求时，一般为房间跨度的 1/300～1/200
安装小龙骨	(1)小龙骨底面应刨光、刮平，截面厚度应一致。 (2)小龙骨间距应按设计要求，设计无要求时，应由罩面板规格决定，一般为 400～500 mm。 (3)按分档线，先安装两根通长边龙骨，拉线找拱，各根小龙骨按起拱标高，通过短吊杆将小龙骨用圆钉固定在大龙骨上，吊杆要逐根错开，不得吊钉在龙骨的同一侧面上。通长小龙骨接头应错开，采用双面夹板用圆钉错位钉牢，接头两侧最少各钉两个钉子。 (4)安装卡档小龙骨：按通长小龙骨标高，在两根通长小龙骨之间，根据罩面板材的分块尺寸和接缝要求，在通长小龙骨底面横向弹分档线，按线以小龙骨底面找平并钉固卡档小龙骨

(4)棚内管线设施、吊顶的面板安装及安装压条见表 2－60。

表 2－60 棚内管线设施、吊顶的面板安装及安装压条

项目	内容
棚内管线设施安装	吊顶时要结合灯具位置、风扇位置，做好预留洞穴及吊钩工作。当平顶内有管道或电线穿过时，应安装管道及电线，然后再铺设面层，若管道有保温要求，应在完成管道保温工作后，再封钉吊顶面层。 平顶上穿过风管、水管时，大的厅堂宜采用高低错落形式的吊顶。在设有检修走道的上人吊顶上穿越管道时，其平顶应适当留设伸缩缝，以防止吊顶受管线影响而产生不均匀胀缩
吊顶的面板安装	(1)圆钉钉固法。这种方法多用于胶合板、纤维板的罩面板安装。在已装好并经验收的木骨架下面，按罩面板的规格和拉缝间隙，在龙骨底面进行分块弹线，在吊顶中间顺通长小龙骨方向，先装一行作为基准，然后向两侧延伸安装。固定罩面板的钉距为200 mm。 (2)木螺钉固定法。这种方法多用于塑料板、石膏板、石棉板。在安装前，罩面板四边按螺钉间距先钻孔，安装程序与方法基本上同圆钉钉固法。 (3)胶黏剂固法。这种方法多用于钙塑板，安装前板材应选配修整，使厚度、尺寸、边楞齐整一致。每块罩面板粘贴前应进行预装，然后在预装部位龙骨框底面刷胶，同时在罩面板四周刷胶，刷胶宽度为 10～15 mm，经 5～10 min 后，将罩面板压粘在预装部位。每间顶棚先由中间行开始，然后向两侧分行逐块粘贴，胶黏剂型号按设计规定，设计无要求时，应经试验选用，一般可用 401 胶
安装压条	木骨架罩面板顶棚，设计要求采用压条做法时，待一间罩面板全部安装后，先进行压条位置弹线，按线进行压条安装。其固定方法，一般同罩面板，钉固间距为300 mm，也可用胶黏料粘贴

2. 常用罩面板安装

常用罩面板安装见表 2－61。

表 2－61 常用罩面板安装

项目	内容
纸面石膏板安装	(1)饰面板应在自由状态下固定，防止出现弯棱、凸鼓的现象；还应在棚顶四周封闭的情况下安装固定，防止板面受潮变形。 (2)纸面石膏板的长边(即包封边)应沿纵向次龙骨铺设。 (3)自攻螺钉与纸面石膏板边的距离，用面纸包封的板边以 10～15 mm 为宜，切割的板边以 15～20 mm 为宜。 (4)固定次龙骨的间距，一般不应大于 600 mm，在南方潮湿地区，间距应适当减小，以300 mm 为宜。

续上表

项目	内 容
纸面石膏板安装	(5)钉距以150～170 mm为宜,螺钉应与板面垂直,已弯曲、变形的螺钉应剔除,并在相隔50 mm的部位另安螺钉。 (6)安装双层石膏板时,面层板与基层板的接缝应错开,不得在一根龙骨上。 (7)石膏板的接缝,应按设计要求进行板缝处理。 (8)纸面石膏板与龙骨固定,应从一块板的中间向板的四边进行固定,不得多点同时作业。 (9)螺钉头宜略埋入板面,但不得损坏纸面,钉眼应做防锈处理并用石膏腻子抹平。 (10)拌制石膏腻子时,必须用清洁水和清洁容器
纤维水泥加压板安装	(1)龙骨间距、螺钉与板边的距离及螺钉间距等应满足设计要求和有关产品的要求。 (2)纤维水泥加压板与龙骨固定时,所用手电钻钻头的直径应比选用螺钉直径小0.5～1.0 mm;固定后,钉帽应作防锈处理,并用油性腻子嵌平。 (3)用密封膏、石膏腻子或掺界面剂的水泥砂浆嵌涂板缝并刮平,硬化后用砂纸磨光,板缝宽度应小于50 mm。 (4)板材的开孔和切割,应按产品的有关要求进行
防潮板	(1)饰面板应在自由状态下固定,防止出现弯棱、凸鼓的现象。 (2)防潮板的长边(即包封边)应沿纵向次龙骨铺设。 (3)自攻螺钉与防潮板板边的距离,以10～15 mm为宜,切割的板边以15～20 mm为宜。 (4)固定次龙骨的间距,一般不应大于600 mm,在南方潮湿地区,钉距以150～170 mm为宜,螺钉应与板面垂直,已弯曲、变形的螺钉应剔除。 (5)面层板接缝应错开,不得在一根龙骨上。 (6)防潮板的接缝处理同石膏板。 (7)防潮板与龙骨固定时,应从一块板的中间向板的四边进行固定,不得多点同时作业。 (8)螺钉头宜略埋入板面,钉眼应作防锈处理并用石膏腻子抹平
矿棉装饰吸声板安装	(1)规格一般分为300 mm×600 mm、600 mm×600 mm、600 mm×1 200 mm三种。300 mm×600 mm多用于暗插龙骨吊顶,将面板插于次龙骨上;600 mm×600 mm及600 mm×1 200 mm一般用于明装龙骨,将面板直接搁于龙骨上。 (2)安装时,应注意板背面的箭头方向和白线方向一致,以保证花样、图案的整体性。 (3)饰面板上的灯具、烟感器、喷淋头、风口箅子等设备的位置应合理、美观,与饰面的交接应吻合、严密
硅钙板、塑料板安装	(1)规格一般为600 mm×600 mm,一般用于明装龙骨,将面板直接搁于龙骨上。 (2)安装时,应注意板背面的箭头方向和白线方向一致,以保证花样、图案的整体性。 (3)饰面板上的灯具、烟感器、喷淋头、箅子等设备的位置应合理、美观,与饰面的交接应吻合、严密

续上表

项目	内　　容
搁栅安装	规格一般为 100 mm×100 mm、150 mm×150 mm、200 mm×200 mm 等多种方形搁栅，一般用卡具将饰面板板材卡在龙骨上
扣板安装	规格一般为 100 mm×100 mm、150 mm×150 mm、200 mm×200 mm、600 mm×600 mm等多种方形塑料板，还有宽度为 100 mm、150 mm、200 mm、300 mm、600 mm 等多种条形塑料板；一般用卡具将饰面板板材卡在龙骨上
铝塑板安装	铝塑板采用单面铝塑板，根据设计要求，裁成需要的形状，用胶贴在事先封好的底板上，可以根据设计要求留出适当的胶缝。 胶黏剂粘贴时，涂胶应均匀；粘贴时，应采用临时固定措施，并应及时擦去挤出的胶液；在打封闭胶时，应先用美纹纸带将饰面板保护好；待胶打好后，撕去美纹纸带，清理板面
单铝板或铝塑板安装	将板材加工折边，在折边上包铝角，再将板材用拉铆钉固定在龙骨上，可以根据设计要求留出适当的胶缝，在胶缝中填充泡沫胶棒，在打封闭胶时，应先用美纹纸带将饰面板保护好，待胶打好后，撕去美纹纸带，清理板面
金属扣板安装	条板式吊顶龙骨一般可直接吊挂，也可以增加主龙骨，主龙骨间距不大于 1 000 mm，条板式吊顶龙骨形式与条板配套。 方板吊顶次龙骨分明装 T 形和暗装卡口两种，可根据金属方板式样选定。次龙骨与主龙骨间用固定件连接。 金属板吊顶与四周墙面所留空隙，用金属压条与吊顶找齐，金属压缝条的材质宜与金属板面相同。 饰面板上的灯具、烟感器、喷淋头、风口箅子等设备的位置应合理、美观，与饰面的交接应吻合、严密，并做好检修口的预留。使用材料宜与母体相同，安装时应严格控制整体性、刚度和承载力

3. 开敞式吊顶

开敞式吊顶见表 2－62。

表 2－62　开敞式吊顶

项目	内　　容
单体构件的固定	单体构件的固定可以分为两种类型：一是将单体构件固定在骨架上；二是将单体构件直接用吊杆与结构相连，不用骨架支撑，其本身具有一定的刚度。 前一种固定办法，一般是由于单体构件自身刚度不够，如果直接将其悬吊，会不够稳定及容易变形，故而将其固定于安全可靠的骨架上。 用轻质、高强一类材料制成的单体构件，可以集骨架与装饰为一体，只要将单体构件直接固定即可。也有的采用卡具先将单体构件连成整体，然后再用通长钢管将其与吊杆连接，如图 2－44 所示。这样做可以减少吊杆数量，施工也较简便。还有一种更为简便的方法是先用钢管将单体构件担住，而后将吊管用吊杆悬吊，这种做法省略了单体构件的固定卡具，简单可行，如图 2－45 所示。

续上表

项目	内　　容
单体构件的固定	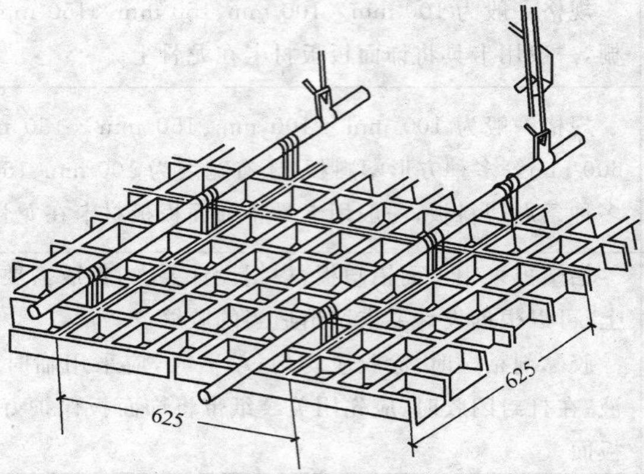 2－44　使用卡具和通长钢管安装示意图(单位:mm) 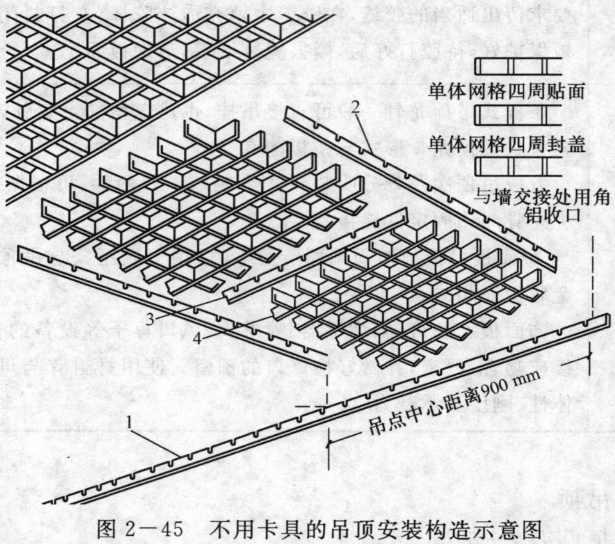 图 2－45　不用卡具的吊顶安装构造示意图 1—吊管(1 800 mm);2—横插管(1 200 mm);3—横插管(600 mm);4—单体网格构件(600 mm×600 mm) 如图 2－46 所示的吊顶安装构造,是单体构件逐个悬挂,在加工单体构件时,已将悬挂构造与单体构件一同加工完成,这样能够提高吊顶安装质量及工效
开敞式吊顶的安装	应注重单体构件悬挂的整齐问题。这种吊顶就是通过单体构件的有规律组合而获取装饰效果的,如果安装得不顺、不齐,势必有损于这种吊顶的韵律感
吊顶上部空间的处理	吊顶上部空间的处理对装饰效果影响也比较大,因为这种吊顶是敞口的,上部空间的设备、管道及结构情况,对于层高不够大的房间是清晰可见的。比较常用的做法是利用灯光的反射,使吊顶上部光线暗淡,将上部空间的设备、管道及结构等变得模糊不清,用明亮的地面来吸引人们的视觉注意力。也可将设备、管道及混凝土楼板刷上一层灰暗的色彩,借以模糊它们的形象

续上表

项目	内　　容
吊顶上部空间的处理	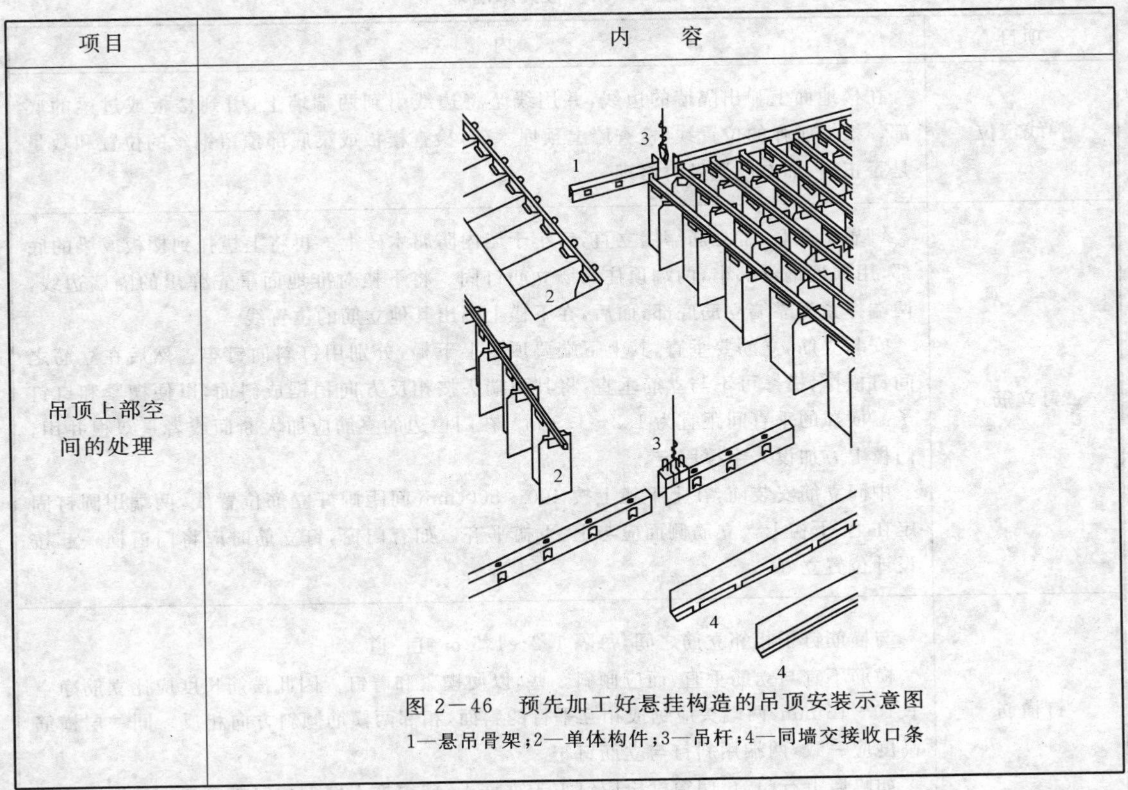图 2－46 预先加工好悬挂构造的吊顶安装示意图 1—悬吊骨架；2—单体构件；3—吊杆；4—同墙交接收口条

4. 吊顶的质量要求

吊顶罩面板工程质量允许偏差见表 2－63。

表 2－63 吊顶罩面板工程质量允许偏差

项次	项目	允许偏差(m)							检验方法
		胶合板	纤维板	钙塑板	塑料板	刨花板	木丝板	木板	
1	表面平整	2	3	3	2	4	4	3	用 2 m 靠尺和楔形塞尺检查
2	接缝平直	3	3	4	3	3	3	3	拉 5 m 线检查，不足5 m拉通线检查
3	压条平直	3	3	3	3	3	3	—	
4	接缝高低	0.5	0.5	1	1	—	—	1	用直尺和楔形塞尺检查
5	压条间距	2	2	2	2	3	3	—	用尺检查

5. 隔墙的施工

(1)板条木隔墙见表 2－64。

表 2—64　板条木隔墙

项目	内　容
弹线定位	在楼地面上弹出隔墙的边线，并用线坠将边线引到两端墙上，引到楼板或过梁的底部。根据所弹的位置线，检查墙上预埋木砖，检查楼板或梁底部预留钢丝的位置和数量是否正确，如有问题及时修理
钉立筋	钉靠墙立筋，将立筋靠墙立直，钉牢于墙内防腐木砖上。再将上槛托到楼板或梁的底部，用预埋钢丝绑牢，两端顶住靠墙立筋钉固。将下槛对准地面事先弹出的隔墙边线，两端撑紧于靠墙立筋底部，而后，在下槛上画出其他立筋的位置线。 安装立筋，立筋要垂直，其上下端要顶紧上下槛，分别用钉斜向钉牢。然后在立筋之间钉横撑，横撑可不与立筋垂直，将其两端头按相反方向稍锯成斜面，以便楔紧和钉钉子。横撑的垂直间距宜为 1.2～1.5 m。在门樘边的立筋应加大断面或者是双根并用，门樘上方加设人字撑固定。 中间立筋安装前，在上下槛上按 400～500 mm 间距画好立筋位置线，两端用圆钉固定在上、下槛上。立筋侧面应与上、下槛平齐。如有门窗，钉立筋时应将门窗框一起按设计位置立好
钉横筋	与横筋钉子相邻立筋之间，每隔 1.2～1.5 m 钉一道。 横筋不宜与立筋垂直，而应倾斜一些，以便楔紧和着钉。因此横筋长度应比立筋净空长10～15 mm，两端头应锯成相互平行的斜面，相邻两横筋倾斜方向相反。同一层横筋高度应一致，两端用斜钉与立筋钉牢。 如隔墙上有门窗，门窗框梃应钉牢于立筋上，门窗框上冒上加钉横筋和人字撑
钉灰横条	灰板条钉在立筋上，板条之间留 7～10 mm 空隙，板条接头应在立筋上并留 3～5 mm 空隙。板条接头应分段错开，每段长度不宜超过 500 mm

(2)板材隔墙见表 2—65。

表 2—65　板材隔墙

项目	内　容
弹线	施工时应先在地面、墙面、平顶弹闭合墨线
安装上下槛	用铁钉、预埋钢筋将上下槛按黑线位置固定牢固，当木隔墙与砖墙连接时，上、下槛须伸入砖墙内至少 12 cm
立筋定位、安装	先立边框墙筋，然后在上下槛上按设计要求的间距画出立筋位置线，其间距一般为40～50 cm。如有门口时，其两侧需各立一根通天立筋，门窗樘上部宜加钉人字撑。立撑之间应每隔 1.2～1.5 m 左右加钉横撑一道。隔墙立筋安装应位置正确、牢固
横楞安装	横楞须按施工图要求安装，其间距要配合板材的规格尺寸。横楞要水平钉在立筋上，两侧面与立筋平齐。如有门窗时，窗的上、下及门上应加横楞，其尺寸比门窗洞口大2～3 cm，并在钉隔墙时将门窗同时钉上

续上表

项目	内　容
横撑加固	隔墙立筋不宜与横撑垂直，而应有一定的倾斜，以便楔紧和钉钉，因而横撑的长度应比立筋净空尺寸长 10～15 mm，两端头按相反方向稍锯成斜面
罩面板安装	覆面板材用圆钉钉于立筋和横筋上，板边接缝处宜做成坡楞或留 3～7 mm 缝隙。纵缝应垂直，横缝应水平，相邻横缝应错开。不同板材的装钉方法有所不同。 (1)石膏板安装。安装石膏板前，应对预埋隔断中的管道和附于墙内的设备采取局部加强措施。 石膏板宜竖向铺设，长边接缝宜落在竖向龙骨上。双面石膏罩面板安装，应与龙骨一侧的内外两层石膏板错缝排列，接缝不应落在同一根龙骨上。需要隔声、保温、防火的，应根据设计要求在龙骨一侧安装好石膏罩面板后，进行隔声、保温、防火等材料的填充。一般采用玻璃丝棉或30～100 mm 岩棉板进行隔声、防火处理，采用 50～100 mm 苯板进行保温处理，然后再封闭另一侧的板。 石膏板应采用自攻螺钉固定。周边螺钉的间距不应大于 200 mm，中间部分螺钉的间距不应大于 300 mm，螺钉与板边缘的距离应为 10～16 mm。 安装石膏板时，应从板的中部开始向板的四边固定。钉头略埋入板内，但不得损坏纸面；钉眼应用石膏腻子抹平；钉头应做防锈处理。 石膏板应按框格尺寸裁割准确；就位时应与框格靠紧，但不得强压。 隔墙端部的石膏板与周围的墙或柱应留有 3 mm 的槽口。施铺罩面板时，应先在槽口处加注嵌缝膏，然后铺板并挤压嵌缝膏使面板与邻近表层接触紧密。 在丁字形或十字形相接处，如为阴角，应用腻子嵌满，贴上接缝带；如为阳角，应做护角。 (2)胶合板和纤维板(埃特板)、人造木板安装 安装胶合板、人造木板的基体表面，需用油毡、釉质防潮时，应铺设平整，搭接严密，不得有皱折、裂缝和透孔等。 胶合板、人造木板采用直钉固定。如用钉子固定，钉距为 80～150 mm，钉帽应打扁并钉入板面0.5～1 mm，钉眼用油性腻子抹平。胶合板、人造木板如涂刷清油等涂料时，相邻板面的木纹和颜色应近似。需要隔声、保温、防火的，应根据设计要求在龙骨安装好后，进行隔声、保温、防火等材料的填充。一般采用玻璃丝棉或 30～100 mm 岩棉板进行隔声、防火处理，采用 50～100 mm 苯板进行保温处理，然后再封闭罩面板。 墙面用胶合板、纤维板装饰时，阳角处宜做护角；硬质纤维板应用水浸透，自然阴干后安装。 胶合板、纤维板用木压条固定时，钉距不应大于 200 mm，钉帽应打扁，并钉入木压条 0.5～1 mm，钉眼用油性腻子抹平。 用胶合板、人造木板、纤维板做罩面时，应符合防火的有关规定，在湿度较大的房间，不得使用未经防水处理的胶合板和纤维板。 墙面安装胶合板时，阳角处应做护角，以防板边角损坏，并可增加装饰。 (3)塑料板安装。塑料板安装方法，一般有黏结和钉接两种。 ①粘结。聚氯乙烯塑料装饰板用胶黏剂黏结，可用聚氯乙烯胶黏剂(601 胶)或聚醋酸乙烯胶。用刮板或毛刷同时在墙面和塑料板背面涂刷，不得有漏刷。涂胶后见胶液流动性显著消失，用手接触胶层感到黏性较大时，即可黏结。黏结后应采用临时固定措施，同时将挤压在板缝中多余的胶液刮除，将板面擦净。

续上表

项目	内　　容
罩面板安装	②钉接。安装塑料贴面板复合板应预先钻孔，再用木螺钉加垫圈紧固，也可用金属压条固定。木螺钉的钉距一般为 400～500 mm，排列应整齐一致。 加金属压条时，应拉横竖通线拉直，并应先用钉子将塑料贴面复合板临时固定，然后加盖金属压条，用垫圈找平固定。 (4)铝合金装饰条板安装。用铝合金条板装饰墙面时，可用螺钉直接固定在结构层上，也可用锚固件悬挂或嵌卡的方法，将板固定在墙筋上

6.木地板的施工

(1)地板用量计算。

地板用量计算见表 2－66。

表 2－66　地板用量计算

项目	内　　容
第一步	确定地板的走向
第二步	计算横向要用几排地板
第三步	计算总的用量
第四步	计算面积总值
第五步	计算材料(地板)的总价
第六步	计算损耗和损耗率

(2)木基层施工。

①架空式木基层的施工要求见表 2－67。

表 2－67　架空式木基层的施工要求

项目	内　　容
地垄墙	地垄墙(或砖墩)一般采用烧结普通砖、水泥砂浆或混合砂浆砌筑。顶面须铺防潮层一层，其基础应按设计要求施工，地垄墙间距一般不宜大于 2 m，以免木搁栅断面过大
垫木	垫木应按设计要求作防腐处理，厚度一般为 50 mm，可沿地垄墙通长布置，用预埋于地垄墙中的 8 号铅丝绑扎固定
木搁栅	木搁栅的作用主要是固定与承托面层，其表面应作防腐处理。木搁栅一般与地垄墙成垂直摆放，间距一般为 400 mm。安装时，先核对垫木(包括压檐木)表面水平标高，然后在其上弹出木搁栅位置线，依次铺设木搁栅。木搁栅离墙面应留出不小于 30 mm 的缝隙，以利于隔潮通风。木搁栅的表面应平直，安装时要随时注意从纵横两个方向找平

续上表

项目	内　　容
剪刀撑	剪刀撑布置于木搁栅两侧面，间距按设计规定。设置剪刀撑的作用主要是增加木搁栅的侧向稳定，将各根单独的搁栅连成整体，也增加了整个楼面的刚度，还对木搁栅的翘曲变形起一定的约束作用
毛地板	双层木地板的下层称为毛地板。一般是用宽度不大于 120 mm 的松、杉木板条，在木搁栅上部满钉一层。铺设时必须将毛地板下面空间内的杂物清除干净，否则，一旦铺满，就较难清理。毛地板一般采用与木搁栅成 30°或 45°角斜向铺设，但当采用硬木拼花人字纹时，则一般与木搁栅成垂直铺设。铺设时，毛板条应使髓心向上，以免起鼓，相邻板条间缝不必太严密，可留有 2～3 mm 的缝隙，相邻板条的端部接缝要错开

②搁栅的布置形式见表 2－68。

表 2－68　搁栅的布置形式

项目	内　　容
有地垄墙空铺地板搁栅	有地垄墙空铺地板的搁栅布置与固定方法如图 2－47 所示。它由地垄墙、沿缘木、搁栅和剪刀撑等部分组成 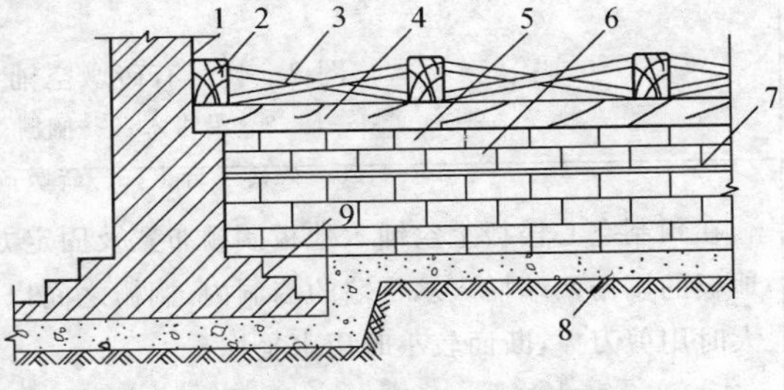 图 2－47　有地垄墙空铺地板搁栅 1—墙；2—搁栅；3—剪刀撑；4—沿缘木；5—地垄墙；6—通风口；7—防潮层；8—碎砖三合土；9—大放脚
无地垄墙空铺地板搁栅	无地垄墙空铺地板搁栅的布置与固定方法如图 2－48 所示。它由沿缘木、搁栅和剪刀撑等部分组成 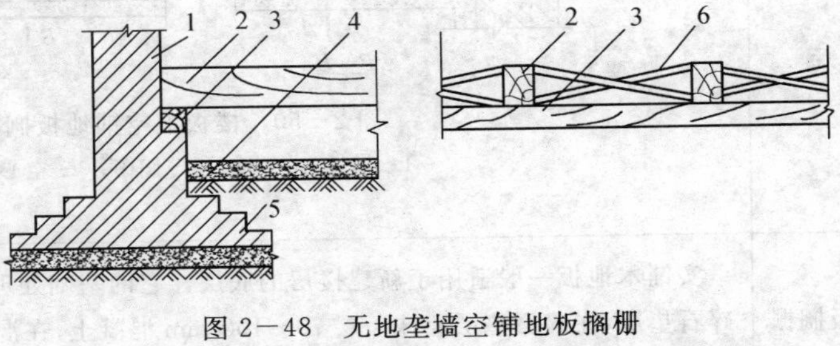 图 2－48　无地垄墙空铺地板搁栅 1—墙；2—搁栅；3—沿缘木；4—碎砖三合土；5—大放脚；6—剪刀撑

续上表

项目	内　容
有砖墩空铺地板搁栅	有砖墩空铺地板搁栅的布置与固定方法如图 2－49 所示。它与有地垄墙空铺地板搁栅的差别是，用砖墩代替了地垄墙 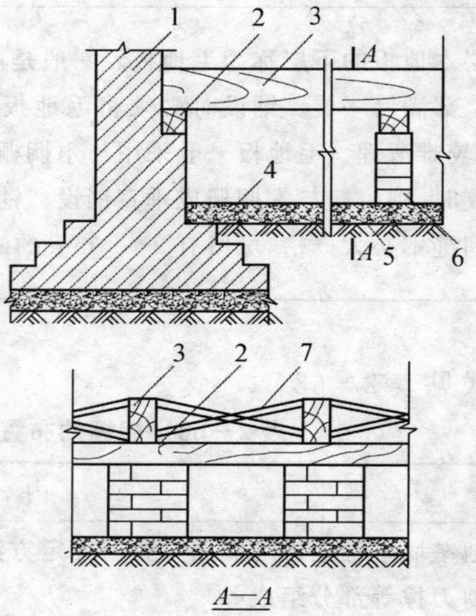 图 2－49　有砖墩空铺地板搁栅 1—墙；2—沿缘木；3—搁栅；4—大放脚； 5—碎砖三合土；6—砖墩；7—剪刀撑
楼板空铺地板搁栅	在预制空心楼板上空铺木地板搁栅布置及固定方法如图 2－50 所示。楼板上空铺木地板的搁栅两端插入承重墙的墙洞内，搁栅之间以平撑或剪刀撑撑固。当搁栅断面较大时用剪刀撑，断面较小时用水平撑 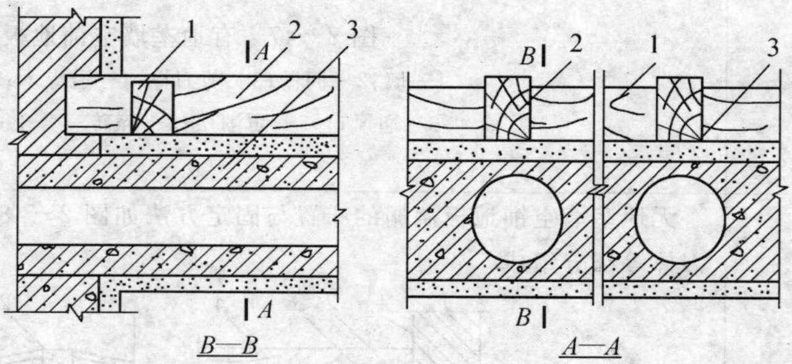 图 2－50　楼板上空铺地板搁栅 1—横撑(水平撑)；2—搁栅；3—空心楼板
实铺木地板搁栅	实铺木地板一般适用于新建楼房的底层。它的基础处理包括在素土夯实层上铺一层碎石垫层，在碎石垫层上抹一层 70～100 mm 混凝土，在混凝土上铺一层油毡防潮。实铺木地板的搁栅如图 2－51 所示，它由梯形搁栅、平撑及炉渣层组成

续上表

<table>
<tr><th>项目</th><th>内　容</th></tr>
<tr><td>实铺木地板搁栅</td><td>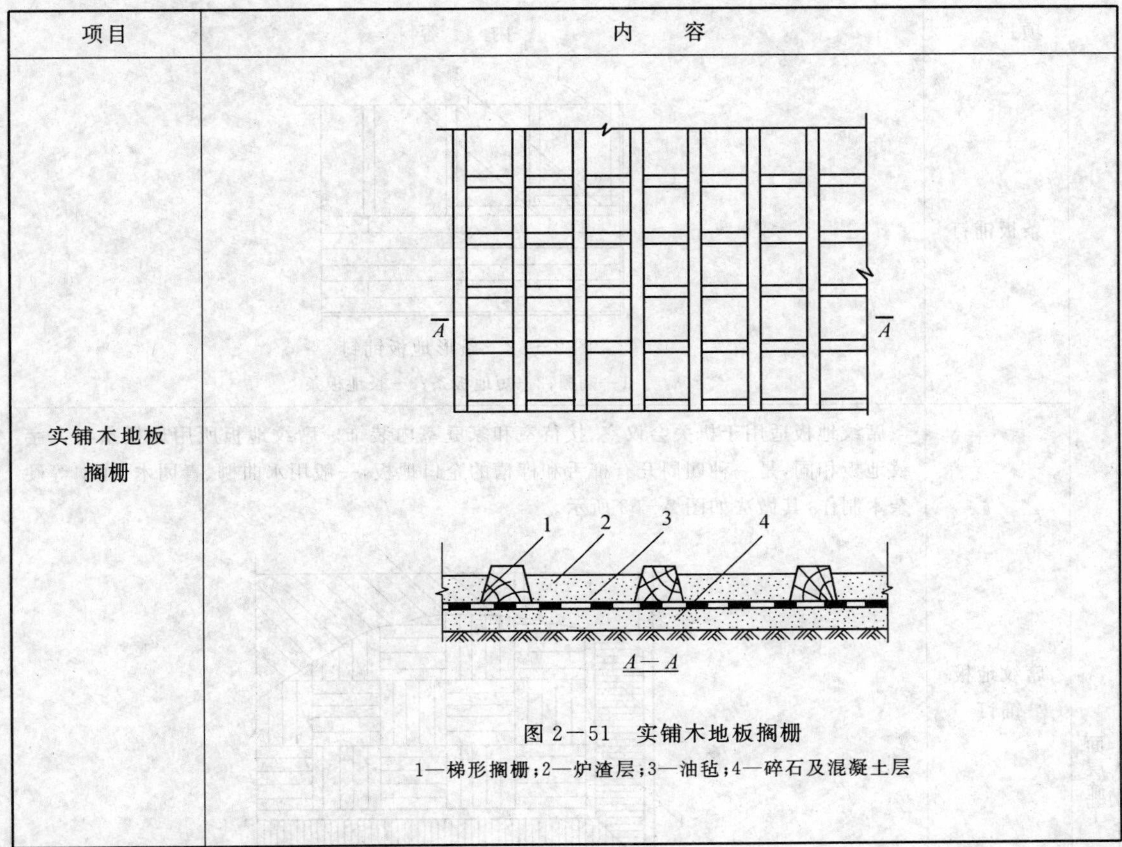图 2—51　实铺木地板搁栅
1—梯形搁栅；2—炉渣层；3—油毡；4—碎石及混凝土层</td></tr>
</table>

(3)面层与木踢脚板施工

面层与木踢脚板施工见表 2—69。

表 2—69　面层与木踢脚板施工

<table>
<tr><th colspan="2">项目</th><th>内　容</th></tr>
<tr><td>面层施工</td><td>条板铺钉</td><td>空铺的条板铺钉方法为剪刀撑钉完之后，可从墙的一边开始铺钉企口条板，靠墙的一块板应离墙面有 10～20 mm 缝隙，以后逐块排紧，用钉从板侧凹角处斜向钉入，钉长为板厚的 2～2.5 倍，钉帽要砸扁，企口条板要钉牢、排紧。板的排紧方法一般可在木搁栅上钉扒钉一只，在扒钉与板之间夹一对硬木楔，打紧硬木楔就可以使板排紧。钉到最后一块企口板时，因无法斜着钉，可用明钉钉牢，钉帽要砸扁，冲入板内。企口板的接头要在搁栅中间，接头要互相错开，板与板之间应排紧，搁栅上临时固定的木拉条，应随企口板的安装随时拆去，铺钉完之后及时清理干净，先依垂直木纹方向粗刨一遍，再依顺木纹方向细刨一遍。
实铺条板铺钉方法同上。如图 2—52 所示为家庭常用的一种条形地板铺钉方法，是将条形地板直接铺钉在搁栅上</td></tr>
</table>

续上表

<table>
<tr><th colspan="2">项目</th><th>内　容</th></tr>
<tr><td rowspan="3">面层施工</td><td>条板铺钉</td><td> 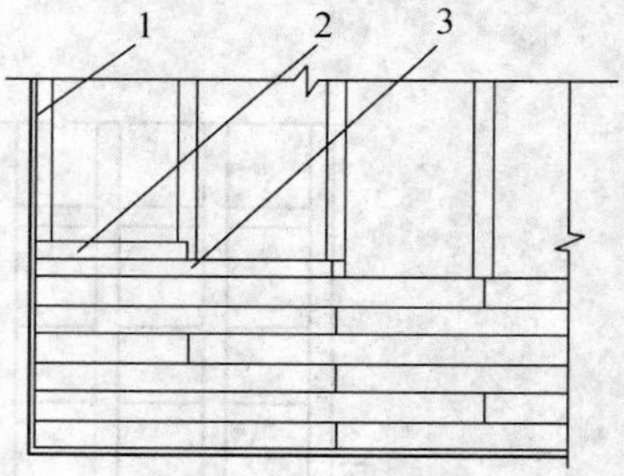图 2－52　条形地板铺钉
1—搁栅；2—短地板条；3—长地板条</td></tr>
<tr><td>席纹地板铺钉</td><td>席纹地板适用于机关会议室、接待室和家庭室内装饰。席纹地板所用地板条与人字纹地板相同，是一种四周开有榫舌和榫槽的企口地板，一般用水曲柳、青冈木、柞木等硬杂木制作，其做法如图 2－53 所示。 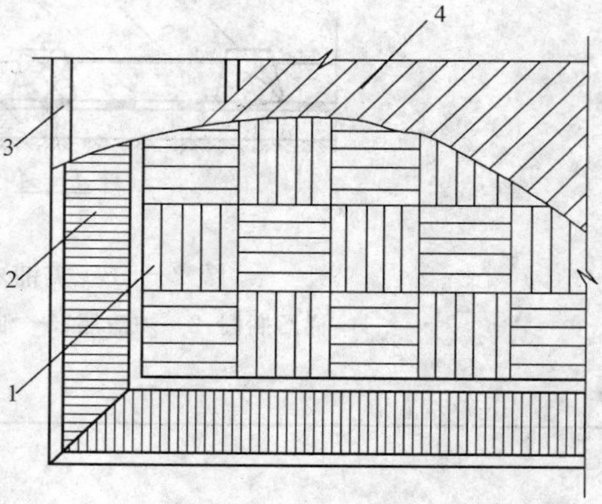
图 2－53　席纹拼花地板铺钉
1—席纹地板；2—花边地板；3—搁栅；4—毛地板</td></tr>
<tr><td>人字纹铺钉</td><td>人字纹地板一般适用于会议室、接待室及家庭居室装饰。人字纹地板一般长度比较短，不大于 300 mm，净长为净宽的整倍数。地板的一个边和一个端头开有榫槽，另一边和另一端为榫舌，其做法如图 2－54 所示 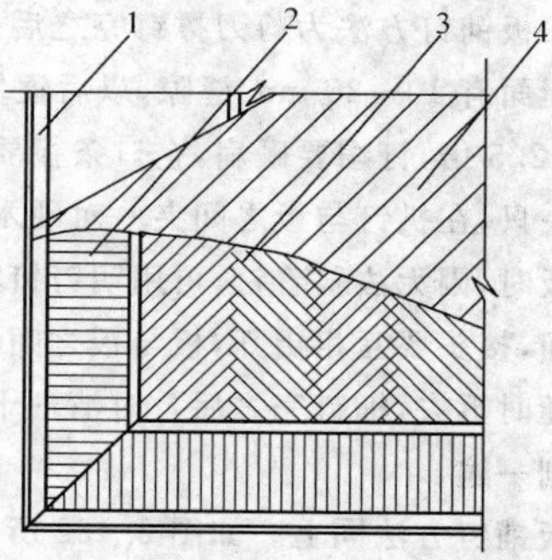
图 2－54　人字纹地板铺钉
1—搁栅；2—花边地板；3—人字纹地板；4—毛地板</td></tr>
</table>

续上表

项目		内容
面层施工	斜方块纹地板的铺钉	斜方块纹地板的适用范围同席纹拼花地板。如图 2－55 所示为斜方块纹地板的铺钉方法 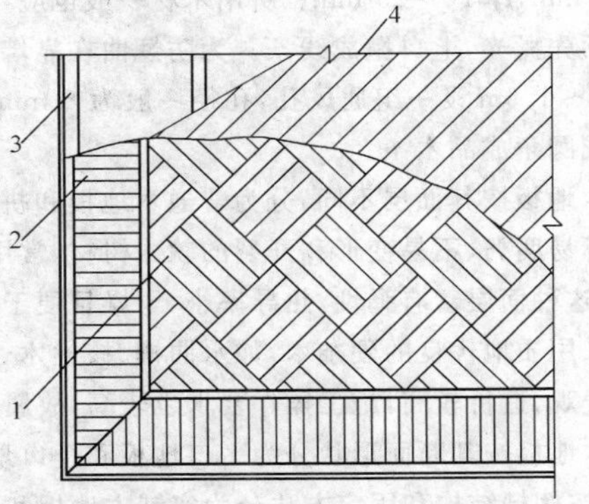 图 2－55 斜方块纹地板铺钉 1—斜方块地板；2—花边地板；3—搁栅；4—毛地板
	毛地板铺钉	硬木地板下层一般都钉毛地板，可采用纯棱料，其宽度不宜大于 120 mm，毛地板与搁栅成 45°或 30°方向铺钉，并应斜向钉牢，板间缝隙不应大于 3 mm，毛地板与墙之间应留 10～20 mm 缝隙，每块毛地板应在每根搁栅上各钉两个钉子固定，钉子的长度应为板厚的 2.5 倍。铺钉拼花地板前，宜先铺设一层沥青纸（或油毡），以作隔声和防潮用。 在铺钉硬木拼花地板前，应根据设计要求的地板图案，一般应在房间中央弹出图案墨线，再按墨线从中央向四边铺钉。有镶边的图案，应先钉镶边部分，再从中央向四边铺钉，各块木板应相互排紧。对于企口拼装的硬木地板，应从板的侧边斜向钉入毛地板中，钉头不要露出；钉长为板厚的 2～2.5 倍，当木板长度小于 30 cm 时，侧边应钉 2 个钉子，长度大于 30 cm 时，应钉入 3 个钉子，板的两端应各钉 1 个钉固定。板块间缝隙不应大于0.3 mm，面层与墙之间缝隙，应以木踢脚板封盖。钉完后，清扫干净刨光，刨刀吃口不应过深，防止板面出现刀痕
	木地板的粘贴	在旧楼房或已将楼层地面抹平的新建住房内铺设木地板还可采用粘贴法。粘贴所用地板条以长度在 300 mm 以内的短小地板最为适宜。粘贴用胶黏剂为市面上销售的各种牌号的地板胶。 粘贴前应先在基层上涂一层底子胶，待底胶干后在上面弹出边线。底子胶是以所用黏合剂加入一定量的稀释剂调配而成的。 按照设计图案和弹线将地板配好预铺一遍，然后按铺装顺序一行行拆除码好，后铺的放在下面，先铺的放在上面。也可现铺现配。前一种方法粘铺时间集中，便于快涂快铺。 铺贴时，将胶均匀地涂于地面上，地板条的背面也要均匀地涂一层胶，待胶不粘手时即可铺贴。放板时要一次就位准确，用橡胶锤将其敲实敲严。铺贴时溢出的胶要刮净，以免污染地板条的表面。 拼花木地板的缝隙应均匀严密，板缝不大于 0.2 mm。地板铺贴完毕，待胶固化后方可刨平刨光，以免脱胶

续上表

项目	内　容
	木地板房间的四周墙角处应设木踢脚板。踢脚板一般高 100～200 mm,常采用的是 150 mm,厚 20～25 mm。所用木材一般也应与木地板面层所用的材质品种相同。踢脚板预先抛光,上口抛成线条。为防翘曲在靠墙的一面应开槽;为防潮通风,木踢脚板每隔 1～1.5m 设一组通风孔,孔径一般为 6 mm。一般木踢脚板于地面转角处安装木压条或圆角成品木条。 木地板按其面层不同,分为普通木地板和拼花木地板。普通木地板的木板面层是采用不易腐朽、不易变形和开裂的软木树材(常用的有红松、云杉等)加工制成的长条形木板,这种面层富有弹性,热导率小,干燥且便于清洁。拼花木地板又称硬木地板,木料大多采用质地优良的硬杂木,如水曲柳、核桃木、柞木、榆木等,这种木地板坚固、耐磨、洁净美观,造价较高,施工操作要求也较高,故属于较高级的面层装饰工程。 木地板按其断面形状分为平口地板和企口地板;按铺装外形分为条形地板和拼花地板;按搁栅结构和固定方法分为实铺木地板和空铺木地板。其中,空铺木地板又可分为有地垄墙、无地垄墙、有砖墩和楼层空铺木地板等多种形式。按地板的铺装方式又有钉铺和粘铺两种。
木踢脚板施工	钉平头踢脚板前,将靠墙的地板面先刨光刨平,然后根据墙的装修面,在地板面上弹好位置线,将木砖垫到和墙装修面平齐,再在踢脚板上口拉好直线,用 2 in 钉子将踢脚板和木砖钉牢。踢脚板接头时,应锯成 45°斜接,接头处用木钻上下钻两个小孔,再在孔上钉钉子。钉帽要砸扁,并冲入面层 2～3 mm。 企口踢脚板下带圆角线条和地板面层同时铺钉。钉踢脚线用 2 in 钉子,钉在上下企口凹槽内按 35°角分别钉入木砖和搁栅内,钉子间距一般为 400 mm,上下钉位要错开,但踢脚线的阴阳角和按 45°方向斜接的接头处上下都要钉钉子。 钉企口踢脚板前,应根据已钉好的踢脚线(踢脚线离墙面 10～15 mm 缝隙)将木砖垫平,将踢脚板的企口榫插入踢脚线上口的企口槽内,并在踢脚板上口拉直线,用 2 in 钉子与木砖钉平钉直,接头处上下各钉一个 2 in 钉子,踢脚板的接头应固定在防腐木块上。 常见的两种踢脚板如图 2－56 和图 2－57 所示,变形缝处做法如图 2－58 所示。 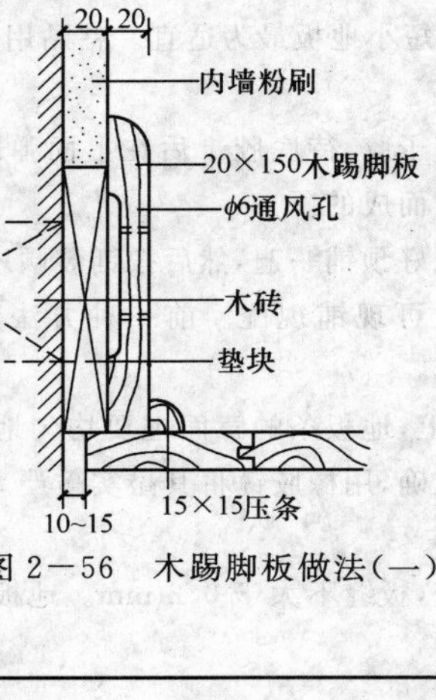 图 2－56　木踢脚板做法(一) 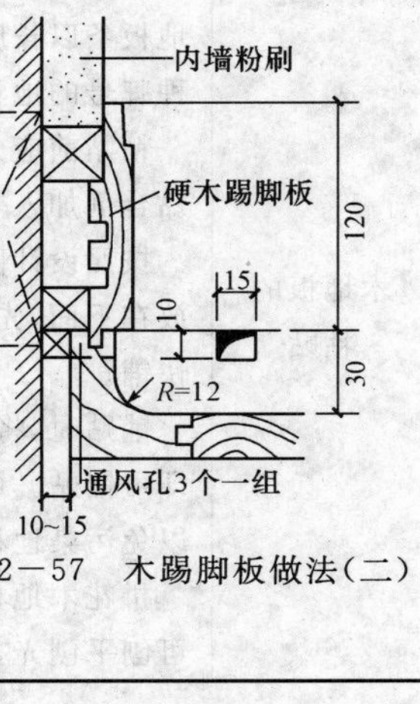　　图 2－57　木踢脚板做法(二)

续上表

项目	内容
木踢脚板施工	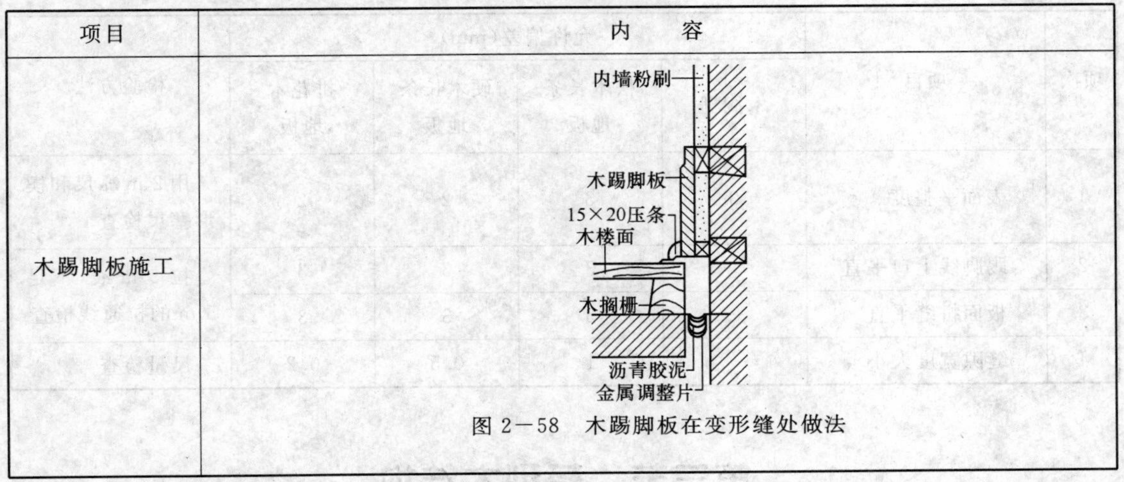 图 2－58 木踢脚板在变形缝处做法

(4)辅助设施。

辅助设施见表 2－70。

表 2－70 辅助设施

项目	内容
开排气孔	踢脚板钉完,在房间较隐蔽处面层上,按设计要求开排气孔,孔的直径为 8～10 mm,一般面积为 20 m^2 的房间至少有 4 处,超过 20 m^2 时适当增加排气孔。排气孔开好后,上面加铝网及镀锌金属箅子,用镀锌木螺栓与地板拧牢
净面细刨、磨光	地板刨光宜采用地板刨光机(或六面刨),转速在 5 000 r/min 以上。长条地板应顺木纹刨,拼花地板应与地板木纹成 45°斜刨。刨时不宜走得太快,刨口不要过大,要多走几遍。 地板机不用时应先将机器提起关闭,防止啃伤地面。机器刨不到的地方要用手刨,并细刨净面。地板刨平后,应使用地板磨光机磨光,所用砂布应先粗后细,砂布应绷紧绷平,磨光方向及角度与刨光方向相同

(5)木地板装钉的质量要求。

木地板装钉的质量要求见表 2－71。

表 2－71 木地板装钉的质量要求

项目	内容
条形木地板面层的质量要求	面层刨平磨光,无明显刨痕、戗槎和锤伤。板间缝隙严密,接头应错开
拼花地板面层质量要求	面层应刨平磨光,无明显刨痕、戗槎和锤伤。图案清晰美观。接缝对齐,粘钉严密,缝隙均匀一致,表面洁净,无溢胶黏结
踢脚板铺设要求	接缝严密,表面光滑,高度和出墙厚度一致。条形木地板和拼花木地板面层的允许偏差和检验方法见表 2－72

表 2－72　条形木地板和拼花木地板面层的允许偏差和检验方法

项次	项目	允许偏差(mm)				检验方法
		木搁栅	松木长条地板	硬木长条地板	拼花木地板	
1	表面平整度	3	3	2	2	用 2 m 靠尺和楔形塞尺检查
2	踢脚线上口平直	—	3	3	3	拉 5 m 线，不足 5 m 的拉通线检查
3	板面拼缝平直	—	3	3	3	
4	缝隙宽度大小	—	1	0.5	0.2	尺量检查

第三节　轻型木结构

一、验收条文

轻型木结构验收条文见表 2－73。

表 2－73　轻型木结构验收条文

项目	内　容
一般规定	(1)适用于按国家标准《木结构设计规范》(GB 50005－2003)规定的轻型木结构工程的质量验收。 (2)轻型木结构是由锚固在条形基础上，用规格材作墙骨，木基结构板材做面板的框架墙承重，支承规格材组合梁或层板胶合梁做主梁或屋脊梁，规格材作搁栅、椽条与木基结构板材构成的楼盖和屋盖，并加必要的剪力墙和支撑系统。 (3)楼盖主梁或屋脊梁可采用结构复合木材梁，搁栅可采用预制工字形木搁栅，屋盖框架可采用齿板连接的轻型木屋架。这 3 种木制品必须是按照各自的工艺标准在专门的工厂制造，并经有资质的木结构检测机构检验合格
主控项目	(1)规格材的应力等级检验应满足下列要求。 ①对于每个树种、应力等级、规格尺寸至少应随机抽取 15 个足尺试件进行侧立受弯试验，测定抗弯强度。 ②根据全部试验数据统计分析后求得的抗弯强度设计值应符合规定。 (2)应根据设计要求的树种、等级按表 2－18、表 2－74 及表 2－75 的规定检查规格材的材质和木材含水率(≤18%)。 检查数量：每检验批随机取样 100 块。 检查方法：用钢尺或量角器测，按国家标准《木材物理力学试材采集方法》(GB 1927－2009)和《木材横纹抗压弹性模量测定方法》(GB 1943－2009)的规定测定规格材全截面的平均含水率，并对照规格材的标志。 (3)用作楼面板或屋面板的木基结构板材应进行集中静载与冲击荷载试验和均布荷载试验，其结果应分别符合表 2－76 和表 2－77 规定。

续上表

项目	内容
主控项目	此外，结构用胶合板每层单板所含的木材缺陷不应超过表 2－78 中的规定，并对照木基结构板材的标志。 (4)普通圆钉的最小屈服强度应符合设计要求。 检查数量：每种长度的圆钉至少随机抽取 10 枚。 检查方法：进行受弯试验
一般项目	本框架各种构件的钉连接、墙面板和屋面板与框架构件的钉连接及屋脊梁无支座时椽条与搁栅的钉连接均应符合设计要求。 检查数量：按检验批全数。 检查方法：钢尺或游标卡尺量

表 2－74 规格材的允许扭曲值

长度(m)	扭曲程度	高度(mm)					
		40	65 和 90	115 和 140	185	235	285
1.2	极轻	1.6	3.2	5	6	8	10
	轻度	3	6	10	13	16	19
	中度	5	10	13	19	22	29
	重度	6	13	19	25	32	38
1.8	极轻	2.4	5	8	10	11	14
	轻度	5	10	13	19	22	29
	中度	7	13	19	29	35	41
	重度	10	19	29	38	48	57
2.4	极轻	3.2	6	10	13	16	19
	轻度	6	5	19	25	32	38
	中度	10	19	29	38	48	57
	重度	13	25	38	51	64	76
3	极轻	4	8	11	16	19	24
	轻度	8	16	22	32	38	48
	中度	13	22	35	48	60	70
	重度	16	32	48	64	79	95

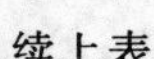

续上表

长度(m)	扭曲程度	高度(mm)					
		40	65 和 90	115 和 140	185	235	285
3.7	极轻	5	10	14	19	24	29
	轻度	10	19	29	38	48	57
	中度	14	29	41	57	70	86
	重度	19	38	57	76	95	114
4.3	极轻	6	11	16	22	27	33
	轻度	11	22	32	44	54	67
	中度	16	32	48	67	83	98
	重度	22	44	67	89	111	133
4.9	极轻	6	13	19	25	32	38
	轻度	13	25	38	51	64	76
	中度	19	38	57	76	95	114
	重度	25	51	76	102	127	152
5.5	极轻	8	14	21	29	37	43
	轻度	14	29	41	57	70	86
	中度	22	41	64	86	108	127
	重度	29	57	86	108	143	171
≥6.1	极轻	8	16	24	32	40	48
	轻度	16	32	48	64	79	95
	中度	25	48	70	95	117	143
	重度	32	64	95	127	159	191

表 2—75 规格材的允许横弯值

长度(m)	横弯程度	高度(mm)						
		40	65	90	115 和 140	185	235	285
1.2 和 1.8	极轻	3.2	3.2	3.2	3.2	1.6	1.6	1.6
	轻度	6	6	6	5	3.2	1.6	1.6
	中度	10	10	10	6	5	3.2	3.2
	重度	13	13	13	10	6	5	5

续上表

长度(m)	横弯程度	高度(mm)						
		40	65	90	115 和 140	185	235	285
2.4	极轻	6	6	5	3.2	3.2	1.6	1.6
	轻度	10	10	10	8	6	5	3.2
	中度	13	13	13	10	10	6	5
	重度	19	19	19	16	13	10	6
3.0	极轻	10	8	6	5	5	3.2	3.2
	轻度	19	16	13	11	10	6	5
	中度	35	25	19	16	13	11	10
	重度	44	32	29	25	22	19	16
3.7	极轻	13	10	10	8	6	5	5
	轻度	25	19	17	16	13	11	10
	中度	38	29	25	25	21	19	14
	重度	51	38	35	32	29	25	21
4.3	极轻	16	13	11	10	8	6	5
	轻度	32	25	22	19	16	13	10
	中度	51	38	32	29	25	22	19
	重度	70	51	44	38	32	29	25
4.9	极轻	19	16	13	11	10	8	6
	轻度	41	32	25	22	19	16	13
	中度	64	48	38	35	29	25	22
	重度	83	64	51	44	38	32	29
5.5	极轻	25	19	16	13	11	10	8
	轻度	51	35	29	25	22	19	16
	中度	76	52	41	38	32	29	25
	重度	102	70	57	51	44	38	32
6.1	极轻	29	22	19	16	13	11	10
	轻度	57	38	35	32	25	22	19
	中度	86	57	52	48	38	32	29
	重度	114	76	70	64	51	44	38

续上表

长度(m)	横弯程度	高度(mm)						
		40	65	90	115 和 140	185	235	285
6.7	极轻	32	25	22	19	16	13	11
	轻度	64	44	41	38	32	25	22
	中度	95	67	62	57	48	38	32
	重度	127	89	83	76	64	51	44
7.3	极轻	38	29	25	22	19	16	13
	轻度	76	51	30	44	38	32	25
	中度	114	76	48	67	57	48	41
	重度	152	102	95	89	76	64	57

表 2－76　木基结构板材在集中静载和冲击荷载作用下应控制的力学指标①

用途	标准跨度(最大允许跨度)(mm)	试验条件	冲击荷载(N·m)	最小极限荷载②(kN)		0.89 kN 集中静载作用下的最大挠度③(mm)
				集中静载	冲击后集中静载	
楼面板	400(410)	干态及湿态重新干燥	102	1.78	1.78	4.8
	500(500)	干态及湿态重新干燥	102	1.78	1.78	5.6
	600(610)	干态及湿态重新干燥	102	1.78	1.78	6.4
	800(820)	干态及湿态重新干燥	122	2.45	1.78	5.3
	1 200(1 220)	干态及湿态重新干燥	203	2.45	1.78	8.0
屋面板	400(410)	干态及湿态	102	1.78	1.33	11.1
	500(500)	干态及湿态	102	1.78	1.33	11.9
	600(610)	干态及湿态	102	1.78	1.33	12.7
	800(820)	干态及湿态	122	1.78	1.33	12.7
	1 200(1 220)	干态及湿态	203	1.78	1.33	12.7

①单个试验的指标。

②100％的试件应能承受表中规定的最小极限荷载值。

③至少 90％的试件的挠度不大于表中的规定值。在干态及湿态重新干燥试验条件下，楼面板在静载和冲击荷载后静载的挠度，对于屋面板只考虑静载的挠度，对于湿态试验条件下的屋面板，不考虑挠度指标。

表 2－77　木基结构板材在均布荷载作用下应控制的力学指标①

用途	标准跨度(最大允许跨度)(mm)	试验条件	性能指标① 最小极限荷载②(kPa)	性能指标① 最大挠度③(mm)
楼面板	400(410)	干态及湿态重新干燥	15.8	1.1
	500(500)	干态及湿态重新干燥	15.8	1.3
	600(610)	干态及湿态重新干燥	15.8	1.7
	800(820)	干态及湿态重新干燥	15.8	2.3
	1 200(1 220)	干态及湿态重新干燥	10.8	3.4
屋面板	400(410)	干态	7.2	1.7
	500(500)	干态	7.2	2.0
	600(610)	干态	7.2	2.5
	800(820)	干态	7.2	3.4
	1 000(1 020)	干态	7.2	4.4
	1 200(1 220)	干态	7.2	5.1

①单个试验的指标。

②100%的试件应能承受表中规定的最小极限荷载值。

③每批试件的平均挠度应不大于表中的规定值。

④79 kPa 均布荷载作用下的楼面最大挠度或 1.68 kPa 均布荷载作用下的屋面最大挠度。

表 2－78　结构胶合板每层单板的缺陷限值

缺陷特征	缺陷尺寸(mm)
实心缺陷:木节	垂直木纹方向不得超过 76
空心缺陷:节孔或其他孔眼	垂直木纹方向不得超过 76
劈裂、离缝、缺损或钝棱	$l<400$,垂直木纹方向不得超过 40; $400\leqslant l\leqslant 800$,垂直木纹方向不得超过 30; $l>800$,垂直木纹方向不得超过 25
上、下面板过窄或过短	沿板的某一侧边或某一端头不超过 4,其长度不超过板材的长度或宽度的一半
与上、下面板相邻的总板过窄或过短	≤4×200

注:l 为缺陷长度。

二、施工材料要求

1.薄木贴面片材

薄木贴面片材见表2－79。

表2－79 薄木贴面片材

项目		内容
天然薄木片材	刨切工艺	是通常采用的加工工艺，常制成长×宽为(1 800～2 400)mm×(100～200)mm、厚度为0.3～0.5 mm的薄木片。常广泛地用于家具和建筑装饰构件的饰面镶贴
	旋切工艺	是生产厚度为0.7～1.0 mm卷状薄木片材的工艺。常用于制作复合刨花板、纤维板饰面材料
人造薄木片材	人造薄木片材的规格	厚度为0.30 mm、0.50 mm、0.75 mm、1.0 mm；长度为1 880 mm、2 050 mm、2 185 mm、2 490 mm；宽度为一等＞200 mm、二等为100～200 mm
	人造薄木片材质量分级	按外观质量分为一、二、三级见表2－80

表2－80 人造薄木片材外观质量分级

缺陷名称	允许限度			缺陷名称	允许限度		
	一级	二级	三级		一级	二级	三级
开裂	轻微	不显	显著	异色条纹	轻微	不显	显著
孔眼	不许有	轻微	不显	污染物质	不许有	不许有	不许有
深色斑点	轻微	不显	显著				

2.纤维板

(1)硬质纤维板。

①硬质纤维板的分类见表2－81。

表2－81 硬质纤维板的分类

项目	内容
按原料分类	(1)木质纤维板：由木本纤维加工制成的纤维板。 (2)非木质纤维板：由竹材和草本纤维加工制成的纤维板
按光滑面分类	(1)一面光纤维板：一面光滑，另一面有网痕的纤维板。 (2)两面光纤维板：具有两光滑面的纤维板

续上表

项目	内　容
按处理方式分类	(1)特级纤维板:指施加增强剂或浸油处理,并达到标准规定的物理力学性能指标的纤维板。 (2)普通纤维板:无特殊加工处理的纤维板。按物理力学性能指标分为一、二、三 3 个等级
按外观分类	特级纤维板分为一、二、三 3 个等级。 普通纤维板分为一、二、三 3 个等级

②硬质纤维板的标定规格见表 2－82。

表 2－82　硬质纤维板的标定规格　　(单位:mm)

幅面尺寸(宽×长)	厚度	尺寸允许偏差		
		长度、宽度	厚度	
			3,4	5
610×1 220　1 220×2 440 916×1 830　1 220×3 050 915×2 135　1 000×2 000 1 220×1 830	3(3.2), 4,5(4.8)	±5	±0.3	±0.4

③硬质纤维板的物理力学性能及外观质量要求。按产品物理力学性能指标及外观质量分为一、二、三 3 个等级,其指标要求见表 2－83。

表 2－83　硬质纤维板的物理力学性能及外观质量要求

物理力学性能					外观质量要求			
项目	特级	普通级			缺陷名称	允许限度(特级和普通)		
		一等	二等	三等		一等	二等	三等
表观密度不小于(kg/m³)	1 000	900	800	800	水渍	轻微	不显著	显著
					油污	不许有	不显著	显著
吸水率不大于(%)	15	20	30	35	斑纹	不许有	不许有	轻微
					粘痕	不许有	不许有	轻微
含水率(%)	4～10	5～12	5～12	5～12	压痕	轻微	不显著	显著
静曲强度不小于(MPa)	50	40	30	20	鼓泡、分层、水湿、炭化、裂痕、边角松软	不许有	不许有	不许有

④硬质纤维板的面积、张数及质量换算见表 2－84。

表 2—84　各种硬质纤维板的面积、张数及质量换算

规格(mm)	每张		每吨	
	面积(m^2)	质量(kg)	面积(m^2)	张数(张)
2 130×1 000×4	2.130 0	8.520 0	250	117.37
1 830×915×4	1.674 5	6.698 0	250	149.30
2 130×1 000×3	2.130 0	6.390 0	330	156.49
1 830×915×3	1.674 5	5.023 0	333	199.08

(2)硬质及软质纤维装饰吸声板。

硬质及软质纤维装饰吸声板见表 2—85。

表 2—85　硬质及软质纤维装饰吸声板

项目		内　容
硬质纤维装饰吸声板	概念	硬质纤维装饰吸声板是由硬质纤维板表面粘贴钛白纸或其他装饰纸经裁切、打孔、修整(喷涂装饰涂料或静电植绒加工)而成,又称硬质装饰吸声板、硬质打孔装饰纤维板
	规格	硬质纤维装饰吸声板的规格一般为 1 000 mm×1 000 mm×4 mm 及 500 mm×500 mm×4 mm。其穿孔孔距为 20 mm、孔径为 8 mm,因穿孔图案各不相同,所以穿孔率各异
	应用	硬质纤维装饰吸声板主要用于公用建筑的会议室、影剧场、休息厅,以及有吸声要求的工作室等处,作为顶棚和护壁等饰面
软质纤维装饰吸声板	概念	软质纤维装饰吸声板是以草质植物纤维为主要原料,先经切割、水解打浆、施胶铺膜成型、热压烘干而成坯料,再经表面粘贴钛白纸或其他饰面防潮纸、穿孔修整而成的轻质装饰吸声板材
	规格	软质纤维装饰吸声板的规格一般有 305 mm×305 mm×13 mm、(500～550) mm×(500～550) mm×13 mm、610 mm×610 mm×13 mm,以及表面不贴纸的本色板,其规格为2 440 mm×1 220 mm×13 mm,该板的穿孔图案类同于硬质纤维装饰吸声板
	应用	软质纤维装饰吸声板主要用于不受潮湿影响的环境、有保温吸声要求的顶棚及不易受碰损的护壁面

3.木丝板、麻屑板及纸面稻草板

木丝板、麻屑板及纸面稻草板见表 2—86。

表 2—86　木丝板、麻屑板及纸面稻草板

项目	内　容
木丝板和麻屑板	木丝板是用木材加工中的边角零料为原料,使用专用刨丝机刨制加工成均匀木丝,经硅酸钠溶液浸渍,加入 32.5 级以上的普通硅酸盐水泥拌和均匀,然后铺膜、加压成型、养护制成。

续上表

项目	内　　容
木丝板和麻屑板	麻屑板是用麻类加工中的麻屑为主要原料，经过筛分类、施加胶料、装料铺膜、热压成型、等温等湿处理制成。按其生产工艺不同可分为干法麻屑板和湿法麻屑板两种。 木丝板和麻屑板可用于一般建筑物的顶棚、隔断、墙裙等饰面，并具有一定的吸声效果，其产品规格及技术指标见表2－87
纸面稻草板	纸面稻草板是以稻草、麦秸等为原料，经备料、开束、分选配料，采用挤压热压法将稻草等原料，在温度180℃～200℃条件下压制成板状，然后在板上下面和侧面粘贴300 g/m^{2}牛皮纸，再经切割、切割处贴纸、等温等湿处理而成。具有优良的力学性能，隔声、吸声、保温、隔热、耐火、表面平滑，可锯、钉、漆等特点。可作为墙体围护、保温吸声等装饰材料。 稻草板生产规格有：(900～4 500)mm× 1 200 mm×(35～60)mm

表2－87　木丝板和麻屑板的产品规格及技术指标

名称	规格(mm)	表观密度(kg/m^3)	抗弯强度(MPa)	热导率[W/(m·K)]	吸音系数
木丝板	10×600×1 200 (12,14,20)×900×1 850	500～700	0.8	0.084	使用前测试
麻屑板	(4～10)×610×1 220	700～800	2.5～3.0	0.052～0.062	使用前测试

注：1. 热导率及规格仅供参考。

2. 麻屑板可单面或双面贴以壁纸、木纹纸等，以加强其装饰效果。

4. 企口拼木地板

企口拼木地板见表2－88。

表2－88　企口拼木地板

项目	内　　容
拼花企口地板	拼花企口地板常用水曲柳、核桃木、柚木、柞木、楮木等质地优良、不易腐朽开裂的木材经加工制成。接缝除做成企口外，还可做成截口或平头。 拼花企口地板常用厚度为18 mm、宽度为40～60 mm、长度为300～600 mm的条板，按设计拼花形式拼成300 mm×300 mm、400 mm×400 mm、500 mm×500 mm、600 mm×600 mm的方形拼板。拼接花饰种类较多，常见拼花形式，如图2－59所示 图2－59　常见拼花形式
拼接条形企口地板	拼接条形企口地板常用松木、杉木及其他阔叶树材经加工制成。常用规格厚度18～20 mm、宽度为50 mm、60 mm、70 mm、长度为2 000～5 000 mm

5.薄型拼木地板

薄型拼木地板见表2－89。

表2－89 薄型拼木地板

项目	内　容
硬杂木薄型拼花地板	硬杂木薄型拼花地板常用水曲柳、椴木、木荷、麻栎、柳桉等阔叶树材制成。其板条厚度为6～10 mm、宽度为15～30 mm、长度为120～300 mm。 产品多样，一般在地板条四侧开有精确榫槽，采用高强度金属线穿连并组合成板块、表面涂两道光敏漆等处理。具有硬度高、耐磨、防滑、防污、防腐、铺装方法简单等特点。既可用胶黏剂粘贴固定于水泥砂浆地面，又可以榫槽插接而不用胶黏剂直接铺放于平整的地面。 拼花木地板的主要产品规格有以下几种。 标准型：270 mm×135 mm×8 mm；立式菱形：130 mm×130 mm×22 mm；四方形：230 mm×230 mm×8 mm；加垫形：270 mm×135 mm×16 mm 等
人造板薄型拼花地板	人造板薄型拼花地板常用阔叶树材防水胶合板、硬质纤维板、刨花板等边角零料为基材，板面镶贴珍贵原木刨切薄木片，四侧用不饱和树脂漆全封闭制成。产品图案多样，且色调新颖柔和，立体感强。薄木镶嵌精致，表面漆膜耐磨、防潮、防腐，常用于宾馆、酒楼、舞厅、会议室、办公室、别墅、高级住宅等楼地面装饰。复合木质地面装饰的主要产品型号规格有：A_1 斜方花芯、A_2 斜方格、A_3 凤尾花、A_4 四角星、A_5 八角星、A_6 拼条花（浅）、A_7 拼条花（深）、A_8 烟波云浪、A_9 豹皮虎眼，规格为 400 mm×400 mm×16 mm；B_1 六角花矩，规格为 461.8 mm×400 mm×16 mm；C_1 山槐长条拼花、C_2 水波纹长条拼花，规格为1200 mm×400 mm×16 mm 等
卷式木质镶拼地毯	卷式木质镶拼地毯是选用优质硬杂木，经技术处理后，通过特定工序拼制粘贴制成，可像地毯一样铺展、收卷自如，故称木质地毯。产品制作精细，线条流畅，色泽亮丽，脚踏舒适贴地，具有不凉不滑、不变形、不开裂、耐磨、防潮、防腐等特点。能适应各种气候环境，常用于宾馆、商业娱乐场所、办公室、住宅及车厢、船舶等内部地面装饰。产品主要规格有4 000 mm×（700～1 000）mm×10 mm

6.细木工板

细木工板见表2－90。

表2－90 细木工板

项目	内　容
分类	按其结构可分为芯板条不胶拼型和芯板条胶拼型两种。 按所使用的黏结剂可分为Ⅰ类胶型和Ⅱ类胶型两种。 按表面加工状况可分为一面砂光、两面砂光和不砂光三种

续上表

项目	内　　容
规格	各类细木工板的厚度为16 mm、19 mm、22 mm、25 mm。幅面尺寸为915 mm×(915,1 830,2 135) mm,1 220 mm×(1 220,1 830,2 135,2 440) mm,即宽×长,其长度方向为细木工板的芯板条顺纹理方向
物理力学性能	细木工板按面板的材质和加工工艺质量分为一等、二等、三等。物理力学性能指标应符合《细木工板》(GB/T 5849—2006)的规定,其指标规定值为:含水率为(10±3)%;横向静曲强度在板厚为16 mm时不低于15 MPa,板厚度大于16 mm时不低于12 MPa;胶层剪切强度不低于1 MPa

7. 竹胶合板材

竹胶合板材一般规格及质量标准见表2—91。

表2—91　竹胶(地)板主要规格及质量标准

类别	尺寸规格(mm)	质量标准		
		外观	强度(MPa)	含水率(%)
三层竹地板	951×91×14～15	无虫蛀、无霉变,边角平整,无明显裂口,表面光洁,自然竹色	横向静曲强度≥6.5;平面抗拉强度≥1.5;胶合强度≥2.5	8～14
挂壁装饰板	762×91×14～15			
	610×91×14～15			
	500×91×3～5			
	400×91×3～5			
	300×91×3～5			

8. 人造板材

人造板材的包装及贮藏见表2—92。

表2—92　人造板材的包装及贮藏

项目	内　　容
人造板材的包装	人造板材一般体积按"时"、"张"计。规格较大者采用残次板材衬垫捆扎包装;规格较小者采用捆扎成件或纸箱、编织袋包装
人造板材的贮运及保管	人造板材到货时应根据订货合同、发货通知单或提货单核对品名、规格、数量,检查外观质量,对质量、规格有异议时,应抽样复验。 人造板材的运输应防止碰撞、砸压,以免折断,并需有防潮措施。 人造板材的贮存保管应分品种、规格分别存放于通风干燥的库房内,堆垛应平放整齐,不得过高。不得露天堆放,严防日晒雨淋,避免受潮脱胶、霉烂等

三、施工机械要求

具体内容参见第二章第二节第三点“施工机械要求”。

四、施工工艺解析

轻型木结构的施工工艺解析见表2－93。

表2－93　轻型木结构的施工工艺解析

项目	内　容
构造要求	(1)受拉下弦接头应保证轴心传递拉力。下弦接头不宜多于两个。接头应锯平对接，并宜采用螺栓和木夹板连接。 当采用螺栓夹板连接时，接头每端的螺栓不宜小于6个，且不应排列成单行。当采用木夹板时，应选用优质的气干木材制作，其厚度不应小于下弦宽度的1/2。若桁架跨度较大，木夹板的厚度还不应小于100 mm，采用钢夹板，厚度不应小于6 mm。 (2)桁架上弦的受压接头应设在节点附近，并不宜设在支座节间和脊节间内。受压接头应锯平对接，并应用木夹板连接；在接缝每侧至少应用两个螺栓系紧。木夹板的厚度宜取上弦宽度的1/2，长度宜取上弦宽度的5倍。 (3)若桁架支座节点采用齿连接，应使下弦的受剪面避开木材髓心，并在施工图上注明
桁架放大样	(1)按设计图纸确定桁架的起拱高度，若设计无明确要求，起拱高度可取约为跨度的1/200，然后按此确定其他尺寸。 (2)将全部节点构造详尽绘入，除设计图纸有特殊要求者外，结构各杆的受力轴线在节点处应交汇于一点。 (3)当桁架完全对称时，可放半个桁架的足尺大样。 (4)足尺大样的尺寸必须用同一钢尺量度，经校核后，对设计尺寸的允许偏差不应超过表2－94中规定的限值，方可套制样板。 (5)结构构件的样板应用木纹平直、不易变形且含水率不大于18%的板材制作，样板对足尺大样的允许偏差不应大于1 mm，经检验合格后方准使用。在使用中，应防止受潮或损坏。 (6)按样板制作的构件长度的允许偏差不应大于±2 mm
接头施工	(1)桁架上、下弦接头的位置，所采用的螺栓直径、数量及排列间距均应按图施工。螺栓排列应避开木材髓心。受拉构件端部布置螺栓的区段及其连接板的木节子尺寸的限值应符合材质标准Ⅰ等材连接部位的规定。 (2)受压接头的承压面应与构件的轴线垂直锯平，不应采用斜搭接头，如图2－60所示。 (3)齿连接或构件接头处，不得采用凸凹榫。 (4)采用木夹板螺栓连接的接头及用螺栓拼合的木构件钻孔时，应按设计的要求，将各部分定位并临时固定，然后用电钻一次钻通。受剪螺栓的孔径不应大于螺栓直径1 mm，系紧螺栓的孔径可大于螺栓直径1～3 mm

续上表

项目	内　　容
接头施工	>4d　>4d d　d_1>0.75d (a)正确构造 (b)错误构造 图 2－60　圆钢拉杆的接头
螺栓和垫板施工	(1)木结构中所用钢件应符合设计的要求。钢件的连接均应用电焊，不应用气焊或锻接。所有钢件均应除锈，并涂防锈油漆。 (2)受拉、受剪和系紧螺栓的垫板尺寸应符合设计要求，并不得用两块或多块垫板来达到设计厚度。 (3)下列受拉螺栓必须戴双螺帽。 ①钢木桁架的圆钢下弦。 ②桁架的主要受拉腹杆(如三角形豪式桁架的中央拉杆和芬克式钢木桁架的斜拉杆等)。 ③受震动荷载的拉杆。 ④直径不小于 20 mm 的拉杆。 受拉螺栓装配完毕后，螺栓伸出螺帽的长度不应小于 0.8d。 (4)圆钢拉杆应平直，用双帮条焊连接，不应采用搭接焊。帮条直径应不小于拉杆直径的 0.75 倍，帮条在接头一侧的长度宜为拉杆直径的 4 倍。当采用闪光对焊时，对焊接头应经冷拉检验。 (5)钉连接施工应符合下列规定。 ①钉的直径、长度和排列间距应符合设计要求。 ②当钉的直径大于 6 mm 时，或当采用易劈裂的树种木材时，均应预先钻孔，孔径取钉径的 0.8～0.9 倍，深度应不小于钉入深度的 0.6 倍。 ③扒钉直径宜取 6～10 mm
桁架拼装	(1)在平整的地上先放好垫木，把下弦杆在垫木上放稳，然后按照起拱高度将中间垫起，两端固定，再在接头处用夹板和螺栓夹紧。 (2)下弦拼接好后，即安装中柱，两边用临时支撑固定，再安装上弦杆。 (3)最后安装斜腹杆，从桁架中心依次向两端进行，然后将各拉杆穿过弦杆，两头加垫板，拧上螺母。 (4)如无中柱而是用钢拉杆的，则先安装上弦杆，而后安装斜杆，最后将拉杆逐个装上。 (5)各杆件安装完毕并检查合格后，再拧紧螺母，钉上扒钉等铁件，同时在上弦杆上标出檩条的安放位置，钉上三角木。 (6)在拼装过程中，如有不符合要求的地方，应随时调整或修改。 (7)在加工厂加工试拼的桁架，应在各杆件上用油漆或墨编号，以便于拆卸后运至工地，在正式安装时不致搞错。在工地直接拼装的桁架，应在支点处用垫木垫起，垂直竖立，并用临时支撑支住，不宜平放在地面上

表 2－94　足尺大样的允许偏差

结构跨度(m)	跨度偏差(mm)	结构高度偏差(mm)	节点间距偏差(mm)
≤15	±5	±2	±2
＞15	±7	±3	±2

第四节　木结构的防护

一、验收条文

木结构的防护验收条文见表 2－95。

表 2－95　木结构的防护验收条文

项目	内　容
一般规定	(1)适用于木结构的防腐、防虫和防火。 (2)为确保木结构达到设计要求的使用年限，应根据使用环境和所使用的树种耐腐或抗虫蛀的性能，确定是否采用防腐药剂进行处理。 (3)木结构的使用环境分为三级：HJⅠ、HJⅡ及 HJⅢ，定义如下。 ①HJⅠ：木材和复合木材在地面以上用于以下方面。 a.室内结构； b.室外有遮盖的木结构； c.室外暴露在大气中或长期处于潮湿状态的木结构。 ②HJⅡ：木材和复合木材用于与地面(或土壤)、淡水接触或处于其他易遭腐朽的环境(例如埋于砌体或混凝土中的木构件)以及虫害地区。 ③HJⅢ：木材和复合木材用于与地面(或土壤)接触处。 a.园艺场或虫害严重地区； b.亚热带或热带。 注：不包括海事用途的木结构。 (4)防护剂应具有毒杀木腐菌和害虫的功能，而不致危及人畜和污染环境，因此对下述防护剂应限制其使用范围。 ①混合防腐油和五氯酚只用于与地(或土壤)接触的房屋构件防腐和防虫，应用两层可靠的包皮密封，不得用于居住建筑的内部和农用建筑的内部，以防与人畜直接接触；并不得用于储存食品的房屋或能与饮用水接触的处所。 ②含砷的无机盐可用于居住、商业或工业房屋的室内，只需在构件处理完毕后将所有的浮尘清除干净，但不得用于储存食品的房屋或能与饮用水接触的处所。 (5)用防护剂处理木材的方法有浸渍法、喷洒法和涂刷法。浸渍法包括常温浸渍法、冷热槽法和加压处理法。为了保证达到足够的防护剂透入度，锯材、层板胶合木、胶合板及结构复合木材均应采用加压处理法。 常温浸渍法等非加压处理法，只能在腐朽和虫害轻微的使用环境 HJⅠ中应用。 喷洒法和涂刷法只能用于已处理的木材因钻孔、开槽使未吸收防护剂的木材暴露的情况下使用。

续上表

<table>
<tr><th>项目</th><th>内　容</th></tr>
<tr><td>一般规定</td><td>(6)用水溶性防护剂处理后的木材,包括层板胶合木、胶合板及结构复合木材均应重新干燥到使用环境所要求的含水率。
(7)木构件在处理前应加工至最后的截面尺寸,以消除已处理木材再度切割、钻孔的必要性。若有切口和孔眼,应用原来处理用的防护剂涂刷。
(8)木构件需做阻燃处理时,应符合下列规定。
①阻燃剂的配方和处理方法应遵照国家标准《建筑设计防火规范》(GB 50016－2006)和设计对不同用途和截面尺寸的木构件耐火极限要求选用,但不得采用表面涂刷法。
②对于长期暴露在潮湿环境中的木构件,经过防火处理后,尚应进行防水处理。
(9)用于锯材的防护剂及其在每级使用环境下最低的保持量列于表 2－96 中。锯材防护剂透入度见表 2－97。
①刻痕:刻痕是对难于处理的树种木材保证防护剂更均匀透入的一项辅助措施。对于方木和原木每 100 cm^2 至少 80 个刻痕,对于规格材,刻痕深度 5～10 mm。当采用含氨的防护剂(301,302,304 和 306)时可适当减少。构件的所有表面都应刻痕,除非构件侧面有图饰时,只能在宽面刻痕。
②透入度的确定:当只规定透入深度或边材透入百分率时,应理解为二者之中较小者,例如要求 64 mm 的透入深度除非 85%的边材都已经透入防护剂;当透入深度和边材透入百分率都作规定时,则应取二者之中的较大者,例如要求 10 mm 的透入深度和 90%的边材透入百分率,应理解 10 mm 为最低的透入深度,而超过 10 mm 任何边材的 90%必须透入。
一块锯材的最大透入度当从侧边(指窄面)钻取木心时不应大于构件宽度的一半,若从宽面钻取木心时,不应大于构件厚度的一半。
③当 20 个木心的平均透入度满足要求,则这批构件应验收。
④在每一批量中,最少应从 20 个构件中各钻取一个有外层边材的木心。至少有 10 个木心必须最少有 13 mm 的边材渗透防护剂。没有足够边材的木心在确定透入度的百分率时,必须具有边材处理的证据。
(10)用于层板胶合木的防护剂及其在每级使用环境下最低的保持量见表 2－98,层板胶合木防护剂透入度应符合表 2－99 的规定。
用胶合前防护剂处理的木板制作的层板胶合梁在测定透入度时,可从每块层板的两侧采样。
(11)用于胶合板或结构复合木材的防护剂及其在每个等级使用环境下最低的保持量列于表 2－100 和表 2－101 中</td></tr>
<tr><td>主控项目</td><td>(1)木结构防腐的构造措施应符合设计要求。
检查数量:以一幢木结构房屋或一个木屋盖为检验批全面检查。
检查方法:根据规定和施工图逐项检查。
(2)木构件防护剂的保持量和透入度应符合下列规定。
①根据设计文件的要求。需要防护剂加压处理的木构件,包括锯材、层板胶合木、结构复合木材及结构胶合板制作的构件。
②木麻黄、马尾松、云南松、桦木、湿地松、杨木等易腐或易虫蛀木材制作的构件。</td></tr>
</table>

续上表

项目	内　容
主控项目	③在设计文件中规定与地面接触或埋入混凝土、砌体中及处于通风不良而经常潮湿的木构件。 检查数量:以一幢木结构房屋或一个木屋盖为检验批。属于本条第①和第②款列出的木构件,每检验批检查油类防护剂处理的20个木心,其他防护剂检查处理的48个木心;属于本条第③款列出的木构件,检验批全数检查。 检查方法:采用化学试剂显色反应或X光衍射检测。 (3)木结构防火的构造措施,应符合设计文件的要求。 检查数量:以一幢木结构房屋或一个木屋盖为检验批全面检查。 检查方法:根据规定和施工图逐项检查

表 2-96　锯材的防护剂量最低保持量

防护剂			保持量(kg/m³)				检测区段(mm)	
类型	名称		计量依据	使用环境			木材厚度	
				HJ Ⅰ	HJ Ⅱ	HJ Ⅲ	＜127 mm	≥127 mm
油类	混合防腐油,Creosote	101 102 103	溶液	128	160	192	0～15	0～25
油溶性	五氯酚,Penta	104 105	主要成分	6.4	8.0	8.0	0～15	0～25
	8-羟基喹啉铜,Cu8	106		0.32	不推荐	不推荐	0～15	0～25
	环烷酸铜,CuN	107	金属铜	0.64	0.96	1.20	0～15	0～25
水溶性	铜铬砷合剂,CCA-A -B -C	201	主要成分	4.0	6.4	9.6	0～15	0～25
	酸性铬酸铜,ACC	202		4.0	8.0	不推荐	0～15	0～25
	氨溶砷酸铜,ACA	203		4.0	6.4	9.6	0～15	0～25
	氨溶砷酸铜锌,ACZA	302		4.0	6.4	9.6	0～15	0～25
	氨溶季氨铜,ACQ-B	304		4.0	6.4	9.6	0～15	0～25
	柠檬酸铜,CC	306		4.0	6.4	不推荐	0～15	0～25
	氨溶季氨铜,ACQ-D	401		4.0	6.4	不推荐	0～15	0～25
	铜唑,CBA-A	403		3.2	不推荐	不推荐	0～15	0～25
	硼酸/硼砂*,SBX	501		2.7	不推荐	不推荐	0～15	0～25

表 2－97　锯材防护剂透入度检测规定与要求

木材特征	透入深度(m)或边材吸收率		钻孔采样数量		试样合格率
	木材厚度		油类	其他防护剂	
	<127 mm	≥127 mm			
不刻痕	64 或 85%	64 或 85%	20	48	80%
刻痕	10 或 90%	13 或 90%	20	48	80%

表 2－98　层板胶合木的防护剂最低保持量　（单位：kg/m³）

防护剂				胶合前处理			
类型	名称		计量依据	使用环境			检测区段(mm)
				HJⅠ	HJⅡ	HJⅢ	
油类	混合防腐油，Creosote	101 102 103	溶液	128	160	不推荐	13～26
油溶性	五氯酚，Penta	104 105	主要成分	4.8	9.6	不推荐	13～26
	8－羟基喹啉铜，Cu8	106		0.32	不推荐		13～26
	环烷酸铜，CuN	107		0.64	0.96		13～26
水溶性	铜铬砷合剂，CCA-A CCA-B CCA-C	201	主要成分	4.0	6.4	不推荐	13～26
	酸性铬酸铜，ACC	202		4.0	8.0		13～26
	氨溶砷酸铜，ACA	301		4.0	6.4		13～26
	氨溶砷酸铜锌，ACZA	302		4.0	6.4		13～26

表 2－99　层板胶合木防护剂透入度检测规定与要求

木材特征	胶合前处理		胶合后处理	
不刻痕	透入深度或边材吸收率			
	76 mm 或 90%		64 mm 或 85%	
刻痕	地面以上	与地面接触	木材厚度 $t<127$ mm	木材厚度 $t\geqslant127$ mm
	25	32	10 与 90%	13 与 90%

表 2－100 胶合板的防护剂最低保持量

防护剂				胶合前处理			
类型	名称		计量依据	使用环境			检测区段（m）
				HJⅠ	HJⅡ	HJⅢ	
油类	混合防腐油，Creosote	101 102 103	溶液	128	160	192	0～16
油溶性	五氯酚，Penta	104 105	主要成分	6.4	8.0	9.6	0～16
	8－羟基喹啉铜，Cu8	106	金属铜	0.32	不推荐	不推荐	0～16
	环烷酸铜，CuN	107		0.64	不推荐	不推荐	0～16
水溶性	铜铬砷合剂，CCA-B -A -C	201	主成要分	4.0	6.4	9.6	0～16
	酸性铬酸铜，ACC	202		4.0	8.0	不推荐	0～16
	氨溶砷酸铜，ACA	301		4.0	6.4	9.6	0～16
	氨溶砷酸铜锌，ACZA	302		4.0	6.4	9.6	0～16
	氨溶季氨铜，ACQ-B	304		4.0	6.4	不推荐	0～16
	柠檬酸铜，CC	306		4.0	不推荐	不推荐	0～16
	氨溶季氨铜，ACQ-D	401		4.0	6.4	不推荐	0～16
	铜唑，CBA-A	403		3.3	不推荐	不推荐	0～16
	硼酸/硼砂，SBX	501		2.7	不允许	不允许	0～16

表 2－101 结构复合木材的防护剂量低保持量

防护剂				保持量（kg/m^3）			检测区段（mm）	
类型	名称		计量依据	使用环境			木材厚度	
				HJⅠ	HJⅡ	HJⅢ	＜127 mm	≥127 mm
油类	混合防腐油，Creosote	101 102 103	溶液	128	160	192	0～15	0～25

续上表

防护剂				保持量(kg/m³)			检测区段(mm)	
类型	名称		计量依据	使用环境			木材厚度	
				HJⅠ	HJⅡ	HJⅢ	<127 mm	≥127 mm
油溶性	五氯酚,Penta	104 105	主要成分	6.4	8.0	9.6	0～15	0～25
	环烷酸铜,CuN	107	金属铜	0.64	0.96	1.20	0～15	0～25
水溶性	铜铬砷合剂,CCA-B -A -C	201	主要成分	4.0	6.4	9.6	0～15	0～25
	氨溶砷酸铜,ACA	301		4.0	6.4	9.6	0～15	0～25
	氨溶砷酸铜锌,ACZA	302		4.0	6.4	9.6	0～15	0～25

二、施工机械要求

具体内容参见第二章第二节第三点“施工机械要求”。

三、施工工艺解析

1. 建筑构件的燃烧性能和耐火极限

(1)木结构建筑构件的燃烧性能和耐火极限不应低于表 2－102 的规定。

表 2－102　木结构建筑中构件的燃烧性能和耐火极限

序号	构件名称	耐火极限(h)
1	防火墙	不燃烧体 3.00
2	承重墙、分户墙、楼梯和电梯井墙体	难燃烧体 1.00
3	非承重外墙、疏散走道两侧的隔墙	难燃烧体 1.00
4	分室隔墙	难燃烧体 0.50
5	多层承重柱	难燃烧体 1.00
6	单层承重柱	难燃烧体 1.00
7	梁	难燃烧体 1.00
8	楼盖	难燃烧体 1.00
9	屋顶承重构件	难燃烧体 1.00
10	疏散楼梯	难燃烧体 0.50
11	室内吊顶	难燃烧体 0.25

注:1. 屋顶表层应采用不可燃烧材料。

2. 当同一座木结构建筑有不同高度组成,较低部分的屋顶承重构件必须是难燃烧体,耐火极限不应小于 1.00 h。

(2)各类建筑构件的燃烧性能和耐火极限见表2－103。

表2－103　各类建筑构件的燃烧性能和耐火极限

构件名称	构件组合描述(mm)	耐火极限(h)	燃烧性能
墙体	(1)墙骨柱间距:400～600;截面为40×90 (2)墙体构造: ①普通石膏板＋空心隔层＋普通石膏板＝15＋90＋15; ②防火石膏板＋空心隔层＋防火石膏板＝12＋90＋12; ③防火石膏板＋绝热材料＋防火石膏板＝12＋90＋12; ④防火石膏板＋空心隔层＋防火石膏板＝15＋90＋15; ⑤防火石膏板＋绝热材料＋防火石膏板＝15＋90＋15; ⑥普通石膏板＋空心隔层＋普通石膏板＝25＋90＋25; ⑦普通石膏板＋绝热材料＋普通石膏板＝25＋90＋25	0.50 0.75 0.75 1.00 1.00 1.00 1.00	难燃 难燃 难燃 难燃 难燃 难燃 难燃
楼盖顶棚	楼盖顶棚采用规格材搁栅或工字形搁栅，搁栅中心间距为400～600，楼面板厚度为15的结构胶合板或定向木片板(OSB)。 (1)搁栅底部有12厚的防火石膏板，搁栅间空腔内填充绝热材料; (2)搁栅底部有两层12厚的防火石膏板，搁栅间空腔内无绝热材料	0.75 1.00	难燃 难燃
柱	仅支撑屋顶的柱: (1)由截面不小于140×190实心锯木制成; (2)由截面不小于130×190胶合木制成	0.75 0.75	可燃 可燃
	支撑屋顶及地板的柱: (1)由截面不小于190×190实心锯木制成; (2)由截面不小于180×190胶合木制成	0.75 0.75	可燃 可燃
梁	仅支撑屋顶的横梁: (1)由截面不小于90×140实心锯木制成; (2)由截面不小于80×160胶合木制成	0.75 0.75	可燃 可燃
	支撑屋顶及地板的横梁: (1)由截面不小于140×240实心锯木制成; (2)由截面不小于190×190实心锯木制成; (3)由截面不小于130×230胶合木制成; (4)由截面不小于180×190胶合木制成	0.75 0.75 0.75 0.75	可燃 可燃 可燃 可燃

2.木结构建筑的层数、长度和面积防火限值

木结构建筑不应超过三层。不同层数建筑最大允许长度和防火分区面积不应超过表2－104的规定。

表 2—104　木结构建筑的层数、长度和面积

层数	最大允许长度(m)	每层最大允许面积(m^2)
单层	100	1 200
两层	80	900
三层	60	600

注:安装有自动喷水灭火系统的木结构建筑,每层楼最大允许长度、面积应允许在本表基础上扩大一倍,局部设置时,应按局部面积计算。

3.木结构防火间距

(1)木结构建筑之间、木结构建筑与其他耐火等级的建筑之间的防火间距应不小于2—105的规定。

表 2—105　木结构建筑的防火间距　(单位:m)

建筑种类	一、二级建筑	三级建筑	木结构建筑	四级建筑
木结构建筑	8.00	9.00	10.00	11.00

注:防火间距应按相邻建筑外墙的最近距离计算,当外墙有凸出的可燃构件时,应从凸出部分的外缘算起。

(2)两座木结构之间、木结构建筑与其他耐火等级的建筑之间,外墙的门窗洞口面积之和不超过该墙面积的10%时,其防火间距见表2—106。

表 2—106　外墙开口率小于 10%时的防火间距　(单位:m)

建筑种类	一、二、三级建筑	木结构建筑	四级建筑
木结构建筑	5.00	6.00	7.00

4.防火(阻燃)涂料与防火(阻燃)浸渍剂

(1)防火涂料。

防火涂料见表2—107。

表 2—107　防火涂料

项目	内　容
丙烯酸乳胶涂料	每平方米的用量不得少于0.5 kg。这种涂料无抗水性,可用于顶棚、木屋架及室内细木制品
聚乙烯涂料	每平方米的用量不得少于0.6 kg。这种涂料有抗水性,可用于露天构件上
酚醛防火漆	型号为F60-1,能起延迟着火的作用,每平方米用量不少于0.12 kg,适用于公共建筑或纪念性建筑的木质或金属表面
过氯乙烯防火漆	分为G60-1过氯乙烯防火漆与G60-2过氯乙烯防火底漆两种。漆膜内含有防火剂和耐温原料,在燃烧时漆膜内的防火剂会因受热产生烟气,起熄灭和减弱火势的作用。适用于公共建筑或纪念性建筑的木质表面。一般涂防火漆2度,每度间隔24 h,等完全干后再涂防火漆1～2度。防火漆如黏度太大可用二甲苯稀释,但不能与其他油漆品种混合,否则会影响质量。贮存期为6个月。每平方米用量为0.6～0.7 kg

续上表

项目	内　容
无机防火漆（水玻璃型）	它是以水玻璃及耐火原料等制成的糊状物，施工方便，干燥性能良好，漆膜坚硬，可防止燃烧并且抵抗瞬间火焰。多用于建筑物内的木质面、木屋架、木隔板等。但不耐水，故不能用在室外

(2)木材防火剂及防火剂处理方法。

木材防火剂及防火剂处理方法见表2－108。

表2－108　木材防火剂及防火剂处理方法

序号	项目	内　容
1	木材防火剂	目前广泛使用的木材防火剂多为无机化合物。用作这类防火剂的无机化合物主要有：磷酸氢二铵、硫酸铵、氯化锌、硼砂、硼酸和三氧化二锑等。 磷酸氢二铵和硫酸铵抑制燃烧效果好。硼酸防止灼热很有效，但抑制燃烧较差。硼酸与硼砂混合能抑制燃烧。 由于各种化合物具有不同的特性，故采用多种化合的复合物作防火剂往往效果最好。 硅酸钠（水玻璃）常用作防火涂料的主要成分，并加入惰性材料混合使用。以脲醛树脂和磷酸铵为基础的混合物，也常用作防火涂料
2	木材化学防火处理方法	防火剂浸渍处理：常用压力浸注法，对容易浸注的木材，也可采用热冷槽法浸注。 表面涂覆处理：多用于提高已建成的木结构的防火能力
3	防火剂的选用	选用防火剂时，应根据现行《建筑设计防火规范》的规定和设计要求，按建筑物耐火等级对木构件耐火极限的要求，确定所采用的防火剂。如采用防火浸渍剂，则应依此确定浸渍的等级。 用于木材的防火涂料——丙烯酸乳胶涂料，每平方米的用量不得少于0.5 kg。这种涂料无抗水性，可用于顶棚、木屋架及室内细木制品。经过试验，且经消防部门鉴定合格、批准生产的其他防火涂料亦允许采用，其用量应按该种涂料的使用说明要求执行。 对于露天结构或易受潮的木构件，经防火剂处理后，应加防水层保护

(3)木材防火浸渍剂的特性及适用范围。

木材防火浸渍剂的特性及适用范围见表2－109。

表2－109　木材防火浸渍剂的特性及适用范围

序号	名称	配方组成(%)	特性	适用范围	处理方法
1	铵氟合剂	磷酸铵，27； 硫酸铵，62； 氟化钠，11	空气相对湿度超过80%时，易吸湿，降低木材强度10%～15%	不受潮的木结构	加压浸渍

续上表

序号	名称	配方组成(%)	特性	适用范围	处理方法
2	氢基树脂 1384 型	甲醛,46; 尿素,4; 双氰胺,18; 磷酸,32	空气相对湿度在 100% 以下,温度为 25℃时,不吸湿,不降低木材强度	不受潮的细木制品	加压浸渍
3	氢基树脂 OP144 型	甲醛,26; 尿素,5; 双氰胺,7; 磷酸,28; 氨水,34	空气相对湿度在 85% 以下,温度为 20℃时,不吸湿,不降低木材强度	不受潮的细木制品	加压浸渍

注:木材防火浸渍等级的要求分为三级:一级浸渍——吸收量应达 80 kg/m³,保证木材无可燃性;二级浸渍——吸收量应达 48 kg/m³,保证木材缓燃;三级浸渍——吸收量应达 20 kg/m³,在露天火源作用下,能延迟木材燃烧起火。

(4)木材阻燃浸渍剂配方。

木材阻燃浸渍剂配方见表 2－110。

表 2－110　木材阻燃浸渍剂配方

序号	主要成分及配合比(质量比)(%)	配制方法	浸渍量(kg/m²)	处理方法	应用范围
1	水溶 APP,10～20; 渗透剂,0.3～0.5; 水,88～90	水溶 APP 加水搅拌半小时,静置 4 h,过滤取清液,边加渗透剂边搅拌	5～6	常温常压浸渍或加压浸渍	室内木构件
2	(Ⅰ){二氰二铵 30～70;三聚磷酸钠 70～80},20; (Ⅱ)水,80	组分(Ⅰ)中两成分按比例混合,取混合物 20 份溶于 80 份水中	6～8	常温常压浸渍或加压浸渍	室内木构件
3	氟化物{氟化钠;氟硅酸钠;氟硅酸铵},10～30; 尿素,30～60; 多磷酸铵,30～60	氟化物(取一种或 2～3 种的混合物均可)按比例与尿素、多磷酸铵混合,加水配成浓度为 20%的溶液	6～8	常温常压浸渍或加压浸渍	室内木构件

(5)木材阻燃材料剂配方及使用方法。

木材阻燃材料剂配方及使用方法见表 2－111。

表 2－111 木材阻燃材料剂配方及使用方法

序号	涂料名称	主要成分及配合比（质量比）（%）	用量（kg/m²）	阻燃指标	使用方法	应用范围
1	膨胀型过氯乙烯防火涂料	过氯乙烯 氯化橡胶 },5～10； 磷酸铵 Ⅰ号阻燃成分 },16.5～26.5； 钛白粉,1～3； 复合助剂,3～6； 轻溶剂油或二甲苯,54.5～74.5	0.5	氧指数:60 火燃传播值:10	先将涂料充分搅匀,若太干可用轻溶剂油或二甲苯稀释,喷、涂、刷均可。喷涂前应将木材表面打磨干净,每隔 8 h 喷一次,一般喷涂三次即可达到要求,然后再刷一道清漆	室内外木构件。该涂料除有阻燃作用外,还可兼作装饰性涂料
2	改性氨基膨胀型防火涂料	氨基树脂 酚醛树脂 },30.4； Ⅱ号阻燃成分,38.1； 钛白粉,5.0； 液态助剂,2.85； 复合固体助剂,1.42； 磷钼酸铵,0.03； 200 号溶剂汽油,22.2	0.5	氧指数:38 火燃传播值:10	使用时充分搅拌,若太稠可用 200 号溶剂汽油稀释。每隔 24 h 涂刷一次,一般涂 3～5 次即可达到要求	室内外木构件及纤维板等建筑材料

5. 木结构防腐、防虫措施及防潮与通风措施

木结构防腐、防虫及防潮措施与通风措施见表 2－112。

表 2－112 木结构防腐、防虫措施及防潮与通风措施

项目		内容
木结构防腐、防虫措施	木结构中应采取防潮和通风措施的部位	(1)在桁架和大梁的支座下应设置防潮层。 (2)在木柱下应设置柱墩,严禁将木柱直接埋入土中。 (3)桁架、大梁的支座节点或其他承重木构件不得封闭在墙、保温层或通风不良的环境中。 (4)处于房屋隐蔽部分的木结构,应设通风孔洞。 (5)露天结构在构造上应避免任何部分有积水的可能,并应在构件之间留有空隙(连接部位除外)。 (6)当室内外温差很大时,房屋的围护结构(包括保温吊顶),应采取有效的保温和隔气措施

续上表

<table>
<tr><th colspan="2">项目</th><th>内 容</th></tr>
<tr><td rowspan="2">木结构防腐、防虫措施</td><td>除从结构上采取通风防潮措施外，应进行药剂处理的情形</td><td>(1)露天结构。
(2)内排水桁架的支座节点处。
(3)檩条、搁栅、柱等木构件直接与砌体、混凝土接触部位。
(4)白蚁容易繁殖的潮湿环境中使用的木构件。
(5)承重结构中使用马尾松、云南松、湿地松、桦木以及新利用树种中易腐朽或易遭虫害的木材</td></tr>
<tr><td>在使用药剂处理木构件的前后，应做的检查和施工记录</td><td>(1)木构件处理前的含水率及木材表面清理的情况。
(2)药剂出厂的质量合格证明或检验记录。
(3)药剂调制时间、溶解情况及用完时间。
(4) 药液透入木材的深度和均匀性。
(5)木材每单位体积(对涂刷法以每单位面积计)吸收的药量</td></tr>
<tr><td colspan="2">防潮与通风措施</td><td>(1)在桁架和大梁的支座下应设置防潮层。
(2)在木柱下应设置柱墩，严禁将木柱直接埋入土中。
(3)桁架、大梁的支座节点或其他承重木构件不得封闭在墙、保温层或通风不良的环境中，如图 2－61、图 2－62 所示。
(4)处于房屋隐蔽部分的木结构，应设通风孔洞。
(5)露天结构在构造上应避免任何部分有积水的可能，并应在构件之间留有空隙(连接部位除外)。 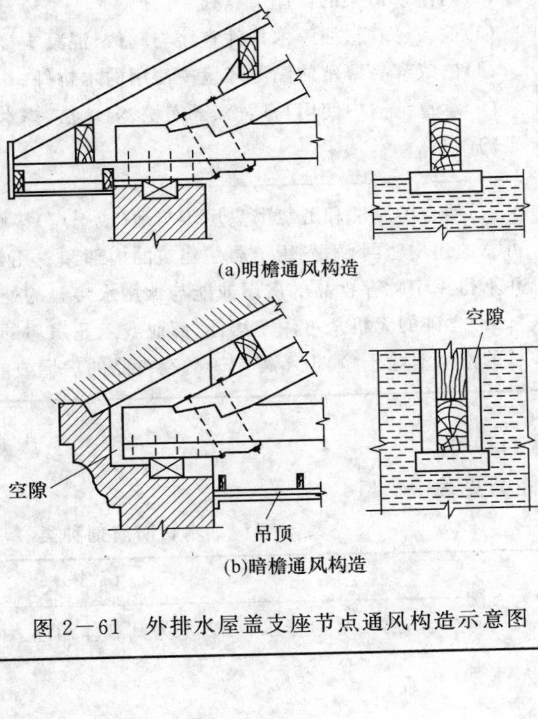

(a)明檐通风构造

空隙 空隙 吊顶
(b)暗檐通风构造

图 2－61 外排水屋盖支座节点通风构造示意图</td></tr>
</table>

续上表

项目	内　容
防潮与通风措施	(6)当室内外温差很大时，房屋的围护结构(包括保温吊顶)，应采取有效的保温和隔气措施。 (7)木结构构造上的防腐、防虫措施，除应在设计图纸中加以说明外，尚应要求在施工的有关工序交接时，检查其施工质量，如发现有问题应立即纠正 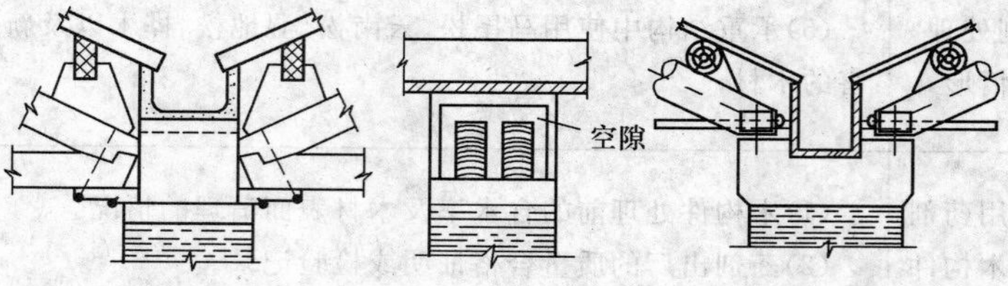 空隙 (a)内排水人字架屋盖通风构造　(b)内排水檩椽屋盖通风构造 图 2－62　内排水屋盖支座节点通风构造示意图

6.防护剂的使用

(1)使用范围。

防护剂的使用范围见表 2－113。

表 2－113　防护剂的使用范围

项目	内　容
除从结构上采取通风防潮措施外，应进行药剂处理的情形	(1)露天结构。 (2)内排水桁架的支座节点处。 (3)檩条、搁栅、柱等木构件直接与砌体、混凝土接触部位。 (4)白蚁容易繁殖的潮湿环境中使用的木构件。 (5)承重结构中使用马尾松、云南松、湿地松、桦木以及新利用树种中易腐朽或易遭虫害的木材
应限制使用范围的防护剂	(1)混合防腐油和五氯酚只用于与地(或土壤)接触的房屋构件防腐和防虫，应用两层可靠的包皮密封，不得用于居住建筑的内部和农用建筑的内部，以防与人畜直接接触，并不得用于贮存食品的房屋或能与饮用水接触的处所。 (2)含砷的无机盐可用于居住、商业或工业房屋的室内，只需在构件处理完毕后将所有的浮尘清除干净，但不得用于贮存食品的房屋或能与饮用水接触的处所

(2)木材防腐剂种类。

木材防腐剂种类见表 2－114。

表 2－114　木材防腐剂种类

项目	内　容
水溶性防腐剂	(1)这类防腐剂易溶于水，可以水为其载体而注入木材。

续上表

项目	内　容
水溶性防腐剂	(2)处理过的木材干燥后,没有特殊气味,且表面整洁,不污染其他物品,可以油漆。 (3)属于不燃物质,其中有些药剂还兼有防火性能,但某些药剂单独使用,浓度过高可能对金属有腐蚀作用。 (4)最适用于对室内木构件的处理,有些抗流失性好的,也可用于室外木构件的处理。 (5)如木构件在尺寸上有较高的要求,则处理后的木材,应干燥后再进行施工和安装。 (6)如木构件对导电性有较高的要求,采用水溶性防腐剂时应予以注意
油类防腐剂	(1)油类防腐剂主要是炼焦副产物煤焦油以及煤焦油的蒸馏物。 (2)抗流失性能好,毒性持久,特别适用于室外木构件的防腐处理,故广泛应用于枕木、电杆、桥梁等用材的处理。 (3)黏度较高,经处理后的木材在干燥和表层可挥发的成分蒸发后,一般不会增加着火的危险。 (4)一般不适用于对需要油漆的木构件处理。 (5)有臭气味
油溶性防腐剂	(1)这类防腐剂溶于油类或有机溶剂中,溶剂本身一般没有毒性,而是作为防腐剂载体注入木材。溶剂有高沸点和低沸点之分,可按处理木材的要求选用。 (2)本身不挥发,抗流失性好,适用于室外和室内木构件的处理。 (3)对金属没有腐蚀性。 (4)采用低沸点溶剂时,在处理作业期间和处理后的存放期内,应注意防止火灾。溶剂挥发后,并不提高木材的可燃性。 (5)处理过的木材,在溶剂未挥发前,不应和橡胶接触。若需要油漆,必须在溶剂挥发干燥后进行。高沸点溶剂的干燥挥发要较长时间,故需要油漆的构件,一般不宜采用。 (6)采用低沸点溶剂时,药剂注入木材的深度一般高于其他类型防腐剂。因此,低沸点溶剂最适用于涂刷、常温浸渍等处理工艺。 (7)用这类防腐剂处理木材,一般不会引起木材膨胀
浆膏防腐剂	(1)这类防腐剂是将水溶性防腐剂与胶结剂(沥青、黏土等)、稀释剂(煤焦油、柴油、煤油等)以及稳定剂(煤炭粉等)调和成浆膏状的混合物。 (2)适用于处理湿材、难浸注木材及使用期间经常处于潮湿条件下的木构件。 (3)有臭气味,并污染其他材料

(3)木材防腐剂要求及防护剂处理。

木材防腐剂要求及防护剂处理见表2—115。

表2—115　木材防腐剂要求及防护剂处理

项目	内　容
木材防腐剂要求	(1)对危害木材的木腐菌和害虫要具有较高的毒性。

续上表

项目	内　容
木材防腐剂要求	(2)防腐剂对木材的浸透性能好。 (3)防腐剂注入木材后，在木材使用期间，毒性要持久，且防腐剂不会在较短时间内流失。 (4)经防腐处理后的木材，不应腐蚀与木材接触的金属配件，也不应增加木材的燃烧性。 (5)室内用的木材经防腐处理后，不应有刺激性的气味；对需要油漆的木材，不应有所影响。 (6)对人畜应尽可能没有毒性。目前常用的防腐剂，大部分对人畜都有一定的毒性，故要求在处理木材时和使用、存放经过防腐处理的木材时，都应采取必要措施，以防人畜中毒。 (7)防腐药剂应来源丰富，价格低廉
防护剂处理	(1)用防护剂处理木材的方法有浸渍法、喷洒法和涂刷法。浸渍法包括常温浸渍法、冷热槽法和加压处理法。为了保证达到足够的防护剂透入度，锯材、层板胶合木、胶合板及结构复合木材均应采用加压处理法。 常温浸渍法等非加压处理法，只能在腐朽和虫害轻微的使用环境 HJ Ⅰ中应用。 喷洒法和涂刷法只能用于已处理的木材因钻孔、开槽使未吸收防护剂的木材暴露的情况下。 (2)用水溶性防护剂处理后的木材，包括层板胶合木、胶合板及结构复合木材，均应重新干燥到使用环境所要求的含水率。 (3)木构件在处理前应加工至最后的截面尺寸，以消除已处理木材再度切割、钻孔的必要性。若有切口和孔眼，应用原来处理用的防护剂涂刷

(4)木材防腐剂处理前的准备。

木材防腐剂处理前的准备见表2－116。

表2－116　木材防腐剂处理前的准备

项目	内　容
剥皮	必须将树皮全部剥净，以免影响防腐剂的透入
木材干燥	木材含水率对处理木材防腐剂的吸收量有密切的关系。处理前的木材含水率一般要求在25%以下。采用压力浸注法时，木材含水率可稍高于25%。如用扩散性处理，则应要求在40%以上
表面清理处理	处理前应将木材表面的泥砂清除干净，已经干燥的木材最好贮放在防雨棚中或遮盖防雨物
预先进行机械加工	木材如果需要进行锯截、刨削、钻孔、开榫等机械加工，应在防腐处理前进行。木材处理后进行机械加工，内部未注入防腐剂的木材就要暴露，很易为木腐菌侵入，引起木材内部腐朽

续上表

项目	内容
刻痕	对于很难浸注的木材，如落叶松，在室外使用而防腐质量要求又高时，可以采用木材表面刻痕，以提高防腐剂吸收量和注入深度
材料分批	同批处理的木材要求(扩散法、涂刷法除外)树种、含水率以及尺寸大小尽可能一致
材料的放置	木材在处理时，特别是刨光的木材，木材与木材之间放置有衬条，使有空隙，保证防腐剂能与木材所有表面自由接触

(5)锯材的防护剂最低保持量。

用于锯材的防护剂及其在每级使用环境下最低的保持量见表2－117。

表2－117 锯材的防护剂最低保持量

防护剂				保持量(kg/m^3)			检测区段(mm)	
				使用环境			木材厚度	
类型	名称		计量依据	HJⅠ	HJⅡ	HJⅢ	＜127	≥127
油类	混合防腐油，Creosote	101 102 103	溶液	128	160	192	0～15	0～25
油溶性	五氯酚，Penta	104 105	主要成分	6.4	8.0	8.0	0～15	0～25
				0.32	不推荐	不推荐	0～15	0～25
	8-羟基喹啉铜，Cu8	106	金属铜	0.64	0.96	1.20	0～15	0～25
	环烷酸，CuN	107						
水溶性	铜铬砷合剂，CCA-A CCA-B CCA-C	201	主要成分	4.0	6.4	9.6	0～15	0～25
	酸性铬酸铜，ACC	202		4.0	8.0	不推荐	0～15	0～25
	氨溶砷酸铜，ACA	203		4.0	6.4	9.6	0～15	0～25
	氨溶砷酸铜锌，ACZA	302		4.0	6.4	9.6	0～15	0～25
	氨溶季氨铜，ACQ-B	304		4.0	6.4	9.6	0～15	0～25
	柠檬酸铜，CC	306		4.0	6.4	不推荐	0～15	0～25
	氨溶季氨铜，ACQ-D	401		4.0	6.4	不推荐	0～15	0～25
	铜唑，CBA-A	403		3.2	不推荐	不推荐	0～15	0～25
	硼酸/硼砂①，SBX	501		2.7	不推荐	不推荐	0～15	0～25

①硼酸/硼砂仅限用于无白蚁地区的室内木结构。

锯材防护剂透入度见表2－118。

表2－118　锯材防护剂透入度检测规定与要求

木材特征	透入深度或边材吸收率		钻孔采样数量		试样合格率
	木材厚度				
	<127 mm	≥127 mm	油类	其他防护剂	
不刻痕	64 mm或85％	64 mm或85％	20	48	80％
刻痕	10 mm或90％	13 mm或90％	20	48	80％

(6)层板胶合木的防护剂最低保持量。

用于层板胶合木的防护剂及其在每级使用环境下最低的保持量见表2－119和表2－120。

层板胶合木防护剂透入度见表2－121。

表2－119　层板胶合木的防护剂最低保持量(一)　(单位:kg/m³)

防护剂				胶合前处理			
类型	名称		计量依据	使用环境			检测区段(mm)
				HJⅠ	HJⅡ	HJⅢ	
油类	混合防腐油,Creosote	101 102 103	溶液	128	160		13～26
油溶性	五氯酚,Penta	104 105	主要成分	4.8	9.6		13～26
	8－羟基喹啉铜,Cu8	106		0.32	不推荐		13～26
	环烷酸铜,CuN	107	金属铜	0.64	0.96	不推荐	13～26
水溶性	铜铬砷合剂,CCA-A CCA-B CCA-C	201	主要成分	4.0	6.4		13～26
	酸性铬酸铜,ACC	202		4.0	8.0		13～26
	氨溶砷酸铜,ACA	301		4.0	6.4		13～26
	氨溶砷酸铜锌,ACZA	302		4.0	6.4		13～26

表 2－120　层板胶合木的防护剂最低保持量(二)　(单位:kg/m³)

防护剂				胶合后处理			
类型	名称		计量依据	使用环境			检测区段(mm)
				HJⅠ	HJⅡ	HJⅢ	
油类	混合防腐油,Creosote	101 102	溶液	128	160		0～15
		103		128	160		
油溶性	五氯酚,Penta	104 105	主要成分	4.8	9.6	不推荐	0～15
	8-羟基喹啉铜,Cu8	106		0.32	不推荐		0～15
	环烷酸铜,CuN	107	金属铜	0.64	0.96		0～15

表 2－121　层板胶合木防护剂透入度检测规定与要求

木材特征	胶合前处理		胶合后处理	
不刻痕	透入深度或边材吸收率			
	76 mm 或 90%		64 mm 或 85%	
刻痕	地面以上	与地面接触	木材厚度<127 mm	木材厚度≥127 mm
	25 mm	32 mm	10 mm 与 90%	13 mm 与 90%

(7)胶合板和结构复合木材的防护剂最低保持量。

用于胶合板或结构复合木材的防护剂及其每个等级使用环境下最低的保持量见表2－122和表 2－123。

表 2－122　胶合板的防护剂最低保持量

防护剂				保持量(kg/m³)			检测区段(m)
类型	名称		计量依据	使用环境			
				HJⅠ	HJⅡ	HJⅢ	
油类	混合防腐油,Creosote	101 102 103	溶液	128	160	192	0～16
油溶性	五氯酚,Penta	104 105	主要成分	6.4	8.0	9.6	0～16
	8-羟基喹啉铜,Cu8	106		0.32	不推荐	不推荐	0～16
	环烷酸铜,CuN	107	金属铜	0.64	不推荐	不推荐	0～16

续上表

防护剂				保持量(kg/m³)			检测区段(m)
类型	名称		计量依据	使用环境			
				HJⅠ	HJⅡ	HJⅢ	
水溶性	铜铬砷合剂,CCA-A/-B/-C	201	主要成分	4.0	6.4	9.6	0～16
	酸性铬酸铜,ACC	202		4.0	8.0	不推荐	0～16
	氨溶砷酸铜,ACA	301		4.0	6.4	9.6	0～16
	氨溶砷酸铜锌,ACZA	302		4.0	6.4	9.6	0～16
	氨溶季氨铜,ACQ－B	304		4.0	6.4	不推荐	0～16
	柠檬酸铜,CC	306		4.0	不推荐	不推荐	0～16
	氨溶季氨铜,ACQ－D	401		4.0	6.4	不推荐	0～16
	铜唑,CBA－A	403		3.3	不推荐	不推荐	0～16
	硼酸/硼砂,SBX	501		2.7	不允许	不允许	0～16

表 2－123　结构复合木板的防护剂最低保持量

防护剂				保持量(kg/m³)			检测区段(mm)	
类型	名称		计量依据	使用环境			木材厚度	
				HJⅠ	HJⅡ	HJⅢ	＜127	≥127
油类	混合防腐油,Creosote	101 102 103	溶液	128	160	192	0～15	0～25
油溶性	五氯酚,Penta	104 105	主要成分	6.4	8.0	9.6	0～15	0～25
	环烷酸铜,CuN	107	金属铜	0.64	0.96	1.20	0～15	0～25
水溶性	铜铬砷合剂,CCA-A/-B/-C	201	主要成分	4.0	6.4	9.6	0～15	0～25
	氨溶砷酸铜,ACA	301		4.0	6.4	9.6	0～15	0～25
	氨溶砷酸铜锌,ACZA	302		4.0	6.4	9.6	0～15	0～25

参考文献

[1] 中国建筑工业出版社. 新版建筑工程施工质量验收规范汇编[M]. 北京:中国建筑工业出版社,中国计划出版社,2003.

[2] 北京市建设委员会. DBJ/T 01－26－2003 建筑安装分项工程施工工艺规程[S]. 北京:中国市场出版社,2004.

[3] 中华人民共和国建设部,国家质量监督检验检疫总局. GB 50300－2001 建筑工程施工质量验收统一标准[S]. 北京:中国建筑工业出版社,2001.

[4] 中华人民共和国建设部,国家质量监督检验检疫总局. GB 50206－2002 木结构工程施工质量验收规范[S]. 北京:中国建筑工业出版社,2002.